XIANDAI FENXI JISHU YINGYONG CONGSHU

现代分析技术应用丛书

食品安全分析检测技术

林峰　奚星林　陈捷　徐娟　编著

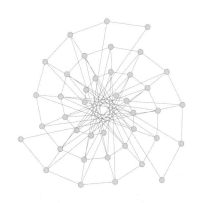

U0229103

SHIPIN ANQUAN FENXI JIANCE JISHU

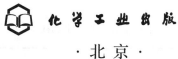

化学工业出版社

·北京·

本书内容以实际应用为导向，结合食品安全领域的国家政策、国际标准和检测技术等，以应用在食品安全理化分析中重要的、常用的检测方法为主要内容。第 1 章简要介绍了食品安全检测主要的样品处理技术、检测仪器的基本原理以及设计一个实验方案的基本步骤；第 2 章～第 5 章分别介绍了农药残留、兽药残留、食品添加剂、非法添加物的检测技术，重点介绍如何设计、选择测试方案，并提供了大量的检测方法范例，同时对当前食品安全热点问题涉及的检测对象的分析方法进行了详尽讨论；第 6 章主要介绍了食品安全检测实验室的质量控制技术。附录中收录了部分食品安全理化检测方法标准题录。

　　本书凝结了作者们在食品安全分析一线多年的工作经验，具有很强的实用性，可供检验检疫机构的技术人员、第三方检测机构的技术人员、食品生产企业从事分析检测及质量控制的技术人员、大学和科研院所从事食品分析的师生和研究人员阅读参考。

图书在版编目（CIP）数据

　　食品安全分析检测技术/林峰等编著 . —北京：化学工业出版社，2015.2（2023.1 重印）
　　（现代分析技术应用丛书）
　　ISBN 978-7-122-22601-3

　　Ⅰ.①食…　Ⅱ.①林…　Ⅲ.①食品安全-食品检验
Ⅳ.①TS207

　　中国版本图书馆 CIP 数据核字（2014）第 300656 号

责任编辑：傅聪智　　　　　　　　　　文字编辑：张　艳
责任校对：吴　静　　　　　　　　　　装帧设计：王晓宇

出版发行：化学工业出版社（北京市东城区青年湖南街 13 号　邮政编码 100011）
印　　装：涿州市般润文化传播有限公司
710mm×1000mm　1/16　印张 18¾　字数 375 千字　2023 年 1 月北京第 1 版第 4 次印刷

购书咨询：010-64518888　　　　　　　　售后服务：010-64518899
网　　址：http://www.cip.com.cn
凡购买本书，如有缺损质量问题，本社销售中心负责调换。

定　　价：68.00 元

前　言

在食品安全分析的实际工作中，尽管已有不少的相关检测方法标准做指导，但由于样品本身的区别以及试验条件的差异，对样品的分析可能有不同的思路，基层实验室的分析者往往面临如何选择和设计检测方案的挑战。

本书内容以实际应用为导向，结合食品安全领域的国家政策、国际标准和检测技术等，以应用在食品安全理化分析中重要的、常用的检测方法为主体进行介绍。全书重在启发工作思路，提供解决方案。在介绍分析方法时，对相关的原理只进行适度介绍，不占用过多篇幅。针对不同的情况，给出了相应的思路和解决方案，对检测方案的讨论按照样品处理—测定—分析结果的判读—关键质量控制的框架进行。对于当前食品安全领域中的热点问题涉及的检测对象（如抗病毒药物、三聚氰胺及双氰胺、瘦肉精、塑化剂等）的分析方法均有详细的讨论。

第 1 章简单扼要地介绍了食品安全检测涉及的一些主要的样品处理技术及检测仪器的基本原理，以及设计一个实验方案的基本步骤；第 2～5 章分别介绍了农药残留、兽药残留、食品添加剂、非法添加物的检测技术，关于目标检测物质的背景材料在其他的书籍中已有许多的介绍，本书只作简要的描述，而将重点放在如何设计、选择测试方案的讨论上，并有大量的检测方法范例介绍，结合编著者的实践经验对检测方法进行了详细的解读；第 6 章主要介绍了食品安全检测实验室的一些重要的质量控制技术，如方法的验证、过程质量控制等。书中为方便读者阅读，部分检测方法中列出了所用检测仪器型号，此举没有任何商业目的，不代表编著者对任何厂家的仪器性能评估和推荐。

为方便读者了解食品安全方面的检测方法标准，本书选择了现行有效的部分食品安全理化检测标准题录列于书末附录中。

本书编著者均为在食品安全分析第一线从事检测工作的科技人员，有丰富的实践经验和扎实的理论基础，他们的经验总结和体会可对食品安全基层实验室分析工作者有所帮助，同时也可供大专院校相关专业的师生参考。

本书各章编著人员为：第 1 章林峰、奚星林、徐娟，第 2 章陈捷、徐娟，第 3 章林峰，第 4 章及第 5 章奚星林，第 6 章林峰、徐娟、陈捷，全书最后由林峰统稿。全书的化学结构图由姚仰勋绘制，吴映璇、欧阳少伦、邵琳智、姚仰勋、谢敏玲、邹游、邵仕萍、潘丙珍、庞世琦、林海丹、陈毓芳对本书内容有贡献，在此一并表示感谢。编著过程一直得到本书责任编辑的指导、帮助和包容，在此表示深深的谢意。本书的编著工作是利用业余时间进行的，加上编著人员水平和经验所限，不妥与疏漏之处在所难免，敬请读者予以批评指正。

编著者

2015. 1

目　录

第3章　兽药残留检测技术　⑺⁴

第4章　食品中食品添加剂的检测　⑮⓪

第5章　食品中非法添加物的检测　186

第6章　实验室质量控制技术　241

附录 274

第1章 食品安全检测技术原理简述

一个完整的分析方法包括样品处理技术和测定技术两部分，本章主要介绍食品安全检测目前常用的样品处理技术和测定技术原理。

1.1 样品处理技术

食品安全涉及的样品主要是各种动物源、植物源食品以及加工食品，所含成分复杂，干扰测定的物质众多，目标分析物含量很低（大部分在 $10^{-6}\sim10^{-9}$ 水平，部分甚至低至 10^{-11} 水平），为确保检测结果的准确性，样品在进行检测前需先进行处理。样品前处理涉及的因素很多，直接影响到整个样品测试分析的各项技术指标、成本和效率，占用了将近 70％甚至更高比例的分析工作量，因此样品处理是食品安全分析结果准确的前提条件。样品的前处理通常包括提取、净化、浓缩富集等步骤。

1.1.1 提取

提取是用物理的或化学的手段破坏待测组分与样品成分间的结合力，将待测组分从样品中释放出来并转移到易于分析的溶液状态（或其他合适的形态）。根据目标分析物的性质、样品种类、实验条件，选择不同的样品提取方法。提取的效果需要通过考察提取效率来进行评价，如采用有证标准物质验证、标准添加回收试验等方式。

1.1.1.1 提取方法

常见提取方法有匀浆提取法、振荡法、索氏抽提法、超声波辅助提取、超临界流体萃取、微波辅助萃取、强化溶剂萃取等。

浸渍、漂洗法：用提取液漂洗样品，或将样品浸渍在提取液中。

消化法：加热使加入消化剂的样品消化，再用溶剂将待测物质提取出。

振荡法：把提取剂加入盛有样品的容器中，振荡数小时，或采用高速涡旋振荡器，可加快提取速度。

匀浆提取法（组织捣碎法）：将样品放在匀浆杯中，加入提取剂，快速匀浆。

索氏提取法：将样品放在索氏提取器套管中，圆底烧瓶中加入提取剂，加热连续提取数小时。

超声波辅助提取法：经粉碎或匀浆捣碎的样品加入提取剂，在超声波仪中提取一定时间。

为更有效地将目标分析物从样品中提取出来，有时会组合使用上述样品提取方式，如先采用匀浆法提取，离心后的残渣再用振荡法提取 1～2 次。

1.1.1.2　提取剂

提取剂的选择很大程度上取决于目标分析物的极性和样品基质的类型，在设计实验方案时，可使用"相似相溶"规则来指导设计样品提取方案，这里的"似"是指目标分析物的分子极性与提取剂极性的相"似"程度，化学物质的极性取决于其化学结构所含基团，当分子结构中母核相同时，结构中所含基团的极性越大、氢键形成能力越强，或含极性基团越多则分子的极性越大，含双键、共轭双键越多，分子的极性越大，极性基团的位阻越小，分子的极性越大。在公开的文献资料、书籍里可查阅到常见提取剂（有机溶剂，缓冲液）的极性。

1.1.2　净化

净化是将待测组分与杂质分离的过程。净化过程复杂而灵活多样，基本原理主要为液-液作用、液-固作用、液-气作用及化学反应。

目前，应用较多的前处理方法包括液液萃取（LLE）、固相萃取（SPE）、固相微萃取（SPME）、基质固相分散技术（MSPD）、免疫亲和色谱技术（IAC）等。

1.1.2.1　液液萃取

液液萃取（LLE）技术是用选定的溶剂分离液体混合物中某种组分的过程，液液萃取中所用的萃取溶剂必须与被萃取的混合物液体（样品提取液）不相溶，对提取液中的各组分（目标分析物以及样品的其他组分）具有选择性的溶解能力，而且必须有好的热稳定性和化学稳定性，并且毒性和腐蚀性要小。若萃取后续操作需要浓缩萃取溶剂（或完全赶走），萃取溶剂的沸点不能太高。

液液萃取法操作简便，提取效率高，而且不需要特殊的辅助仪器，但是需要消耗的有机溶剂量较大，共萃取杂质较多，有时仍需要额外的净化步骤，操作上难以实现自动化和高通量操作。

1.1.2.2　固相萃取

固相萃取（SPE）是20世纪70年代发展起来的一种样品前处理技术，也是目前最常用的一种前处理技术。它主要基于液-固色谱理论，其原理是利用固体吸附剂将液体样品中的目标化合物吸附，与样品的基体和干扰化合物分离，然后再利用洗脱液洗脱，也可选择吸附干扰杂质，让被测物留出，从而达到分离和富集分析物的目的。固相萃取法与液相色谱法原理相同，作用机理丰富，所用的SPE柱种类非常多，分析者选择的空间很大。

固相萃取分离效率高，处理样品的比容量大，不需要大量有机溶剂，处理过程中不会产生乳化现象，不仅更有效，且更易于实现自动化操作，目前已有不少成熟的商品化自动化固相萃取仪。但固相萃取仍然存在一些不足：一是在处理复杂样品时可能会引起回收率的显著降低；二是吸附剂的选择性有时不够强，对样品提取液净化不完全。

样品提取时可能使用了某些不适合后续测定的化学试剂（如无机酸），可采用固相萃取的方式进行样品净化处理，在净化过程中同时实现溶剂转换。

1.1.2.3 固相微萃取

固相微萃取（SPME）的原理是利用待测物在基体和萃取相间的非均相平衡，使待测组分扩散吸附到石英纤维表面的固定相涂层，待吸附平衡后，再与气相色谱（GC）或高效液相色谱（HPLC）联用以分离和测定待测组分。该技术由 Pawliszyn 及其合作者在 1990 年首次提出，是一种对环境友好，集萃取、富集和解析于一体，而且很有应用前景的样品前处理方法。

固相微萃取技术排除了 SPE 要使用柱填充物和使用有机溶剂进行洗脱的缺点。然而，由于需要使用的固相涂层种类还不是很多，限制了它的应用范围和联用技术。

1.1.2.4 基质固相分散技术

基质固相分散技术（MSPD）是 1989 年 Barker 等在固相萃取的基础上提出的一种新的样品前处理方法。其基本操作步骤是在玻璃或玛瑙研钵中将样品直接与固相萃取填料混合在一起研磨，使样品与填料均匀分散、键合，形成一个独特的色谱固定相，装柱、洗脱，洗脱液浓缩以后可以直接进行色谱分析。基质固相分散将提取、过滤、净化等过程一步完成，避免了样品均质、离心、转溶等步骤带来的损失，提高了方法的准确度和精密度。但 MSPD 方法也有一些缺陷，主要包括：手工研磨混合样品和吸附剂、人工填柱，自动化程度不高，容易引起由操作带来的误差。为了减少工作量，取样量少，样品中痕量的组分分析难以达到检测灵敏度的要求，而且难以应用到黏性小的液态样品。

1.1.2.5 免疫亲和色谱技术

免疫亲和色谱（IAC）是一种利用抗原抗体特异性可逆结合特性的前处理技术，根据抗原抗体的特异性亲和作用，从复杂的待测样品中捕获目标化合物。其原理是将抗体与惰性微珠共价结合，然后装柱，将含抗原的溶液过免疫亲和柱，抗原与固定了的抗体结合，而非目标化合物则沿柱流下，最后用洗脱缓冲液洗脱抗原，从而得到纯化的抗原。用适当的缓冲液和合适的保存方法，柱子可以再生，反复使用。

IAC 作为理化测定技术的净化手段，可将免疫技术的高选择性和理化技术的快速分离和灵敏性融为一体，一旦制备出大量性质均一的纯抗体，如单抗或工程抗体，这项技术发展的潜力很大，它的净化效率也是其他净化方法无法比拟的。现在市场已有克仑特罗、黄曲霉毒素等多种商品化免疫亲和柱出售，使用效果理想。

1.1.2.6 超临界流体萃取

超临界流体萃取（SFE）是近年来迅速发展起来的一种新型物质分离、精制技术，是当前发展最快的分析技术之一，国内外很多实验室已经把它用来作为液体和固体样品的前处理技术。其优点是基本上避免了使用有机溶剂，简单快速，能选择性地萃取待测组分并将干扰成分减少到最小程度。

1.1.2.7 加速溶剂萃取

加速溶剂萃取（ASE）是 1995 年 Richter 等提出的一种全新的萃取方法，ASE 的基本原理是利用升高温度和压力，增加物质溶解度和溶质扩散效率提高萃取的效率。具有有机溶剂用量少、萃取快速、样品回收率高等突出优点，被美国环保局（EPA）推荐为标准方法（EPA 3545）。目前在食品分析中被用来检测食品中的有毒有害物质含量、农药残留和确定食品中脂肪含量等，为食品分析提供了高速、简单和节省材料的前处理方法。

1.1.2.8　凝胶渗透色谱法

凝胶渗透色谱法（GPC）是根据溶质（被分离物质）分子量的不同，通过具有分子筛性质的固定相（凝胶），使物质达到分离目的的。该方法具有净化效果好、适用的样品范围广、回收率高、分析结果的重现性好等优点。GPC 作为一种快速的净化技术，被应用于农药残留分析中脂类提取物与农药的分离，是目前高脂肪含量样品农药（或其他中等极性、弱极性分析物）残留分析净化中先进的有效手段，但该方法有机溶剂使用量大，环境污染性强，仪器设备昂贵，操作时间长。

1.1.2.9　QuEChERS 法

QuEChERS 于 2002 年在 EPRW 会议上首次被提出，最初旨在针对水果、蔬菜和谷物等低脂农产品建立一个快速、低花费的多农药残留检测的前处理方法。具体来说，是将固相萃取吸附剂分散到样品的萃取液中，吸附干扰物，保留目标物质，净化液直接进行色谱分析。

正如"QuEChERS"（Quick、Easy、Cheap、Effective、Rugged、Safety 的缩写）这个简写的概括，该方法的确快速、简易、廉价、有效、稳定和安全。QuEChERS 方法得到 AOAC 和欧盟农残监测委员会的认可，在食品安全检测领域得到广泛的使用。

该技术采用的固相分散萃取剂主要为 PSA（primary secondary amine，伯仲胺）、C_{18} 和石墨化炭黑。PSA 吸附剂能有效去除样本中的脂肪酸、糖类物质等极性基质杂质，C_{18} 吸附剂能去除部分非极性脂肪和脂溶性杂质，石墨化炭黑能去除色素和固醇类杂质。

随着在各实验室的广泛应用，QuEChERS 方法也在不断的改进和完善。最初的 QuEChERS 方法是不加缓冲盐的，为了有效地萃取一些对 pH 敏感的化合物，减弱这类农药降解的程度，缓冲盐被加进来，扩大了检测的范围。目前，已经形成的标准方法有加入醋酸盐缓冲体系的"AOAC OfficialMethod2007.01"以及采用柠檬酸盐缓冲体系的"European Standard EN 15662"，目前，已经有商品化的 QuEChERS 前处理试剂套装出售。

QuEChERS 方法具有非常突出的优点，如：灵活多变，可根据所用样品特性进行调整；适用于多种类，多残留分析；采用该方法前处理的样品可直接应用于 GC-MS 和 LC-MS 检测。

1.1.2.10　其他净化方法

磺化法：样品提取液中的脂肪、蜡质等干扰物质与浓硫酸发生磺化反应，从而使分析物与杂质分离的净化方法。

冷冻法：用低温处理样品提取液，待脂肪、蜡质、蛋白质等杂质析出后，在低温条件下过滤掉杂质。

凝结沉淀法：在净化液中加入凝结剂，使溶液中的脂肪、蜡质、蛋白质等杂质沉淀析出，再经离心，达到净化目的。

1.1.3 浓缩富集

由于经提取和净化后的待测组分其存在状态可能不能满足检测仪器的要求（如浓度低于检测器的响应范围、待测物的溶剂与色谱体系不兼容等）而无法直接测定，必须对组分进行浓缩和富集，使待测样品达到仪器能检测的浓度，或进行溶剂转换。

浓缩的主要目的一是提高样液中待测组分的浓度，通过样液的浓缩，减少样液中的溶剂体积，从而提高待测组分浓度以满足检测灵敏度要求；二是进行溶剂转换，通过浓缩蒸发除去某些不适合进入下一步操作（如过 SPE 柱、进样分析等）的溶剂，如对于大部分的液相色谱体系不是很适合的乙酸乙酯、正己烷、三氯甲烷等，如很多时候样液上 HLB、C_{18} 等 SPE 柱时，为提高样液上柱时待测组分在 SPE 柱的保留，必须要减少甚至完全去除待上柱样液中的有机溶剂（包括乙腈、甲醇）。

浓缩富集过程常用的方法有旋转蒸发仪浓缩、气流吹蒸法、真空离心浓缩法等，很多情况下净化、浓缩、富集几个步骤是交织在一起的，很难截然分开。

自然挥发法：将待浓缩的溶液置于室温下，使溶剂自然挥发。

吹气法：用干燥空气或氮气吹扫溶液液面，并同时使用水浴加热使溶剂挥发的浓缩方法。在食品安全检测中所测分析物很多是容易氧化的物质，因此更多是采用氮气。

K.D 浓缩器浓缩法：采用 K.D 浓缩装置进行减压蒸馏浓缩的方法。

真空旋转蒸发法：在真空状态下有机溶剂的沸点下降，从而可在较低的温度下赶走样液中的有机溶剂，操作的条件是减压、加温、旋转。

目前食品安全检测中对样液进行浓缩的方式主要是旋转蒸发和吹氮浓缩两种，两种浓缩方式都需要水浴加热，但旋转蒸发是在真空状态下进行，需要的温度相对没那么高，溶剂去除的速度也较快，但难以实现批量操作，吹氮浓缩的操作是在常压下进行，需要较高的水浴温度（高于去除溶剂的沸点），溶剂去除的速度相对慢一些，尤其是遇到沸点较高的溶剂如甲醇、乙腈，去除体积又较大时，需时较长，但吹氮浓缩适合大批量样品的同时操作，实验室在选择时可根据实际需要决定采用何种浓缩方式。需要注意的是，商品化的吹氮浓缩仪有直吹和斜吹二种，直吹型的构造简单，价格低廉，但气流过大时易造成吹氮管中样液的飞溅，有可能造成样液的交叉污染，使用时应注意观察，控制好氮气流的大小。

样液浓缩时很多时候会遇到吹不干的情况，无论调高水浴温度、延长浓缩时间，梨形瓶或吹氮管中都仍有少量液体，主要原因是样液含有较多的脂肪或少量水分，前者是因为动物源性食品样品有相当含量的脂肪，尤其是鳗鱼、三文鱼等富含油脂的样品，建议样品浓缩前先行脱脂；对于后者，样液中的少量水分可通过加入无水硫酸钠等吸水剂去除再行浓缩。

部分兽药药物对热敏感，因此在进行浓缩操作时应严格按照标准方法规定的蒸发

（吹氮）温度操作，避免样液中待测组分的降解，如磺胺类药物对热不稳定，建议在40℃下进行浓缩操作。

有些分析物较易氧化，尤其是属于标志残留物的部分代谢物，在进行浓缩操作时应予以特别关注，避免长时间暴露在空气中，在样液蒸发至干后应马上加入复溶解液（溶剂），如苯并咪唑类药物残留检测，部分苯并咪唑类药物的代谢物不稳定，在样液旋转蒸发至干后要立即加入复溶解液（乙腈），方可得到较稳定的提取回收率。

个别的检测标准方法由于修订时间较早，或因标准制订时考虑适用性，操作步骤中溶剂的浓缩采用全浓缩方式，需去除的溶剂体积很大，耗时较长，实验室在确保检测灵敏度足够的情况下，可对需浓缩的样液先定容，再准确分取部分样液进行浓缩及后续的样品处理步骤，可大大减少样液蒸发时间，对于那些对热敏感不宜长时间加热的待测药物组分还有额外的好处。

1.1.4　复溶解

当采用液相色谱法或液相色谱-质谱法时，由于液相色谱对进样的样液介质有一定的要求，越接近液相色谱的流动相组成，对后续的色谱分离影响越小，因此样液挥发干净后最理想的复溶解溶剂就是用液相色谱的流动相，当流动相含水比例高，而分析物在水中的溶解度不高时，可先用少量的有机溶剂如乙腈、甲醇溶解残渣，然后再加入适量的水或缓冲液，经充分混合后再过滤上机。

1.2　测定技术

1.2.1　色谱法

色谱法是利用不同物质在不同相态的选择性分配，以流动相对固定相中的混合物进行洗脱，混合物中不同的物质会以不同的速度沿固定相移动，最终达到分离的效果。

色谱法包括气相色谱法、液相色谱法、薄层色谱法、离子色谱法、分子排阻色谱法（凝胶渗透色谱法）等。

色谱本身不能实现物质的直接测定，但色谱法可以提供强大的分离能力，从而可以在复杂基质中将目标分析物分离出来供后续的其他检测技术进行测定和鉴别，因此在食品安全检测领域中色谱技术的应用是最为广泛的。

1.2.1.1　气相色谱法

气相色谱法的原理是不同的物质具有不同的物理和化学性质，与特定的色谱柱填充物（固定相）有着不同的相互作用而被流动相（载气）以不同的速率带动，不同的组分在不同的时间（保留时间）从柱的末端流出，从而实现分离。当分析物在载气带动下通过色谱柱时，分析物的分子会受到柱壁或柱中填料的吸附，使通过柱的速率降低。分子通过色谱柱的速率取决于吸附的强度，它由被分析物分子的种类与固定相的类型决定。

由于每一种类型的分子都有自己的通过速率，分析物中的各种不同组分就会在不同的时间（保留时间）到达柱的末端，从而得到分离。

气相色谱系统由气源、色谱柱和柱箱、检测器和记录器等部分组成。随着技术的进步，气相色谱的检测器已经有超过 30 种不同的类型，常见的检测器有：ECD（电子捕获检测器）、FPD（火焰光度检测器）、FID（火焰电离检测器）、NPD（氮磷检测器）。这些检测器不能提供目标分析物的化学结构信息，在气相色谱法中不同的物质（组分）的表征通过物质流出柱（被洗脱）的顺序和它们在柱中的保留时间来实现。

分子吸附与分子通过色谱柱的速率具有强烈的温度依赖性，柱温常常会对分离效果产生很大影响，因此色谱柱必须严格控温到十分之一摄氏度，以保证分析的精确性。降低柱温可以提供最大限度的分离，但是会令洗脱时间变得非常长。某些情况下，色谱柱的温度以连续或阶跃的方式上升，以达到某种特定分析方法的要求，这一整套过程称为程序控温（在液相色谱法里相对应的是梯度洗脱），实际上在气相色谱中，程序性温度控制是必须的一种温控方式。

在气相色谱法中为了满足某一特定的分析的要求，可以改变的条件包括进样口温度，检测器温度，色谱柱温度及其控温程序，载气种类及载气流速，固定相，柱径，柱长，进样口类型及进样口流速，样品量，进样方式等。

通常来说，气相色谱法适合于那些沸点在 500℃ 左右并在该温度以下保持稳定的物质。沸点太高或热稳定性差的物质不适于用气相色谱法分析。

1.2.1.2　液相色谱法

液相色谱是以液体为流动相的色谱方法，其分离过程的本质是待分离物质分子在固定相和流动相之间分配平衡的过程，不同的物质在两相之间的分配会不同，这使其随流动相运动速率各不相同，随着流动相的运动，混合物中的不同组分在固定相上相互分离。根据待分离物质分子的分离机制，又可分为吸附色谱、分配色谱、离子交换色谱、凝胶色谱、亲和色谱等类别。

液相色谱法里流动相参与了组分的分离过程，色谱分离过程利用不同的溶质（组分）其在流动相和固定相之间的作用力（分配、吸附）的不同来实现分离。实际操作中经常通过改变流动相的组成来调节待测组分在色谱柱上的保留和选择性，以适应不同的样品分离分析的需要。

目前使用的高效液相色谱法（HPLC）是在经典的液相色谱法基础上发展起来的，具有更高的分离效率和检测灵敏度，本书提及的液相色谱法主要是指高效液相色谱法。

高效液相色谱系统由流动相储液瓶、输液泵、进样器、色谱柱、检测器和数据接收处理系统组成。常见的检测器的有紫外-可见光检测器（包括单波长或多波长紫外-可见光检测器，二极管阵列检测器）、荧光检测器、示差折光检测器、蒸发光检测器等。应用最多的是紫外-可见光检测器，其次是荧光检测器。

当一个化合物的结构中有共轭体系存在时，跃迁所需能量显著减少，吸收向长波方向移动，共轭体系愈大，跃迁能阶的能差愈小，吸收愈向长波方向位移。对于饱和的有机化合物（结构中没有共轭体系，如饱和烃、醇、醚等），其吸收波长处于远紫外区，不适宜采用紫外（或紫外-可见光）检测器，也不适合采用荧光检测器。对于这些物质可采用化学衍生化的方式，改变原来的化学结构从而适合紫外-可见光检测器或荧光检测器。

与其他波谱相比，有机化合物的紫外光谱反映被测物结构特性的能力偏弱，对于那些含量水平很低的非法添加物（或药物残留物），单凭二极管阵列检测器提供的紫外光谱来进行准确的定性判别是有很高的风险（如图3-27所示），对于这种情况，建议分析者采用选择性更强、灵敏度更好的检测方式来进行定性判别，如液相色谱-质谱联用。

随着液相色谱-质谱联用技术应用的急速发展，在食品安全检测领域里，液相色谱越来越多地与现代质谱结合，形成选择性更强、灵敏度更高、测定速度更快的检测技术。

1.2.1.3 薄层色谱法

薄层色谱是以吸附剂作为固定相，以溶剂作为流动相的分离、分析技术。根据固定相的性质和分离机理不同，薄层色谱法分为吸附薄层法、分配薄层法、离子交换薄层法和凝胶薄层法等类型，其中吸附薄层法应用最为广泛。常规的吸附薄层色谱法的固定相为吸附剂，在密闭的色谱容器中，含有不同组分的混合溶液在吸附剂的一端，通过适当的展开剂展开。在展开溶剂的作用下，各组分在固定相上进行反复不断的无数次的吸附和解吸附，并且随着展开剂向前移动。由于每种组分的分配系数不同，因此在固定相上移动的速率不同，从而实现对各组分的分离。采用常规薄层色谱法分析时，只需通过制板、点样、展开和扫描即可实现对待测组分的分离和检测。在定量检测方面，薄层色谱的定量检测有吸收测定法、荧光测定法和荧光猝灭法。对在可见及紫外光区有吸收的化合物可用钨灯和氘灯在 200～800nm 范围进行透射和反射吸收法测定。化合物本身或者经过色谱前和色谱后衍生化生成对紫外有吸收并能放出更长波长的化合物适用荧光法测量，荧光法灵敏度高，最低可测至 pg 级。本身无颜色、又无特征紫外吸收或荧光，并且不易衍生的化合物可采用荧光猝灭法测量。

薄层色谱的特点是可以同时分离多个样品，分析成本低，对样品预处理要求低，对固定相、展开剂的选择自由度大，适用于含有不易从分离介质脱附或含有悬浮微粒或需要色谱后衍生化处理的样品分析。但是，常规的 TLC 法存在展开时间长、展开剂体积需求大和分离结果差等缺点，致使其应用受到一定的限制。近十年来，随着分析技术的研究和发展，薄层色谱法在微量、高分离效率和仪器化等方面有了新的进展，已经发展成一种新的薄层色谱分析技术，即高效薄层色谱法（HPTLC）。高效薄层色谱采用更细、更均匀的改性硅胶和纤维素为固定相，对吸附剂进行疏水和亲水改性，可以实现正相和反相薄层色谱分离，提高了色谱的选择性，较常规薄层色谱法可改善分离度，提高灵敏度和重现性，更适用于定量测定。

薄层色谱因其设备简单、操作方便、适用性广，可以快速给出可靠、准确的结果等特点，一直被很多分析工作者所关注，并被用于许多领域。在食品添加剂检测方面，作为一种对添加剂测定的简单扫描方法，薄层色谱法具有广阔的应用和发展空间。

1.2.1.4 离子色谱法

离子色谱是液相色谱的一种，离子色谱法是利用离子交换原理和液相色谱技术测定溶液中阴离子和阳离子的一种分析方法。狭义地讲，离子色谱法是基于离子性与固定相表面离子性功能基团之间的电荷相互作用实现离子性物质分离和分析的色谱方法；广义地讲，是基于被测物的可离解性或离子性进行分离的液相色谱方法。根据分离机理，离子色谱可分为离子交换色谱、离子排阻色谱、离子对色谱、离子抑制色谱和离子有机络合物色谱法等几种分离模式，其中离子交换色谱是应用最广泛的离子色谱方法。离子交换色谱利用不同离子对固定相亲和力的差别来实现分离，常用的固定相是离子交换树脂，又分为阳离子交换树脂和阴离子交换树脂。当流动相将样品带到分离柱时，由于样品离子对离子交换树脂的相对亲合能力不同而得到分离，由分离柱流出的各种不同离子，经检测器检测，即可得到一个个色谱峰。然后用通常的色谱定性定量方法进行定性定量分析。

离子色谱法既能分析简单无机阴、阳离子，还能够分析有机酸、碱。随着新固定向合成，离子色谱还可以分析各种各样的极性有机物，甚至可以同时分离极性、离子型和中性化合物及色谱性能相差极大的化合物，极大地拓展了离子色谱法解决问题的能力。离子色谱法是进行离子测定的快速、灵敏、选择性好的方法，特别是对阴离子的测定更是其他方法所不能相比的，它是同时测定多种阴离子的快速、灵敏的分析方法。

在食品添加剂检测方面，应用离子色谱法可以对糖类、增稠胶、聚磷酸盐、硝酸盐、亚硝酸盐、人工合成甜味剂等多种添加剂进行测定。通常，分析不同种类的糖类可以使用一系列具有不同选择性的阴离子交换柱进行分离，采用 NaOH 和 Ba(OAc)$_2$ 组成的洗脱液得到较好的选择性，采用二极管阵列检测器提高灵敏度和方法的稳定性。

1.2.1.5 分子排阻色谱法

分子排阻色谱法又称空间排阻色谱法（SEC）、凝胶色谱法，是利用多孔凝胶固定相的独特性产生的一种分离方法，主要取决于凝胶的孔径大小与被分离组分分子尺寸之间的关系，与流动相的性质没有直接的关系。分子排阻色谱法中样品组分与固定相之间不存在相互作用，色谱固定相是多孔性凝胶，仅允许直径小于孔径的组分进入，这些孔对于溶剂分子来说是相当大的，以致溶剂分子可以自由地扩散出入。样品中的大分子不能进入凝胶孔洞而完全被排阻，只能沿多孔凝胶粒子之间的空隙通过色谱柱，首先从柱中被流动相洗脱出来；中等大小的分子能进入凝胶中一些适当的孔洞中，但不能进入更小的微孔，在柱中受到滞作用，较慢地从色谱柱洗脱出来；小分子可进入凝胶中绝大部分孔洞，在柱中受到更强的滞留作用，会更慢地被洗脱出；溶解样品的溶剂分子，其分子量最小，可进入凝胶的所有孔洞，最后从柱中流出，从而实现具有不同分子大小样品的完全分离。

广义上分子排阻色谱法也属于液相色谱法，但在分子排阻色谱法中，溶剂分子最后从柱中流出，这一点明显不同于其他液相色谱法。

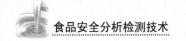

在食品安全检测领域中，分子排阻色谱法更多的是应用在样品净化方面。

1.2.2 色谱-质谱联用技术

色谱法是一种分离分析技术。它利用物质在两相中分配系数或吸附的微小差异，当两相作相对移动时，被测物质在两相之间进行反复多次分配或吸附，以达到有效分离、分析的目的。但这些具有高效分离能力的技术，在对分离后各组分的定性鉴定方面显得无能为力。

质谱与色谱法常用的检测器相比，在选择性、灵敏度等方面有非常大的优势，且能同时提供分析物的化学结构信息，对化合物分析有独到的鉴定能力，但单独的质谱对复杂基质中的组分测定又显得力不从心，因此具有高分离能力的色谱分离技术与高选择性的质谱测定技术联合在一起具有非常强大的技术优势。

1.2.2.1 气相色谱-质谱联用技术

气相色谱-质谱联用技术（GC-MS）的发展历经半个多世纪，是发展成熟且应用广泛的分离分析技术。20世纪80年代，毛细管气相色谱的广泛使用、真空泵性能的提高及大抽速涡轮分子泵的出现，保证了质谱仪所需要的真空；低流失交联键合色谱柱的发展降低了质谱的背景干扰；大抽速涡轮分子泵及差动抽气方式使允许进入质谱仪的载气流量提高到15mL/min；LVI（大体积）技术和宽口径毛细管柱在气质联用仪上的应用使仪器灵敏度和使用范围都得到改善。目前低分辨色谱-质谱联用仪器主要是四极杆质谱和离子阱质谱，高分辨质谱仪器主要是飞行时间质谱和扇形场质谱，串联式质谱仪器主要是三重四极杆质谱。

气相色谱-质谱联用技术中较常使用的离子化方式是电子轰击源（EI源），标准的电离能量是70eV，由于采用统一的标准化电离能量，因而EI源产生的质谱图实现了谱图的标准化，常见的谱库有NIST库、Wiley（威利）谱库，极大地方便了分析者的使用。

1.2.2.2 液相色谱-质谱联用技术

液相色谱-质谱联用技术（LC-MS）的关键技术是高压液相色谱产生的液态流出物与需要高真空工作的质谱的匹配，即接口技术，目前液相色谱-质谱联用仪的接口技术主要有电喷雾离子化（ESI）和大气压化学离子化（APCI）技术。液相色谱-质谱联用技术中质量分析器有单四极杆分析器、三重四极杆（又称串联四极杆）分析器、离子阱分析器、飞行时间分析器、飞行时间与四极杆混合分析器、杂交轨道阱分析器，在食品安全检测分析中，目前使用最多的是串联四极杆质量分析器。串联四极杆中第一个四极杆起到分析物准分子离子（母离子）的质量分离作用，第二个四极杆主要用于离子碰撞产生离子碎片作用，第三个四极杆主要是分离第二个四极杆产生的碎片离子。

在扫描方式方面，可以有全谱扫描，多重反应监测（MRM）等模式，与全谱扫描相比，MRM方式有更高的灵敏度与选择性，因而使用最广泛。有些商品化的质谱仪利用第三个四极杆同时作为线性离子阱，通过计算机的数据自动关联技术可实现MRM与二级质谱全谱同步，大大丰富了质谱提供的分析物的结构信息，提高了质谱鉴别的可靠性。

由于目前液相色谱-质谱所采用的离子源如 ESI 源、APCI 源存在离子化不稳定，各家公司在电离能量及产生质谱碎片的碰撞能量未达到标准化程度，因而没有跨仪器设备型号的标准化的二级质谱谱库，个别公司推出的谱库只能在自家的数据处理系统上使用，难以在其他品牌质谱上重现。

适合于液相色谱分离的物质都可采用液相色谱-质谱技术检测，而且相对于常规液相色谱中采用的紫外-可见光检测器、荧光检测器，质谱算是一个通用型的检测器，因此那些不进行化学衍生化就难以应用液相色谱检测的物质如 β-内酰胺类药物、氨基糖苷类药物等，无需任何化学衍生化就可很方便地采用液相色谱-质谱技术完成检测。

1.2.3 免疫分析法

免疫分析法的基础是抗原与抗体的特异性、可逆性结合反应。免疫反应涉及抗原与抗体分子间高度互补的一系列化学及物理的综合作用，因此免疫分析技术具有单独任何一种理化检测分析技术都难以实现的高选择性和高灵敏度，因而广泛应用于复杂基质中微量或痕量组分的分离检测。

在食品安全检测领域中常用到的成熟的免疫分析技术主要有酶联免疫吸附技术、放射免疫技术。需要注意到的是免疫分析法是一种定性或半定量分析方法，无法给出一个准确的结果，主要作为筛选方法在使用，筛选得到的怀疑不合格结果（阳性结果）需要采用满足确证检测要求的其他理化仪器检测手段加以确证。

1.2.3.1 酶联免疫吸附法

酶联免疫吸附法（ELISA）始于 20 世纪 70 年代，是一种把抗原和抗体的特异性免疫反应和酶的高效催化作用有机结合起来的检测技术。酶联免疫吸附法的基本原理是以抗原与抗体的特异性反应为基础，加上酶与底物的特异性反应，使反应的灵敏度放大的一种技术。它可以对抗原或者抗体进行定性，也可以通过酶与底物的反应产生颜色，借助吸光度值来进行定量。由于酶促反应的放大作用使反应的灵敏度大大提高，同时又提高了反应物的利用率。

ELISA 方法测定技术前处理简单，快速，准确，样品所需量少，检测容量大，如微量酶标板（96 孔）每次可同时分析 44 个样品（双孔计）。随着单克隆抗体技术的发展应用及免疫试剂盒的商业化，ELISA 已广泛应用于食品分析检测中，如在动物源食品中的氯霉素残留、克伦特罗残留、莱克多巴胺残留等项目的快速检测中，ELISA 方法都取得了非常好的效果。

需要注意的是，目前商品化的 ELISA 试剂盒多是针对一个具体的目标分析物设计的，某些试剂盒声称可以进行多个同类物质检测，是利用同类物质的交叉反应实现的，由于同类药物中不同药物的交叉反应率有显著的差异（严重的会相差一个数量级），分析者使用时要严格复核，避免出现假阴性结果。

1.2.3.2 放射免疫技术

放射免疫技术为一种将放射性同位素测量的高度灵敏性、精确性和抗原抗体反应的特异性相结合的体外测定超微量（$10^{-9} \sim 10^{-15}$ g）物质的新技术。广义来说，凡是应用放射性同位素标记的抗原或抗体，通过免疫反应测定的技术，都可称为放射免疫技术。

食品安全检测中较多使用的放射免疫技术是 Charm II。Charm II 是一种专利性技术，原理也是基于细菌受体分析的免疫筛选，不需要复杂的样品前处理程序，可对动物源性食品中的抗生素按药物类别分组筛选，具有快速、灵敏、高通量等许多传统化学分析方法无法比拟的优点，被欧盟国家和美国 FDA（食品和药品管理局）所认可并应用于快速筛选分析，在动物源食品（如动物肌肉、内脏、奶、尿液等）中药物残留检测中有非常成熟的应用。但 Charm II 技术也有明显的局限性，只能按类检测而无法分辩具体的药物，当样品里混有较多添加剂时（如加工食品），会对结果有明显的影响，另外 Charm II 的试剂是专利产品，专用药片价格昂贵也影响了这种技术的普及使用。

1.2.4 流动注射分析法

流动注射分析法（FIA）是在 Skeggs 的空气分隔流动比色分析系统的基础上发展起来的。流动注射分析原理是将一定体积的样品注入到一种密闭的、由适量液体（反应试剂和水）组成的连续流动的载液中，同时与载液中某些试剂发生反应，或进行渗析、萃取，生成某种检测的物质，流经检测器，产生响应，从而测定待测样品的含量。FIA 摆脱了溶液化学分析平衡理论的束缚，FIA 法进行测定时反应时间和混合状态可高度重现，即使试剂呈化学反应不稳定状态仍可得到良好的分析结果，这打破了几百年来分析化学必须在物理化学平衡条件下完成的传统，使非平衡条件下的化学分析成为可能。

FIA 分析系统具有装置简单、操作可靠、自动化程度高、分析速度快（每小时可分析几百个甚至上千个试样）、分析结果的重现性良好、所需试剂量少、灵敏度高、检测限低等突出优点。就 FIA 分析方法来说，要使不同的待分析物产生适当的响应值，通常所需发生的化学反应是不同的，所以没有通用的分析方法。FIA 技术已经应用了许多年，与传统的检测方法相结合，FIA 表现出极广泛的适应性，从而使这些检测方法在分析性能方面有显著提高。如：流动注射-分光光度法、流动注射-化学发光法、流动注射-电化学法、流动注射-原子光谱法、流动注射-荧光法等，近年来，FIA 又实现了与电感耦合等离子体质谱（ICP-MS）及微波等离子体发射光谱（MW-PES）的联用，取得了一些有意义的结果。随着 FIA 法的不断发展和成熟，各种实验装置和仪器也在不断进步，许多具有特殊溶液处理功能的 FIA 仪器相继问世，不但可以测定金属离子、非金属离子，还可以测定一些放射性元素及有机物。

在食品分析领域内，已有文献报道了 FIA 在食品添加剂检测中的应用。采用该技术可以对阿斯巴甜、柠檬酸、氯化物、硝酸盐、亚硝酸盐、甜蜜素、亚硫酸盐、碳酸盐等多种物质进行检测。

1.3　实验方案设计考虑因素

与其他领域的检测相比较，食品安全检测显得更有挑战性，样品基质之复杂和多变，检测灵敏度要求之高，检测时效要求之快，检测样品量之大，检测标准的适应性等因素都给食品安全检测的实验方案设计带来较大难度的挑战。本节将简述如何设计一个食品安全检测的实验方案，在第 2~5 章里会针对具体的检测项目讨论实验方案设计的细节。

1.3.1　检测要求

分析者在接到一个检测任务时，首先得清楚目标分析物是什么？对于农药残留、兽药残留检测，目标分析物就是法规规定的标志残留物，与生产过程使用的药物有可能不是同一种化学物质，有可能是它的代谢物、降解产物等，对于食品添加剂、非法添加物，目标分析物多由主管部门规定。分析者可以从下列途径了解目标分析物的检测要求信息：

① 政府监管部门（或国际组织）发布的法规、法令、标准等文件，如 GB 2763—2014《食品安全国家标准　食品中农药最大残留限量》，GB 2762—2012《食品安全国家标准　食品中污染物限量》，GB 2760—2011《食品安全国家标准　食品添加剂使用标准》，农业部 235 号公告《动物性食品中兽药最高残留限量》，欧盟指令 37/2010《动物源性食品中药物活性物质最高残留限量以及分类》等；

② 权威组织发布的检测方法标准，这些标准里通常明确具体的检测目标分析物；

③ 权威学术杂志、互联网也可帮助了解目标分析物的相关信息，但对获得的信息要进行甄别；

④ 与检测委托者（如监管部门、商业客户）的交谈了解。

同一种目标分析物，不同的国家/地区可能有不同的管理要求，商业客户也会有自身的检测目的和要求，因此分析者要清楚了解所检样品的检测要求，如我国农业部 235 号公告《动物性食品中兽药最高残留限量》里规定恩诺沙星为批准用药（在牛、羊、猪、禽等动物肌肉中的最高残留限量为 $100\mu g/kg$），但此药在美国列为禁用药，又如莱克多巴胺在美国、加拿大、巴西等美洲国家列为批准用药，但该药物在我国是禁用药物。不同的检测要求会影响检测方法的选择。

同一种目标分析物，但样品基质不同，也有可能采用不同的检测方法，如内脏组织类样品与液态奶样品里的药物残留检测，液体饮料类样品与酱类样品里的添加剂检测，其样品处理方式会有很大的区别。

1.3.2 样品处理方法

样品的前处理包括了分析物的提取，提取液的净化、浓缩，样液残渣的复溶解等步骤，这些步骤很多时候不能进行严格的划分，如净化与浓缩往往就是一起进行的。设计一个检测方案的样品前处理步骤时，应考虑样品基质（本底）、仪器的选择性与灵敏度、单目标检测抑或是多目标检测、是筛选检测还是确证检测等因素。

1.3.2.1 提取方法

提取剂的选择主要考虑：

① 分析物在提取液中的溶解度，要确保分析物有理想的溶解；

② 样品与提取剂有好的相容性，样品能在提取剂中充分分散以确保其中的分析物能充分接触提取剂；

③ 在满足分析物得到充分溶解的同时，要尽可能减少样品中共存的其他组分进入提取液以避免或减少共存物质对后续测定的干扰；

④ 提取剂的沸点要适中，以减少溶剂浓缩时间，建议选择沸点在 40～80℃ 的有机溶剂；

⑤ 还要考虑提取剂的经济成本和环保性，要易于纯化、毒性小、价格低。

有些相对简单的测定如液体饮料中的食品添加剂检测，其净化步骤简单，此时要考虑提取液与后续测定用仪器的兼容性，否则要进行溶剂转换。

对于农药残留测定，主要考虑从样品中提取农药的效果，常用作提取剂的有机溶剂有乙腈、丙酮、乙酸乙酯等。乙腈提取法可用于大多数农药的提取，提取液通过添加氯化钠，使乙腈和水分离，AOAC 早期的方法及美国加州食品和农业部方法多采用乙腈作溶剂。丙酮作为一种提取溶剂，具有毒性低、易于纯化、挥发性好及价格低廉等优点，并且既能萃取极性物质又能萃取非极性物质，许多国家农药残留标准方法均采用丙酮作为主要溶剂，丙酮提取液用氯化钠或硫酸钠饱和后，分配至二氯甲烷、乙烷或石油醚中，从而可得到对不同化合物有利的分配特性和有机相的快速分离。乙酸乙酯极性相对丙酮、乙腈要弱，因此其对弱极性农药的提取回收率一般较好，并且其共提物尤其是色素要显著少于丙酮，从而减少了净化时的压力，在荷兰的国家方法中，乙酸乙酯作为主要的提取溶剂。

对于兽药残留测定，广泛采用甲醇、乙腈等水溶性有机溶剂作为提取剂，水溶性有机溶剂与动物组织样品相容性好，对样品的渗透性强，黏度小，提取的同时可兼具脱蛋白和脱脂肪作用，提取液可调节 pH 值以提高提取效率。对于一些特殊样品有时可在提取剂中加入部分的二甲基甲酰胺（DMF）或二甲亚砜（DMSO）改善提取效率。对于那些极性中等的药物残留物如苯并咪唑类药物则可采用非水溶性有机溶剂如乙酸乙酯、二氯甲烷等作提取剂。提取时加入无水硫酸钠可通过盐析作用提高目标分析物的提取效率。

1.3.2.2　净化与富集

净化方法的设计主要考虑目标分析物的理化性质及样品基质情况，如分析物的极性、在各种溶剂中的溶解性（脂溶性或水溶性）、酸性或碱性等，样品含蛋白质、脂肪、色素等有可能干扰测定的物质情况，其次还需要考虑后续测定仪器对样液的要求、样品检测通量、检测成本等因素。

目前食品安全检测面对的样品基质比较复杂，对净化效果有较高的要求，固相萃取是其中使用较多的一种净化方式。设计固相萃取方法时主要考虑因素包括吸附剂的负载量（吸附容量）、穿透体积、淋洗曲线等。

负载量是指单位质量的吸附剂所能吸附的最大目标物的总质量。一般来说，吸附剂的负载量越大，能吸附的目标物总质量也越高。在进行负载量实验时，应考虑实际样品基质的影响，因为一些基质和目标化合物相对于吸附剂存在着竞争，因此，实际负载量一般要低于纯目标物的负载量。

穿透体积是指随着上柱液（包括样品提取液、淋洗液）的不断加入，吸附在吸附剂上的目标物分子被上柱液洗脱下来时的液体体积，即对某种吸附剂，能最大允许流过的上柱液体积。这就要求在实验过程中应注意两点：①样品的上样体积不能大于固相萃取柱的穿透体积，防止样品未上完固相萃取柱，已有目标物流出固相萃取柱，应尽量减少样品上样体积；②净化时，要控制冲洗杂质的溶剂体积（淋洗液），避免目标物穿透固相萃取柱，以保证净化回收率。

洗脱曲线是指萃取富集结束之后，使用某种溶剂将所吸附的目标物能完全洗脱下来所用溶剂的最小体积，包含洗脱溶剂的选择和体积。对于不同的洗脱溶剂，所需要的淋洗体积略有差别。一般淋洗体积的确定需要对高低浓度及吸附剂上所吸附的高低含量的目标物都进行实验测定（在某些情况下，吸附剂上目标物的吸附量较大时，可能对淋洗溶剂体积要求不同）。一般的操作是分体积接收淋洗溶剂，然后分别浓缩后用相应的仪器分析，绘制一条洗脱曲线。

采用选择性高的检测方法可以减少样品净化的工作量，色谱-质谱联用技术在选择性方面具有单一色谱仪器没有的巨大优势，在某种程度上，样品净化方法可以相对简捷一些，"容忍"部分的干扰物质进入最后的样液中。

评判净化方法的标准主要考虑回收率、净化稳定性、上机分析液中干扰物，对于色谱-质谱联用方法还需要考察净化后的样液是否存在基质效应。

1.3.3　测定仪器

选择用什么类型的分析仪器，首先得清楚将要检测的目标分析物的化学特性，包括在各种分析实验室中常用的有机溶剂、水（包括缓冲液）里的溶解度，热稳定性，化学结构特点（是否有紫外吸收、荧光特性）等。

液相色谱法适合那些沸点较高难以气化的物质或对热敏感的物质。如兽药大多数是离子型化合物，极性较强，如不进行化学衍生化，难以实现气相色谱分离测定，因而多是采用液相色谱法或液相色谱-质谱联用法。

气相色谱法适合沸点较低、热稳定性较好、容易汽化的物质，大部分的农药适宜用气相色谱进行分离测定。

某些不能直接测定的目标分析物可通过化学衍生方法改变其化学结构从而适合后续测定所用仪器，如对于青霉素类药物等没有紫外-可见光吸收的分析物不能直接用液相色谱测定，可通过化学衍生化技术处理，对衍生化后的分析物用紫外-可见光检测器进行测定或采用其他的检测器（如荧光检测器、质谱等）；硝基呋喃代谢物分子很小，可通过与 2-硝基苯甲醛（2-NBA）进行衍生从而获得理想的测定效果。

1.3.4　快速筛选与准确确证

选择测定方案时，还需要考虑样品量多少，是采用快速筛选还是需要准确确证或准确定量，快速筛选法适合高通量的样本检测，但在定性、定量的准确度方面会有一定的牺牲，确证方法（或定量方法）结果可靠性高，但样品处理时间偏长、设备及操作等方面要求高。这些都需要分析者在设计一个检测方案时有所考虑。

1.3.5　单组分检测方法与多组分检测方法

食品安全检测方法，经历了单组分检测法（单残留检测法）、多组分检测法（多残留检测法）的发展历程，多组分检测方法在兽药残留检测中目前仍以分类检测为主，也即以目标分析物的化学结构主体分类，一次性完成同类的多个目标分析物的样品前处理、上机检测工作，但在农药残留、食品添加剂检测中，所谓的跨类多组分（多残留）检测技术已相当成熟。

单组分检测方法，相对而言在操作简便性、准确度等方面有较大的优势，但由于一次检测只完成一个目标分析物的检测，检测效率低，采用理化方法原理的单组分检测法难以实现高通量检测。

多组分检测方法检测效率较高，易于实现高通量检测，是目前食品安全检测的主流方法，特别是在农药残留、兽药残留、食品添加剂检测方面，但由于方法（包括前处理、检测）要兼顾多个分析物，因此在方法研发、实际操作、仪器性能上都有较高要求。有些多组分方法纵使采用先进的色谱-质谱联用技术（甚至高分辨质谱技术），但其方法学指标不能满足食品安全检测对确证方法的质量控制要求（如回收率、精密度），这样的多组分检测方法仍只能作为筛选方法，得出的怀疑不合格结果仍需要采用满足确证方法质量控制要求的单组分检测方法或其他确证方法进行确证。

1.3.6 空白实验

食品安全检测的项目中很多属于痕量检测，在提取、净化和检测过程中均有可能引入污染物，因此，在样品前处理时，应同时做空白实验（空白溶剂、空白样品），以此来判断是否有污染引入，这是非常关键也是不可或缺的步骤。

1.3.7 检测成本

食品安全检测样本量大，检测本身属性要求高，一个理想的实验方案首先考虑满足检测要求，其次还得要考虑检测成本，不能一味地追求使用高精尖方法。检测成本中样品处理消耗、测定仪器投入的贡献占了大头。

色谱-质谱联用技术在检测灵敏度、结果准确、检测效率上比单一的色谱技术要优越得多，近年在食品安全检测所用仪器技术比例越来越高，一方面仪器安全检测对检测灵敏度、检测准确性要求趋高，另一方面色谱-质谱联用仪器普及率也急剧增加，但对于基层实验室，仍建议按自身检测需求、仪器条件、实验室人员素质及经济成本等因素，合理设计实验方案所用仪器、方法。

第2章 农药残留检测技术

2.1 概述

2.1.1 农药分类与使用

2.1.1.1 农药的定义

农药广义的定义是指用于预防、消灭或者控制危害农业、林业的病、虫、草和其他有害生物以及有目的地调节植物、昆虫生长的化学合成或者来源于生物、其他天然物质的一种物质或者几种物质的混合物及其制剂。是指在农业生产中，为保障、促进植物和农作物的成长，所施用的杀虫、杀菌、杀灭有害动物（或杂草）的一类药物统称。特指在农业上用于防治病虫以及调节植物生长、除草等药剂。

2.1.1.2 分类及剂型

根据原料来源可分为有机农药、无机农药、植物性农药、微生物农药。此外，还有昆虫激素。

根据防治对象可分为杀虫剂、杀菌剂、杀螨剂、杀线虫剂、杀鼠剂、除草剂、植物生长调节剂等。

2.1.1.3 详细分类

根据化学结构可分为有机磷类、有机氯类、拟除虫菊酯类等。

根据剂型可分为乳油、悬浮剂、水乳剂、微乳剂、水分散粒剂等。

2.1.1.4 植物性农药

植物性农药属生物农药范畴内的一个分支。它指利用植物所含的稳定的有效成分，按一定的方法对受体植物进行使用后，使其免遭或减轻病、虫、杂草等有害生物为害的植物源制剂。各种植物性农药通常不是单一的一种化合物，而是植物有机体的全部或一部分有机物质，成分复杂多变，但一般都包含在生物碱、糖苷、有毒蛋白质、挥发性香精油、单宁、树脂、有机酸、酯、酮、萜等各类物质中。从广义上讲，富含这些高生理活性物质的植物均有可能被加工成农药制剂，其数量和物质类别丰富，是目前国内外备受人们重视的第三代农药的药源之一。

2.1.1.5 植物生长调节剂

人工合成的对植物的生长发育有调节作用的化学物质称为植物生长调节剂。植物生长调节剂，是用于调节植物生长发育的一类农药。人们通过特定的植物生长调节剂，对植物进行促进、抑制、延缓等多种调节活动，让植物按照人类需要的方向去生长发育。例如，人们通过延缓剂让小麦的茎秆更矮更健壮，以增强其抗倒伏能力；人们通过促进剂促使营养物质更多的向果实运输，培养个大味甜的西瓜；人们通过抑制剂来抑制土豆发芽，延长储存期等。

植物生长调节剂的特性有别于传统农药。区别于传统农药的高毒、高残留、易产生抗药性等缺点，植物生长调节剂具有见效快、用量少、低毒、高效、不易残留、不易产生抗药性等优点。这使得植物生长调节剂的市场前景和未来作用十分被看好。在国内外农药领域，对植物生长调节剂的科研和应用，也占据了越来越重要的份额。目前市场上，使用范围较广的植物生长调节剂有：复硝酚钠、萘乙酸钠、胺鲜酯、调环酸钙、多效挫、矮壮素等。

2.1.1.6 除草剂

用以消灭或控制杂草生长的农药被称为除草剂。除草剂可按作用方式、施药部位、化合物来源等多方面分类。氯酸钠、硼砂、砒酸盐、三氯醋酸对于任何种类的植物都有枯死的作用，但由于这些均具有残留影响，所以不能应用于田地中。选择性除草剂特别是硝基苯酚、氯苯酚、氨基甲酸的衍生物多数都有效，其中有 O-异丙基-N-苯基氨基甲酸（O-isopropy-N-phenylcarbamate），二硝基-O-甲酚钠（sodiumdinitro-O-cresylate)等。具有生长素作用的除草剂最著名的是 2,4-D，认为它能打乱植物体内的激素平衡，使生理失调，但对禾本科以外的植物却是一种很有效的除草剂。一般认为这种选择性是决定于植物的种类对 2,4-D 解毒作用强度的大小，或者由于 2,4-D 的浓度因植物种类的不同而有差异。目前市场上，使用范围较广的除草剂有：乙草胺、甲草胺、丁草胺、莠去津、2,4-D、异丙甲草胺、扑草净、二甲戊灵、百草枯、精喹禾灵、MCPA（2 甲 4 氯）、咪唑乙烟酸、氟磺胺草醚、异恶草松、草除灵等。

2.1.2 食品中农药的残留与规管

2.1.2.1 相关术语

（1）残留物（residue definition）

由于使用农药而在食品、农产品和动物饲料中出现的任何特定物质，包括被认为具有毒理学意义的农药衍生物，如农药转化物、代谢物、反应产物及杂质等。

（2）最大残留限量（maximum residue limit，MRL）

在食品或农产品内部或表面法定允许的农药最大浓度，以每千克食品或农产品中农药残留的毫克数表示（mg/kg）。

（3）再残留限量（extraneous maximum residue limit，EMRL）

一些持久性农药虽已禁用，但还长期存在于环境中，从而再次在食品中形成残留，为控制这类农药残留物对食品的污染而制定其在食品中的残留限量，以每千克食品或农产品中农药残留的毫克数表示（mg/kg）。

（4）每日允许摄入量（acceptable daily intake，ADI）

人类终生每日摄入某物质，而不产生可检测到的危害健康的估计量，以每千克体重可摄入的量表示（mg/kg）。

2.1.2.2 农药残留及相关知识

（1）农药残留及其原因

农药残留是指残存在环境及生物体内的微量农药，包括农药原体、有毒代谢物、降解物和杂质。

施用于作物上的农药，其中一部分附着于作物上，另一部分散落在土壤、大气和水等环境中，环境残存的农药中的一部分又会被植物吸收。残留农药直接通过植物果实或水、大气到达人、畜体内，或通过环境、食物链最终传递给人、畜。

导致和影响农药残留的原因有很多，其中农药本身的性质、环境因素以及农药的使用方法是影响农药残留的主要因素。

① 农药性质与农药残留　现已被禁用的有机砷、汞等农药，由于其代谢产物砷、汞最终无法降解而残存于环境和植物体中。

六六六、滴滴涕等有机氯农药和它们的代谢产物化学性质稳定，在农作物及环境中消解缓慢，同时容易在人和动物体脂肪中积累。因而虽然有机氯农药及其代谢物毒性并不高，但它们的残毒问题仍然存在。

有机磷、氨基甲酸酯类农药化学性质不稳定，在施用后，容易受外界条件影响而分解。但有机磷和氨基甲酸酯类农药中存在着部分高毒和剧毒品种，如甲胺磷、对硫磷、涕灭威、克百威、水胺硫磷等，如果被施用于生长期较短、连续采收的蔬菜，则很难避免因残留量超标而导致人畜中毒。

另外，一部分农药虽然本身毒性较低，但其生产杂质或代谢物残毒较高，如二硫代氨基甲酸酯类杀菌剂生产过程中产生的杂质及其代谢物 1,2-亚乙基硫脲属致癌物；三氯杀螨醇中的杂质滴滴涕，丁硫克百威、丙硫克百威的主要代谢物克百威和 3-羟基克百威等残毒均较高。

农药的内吸性、挥发性、水溶性、吸附性直接影响其在植物、大气、水、土壤等周围环境中的残留。

温度、光照、降雨量、土壤酸碱度及有机质含量、植被情况、微生物等环境因素也在不同程度上影响着农药的降解速度，影响农药残留。

② 使用方法与农药残留　一般来讲，乳油、悬浮剂等用于直接喷洒的剂型对农作物的污染相对要大一些。而粉剂由于其容易飘散而对环境和施药者的危害更大。

任何一个农药品种都有其适合的防治对象、防治作物，有其合理的施药时间、使用次数、施药量和安全间隔期（最后一次施药距采收的安全间隔时间）。合理施用农药能在有效防治病虫草害的同时，减少不必要的浪费，降低农药对农副产品和环境的污染，而不加节制地滥用农药，必然导致对农产品的污染和对环境的破坏。

（2）农药残留限量

世界卫生组织和联合国粮农组织（WHO/FAO）对农药残留限量的定义为，按照良好的农业生产（GAP）规范，直接或间接使用农药后，在食品和饲料中形成的农药残留物的最大浓度。首先根据农药及其残留物的毒性评价，按照国家颁布的良好农业规范和安全合理使用农药规范，适应本国各种病虫害的防治需要，在严密的技术监督下，在有效防治病虫害的前提下，在取得的一系列残留数据中取有代表性的较高数值。它的直接作用是限制农产品中农药残留量，保障公民身体健康。在世界贸易一体化的今天，农药最高残留限量也成为各贸易国之间重要的技术性贸易措施。

（3）农药残留问题

世界各国都存在着程度不同的农药残留问题，农药残留会导致以下几方面危害。

① 农药残留影响人、畜健康 食用含有大量高毒、剧毒农药残留引起的食物会导致人、畜急性中毒事故。长期食用农药残留超标的农副产品，虽然不会导致急性中毒，但可能引起人和动物的慢性中毒，导致疾病的发生，甚至影响到下一代。

② 药害影响农业生产 由于不合理使用农药，特别是除草剂，导致药害事故频繁，经常引起大面积减产甚至绝产，严重影响了农业生产。土壤中残留的长残效除草剂是其中的一个重要原因。

③ 农药残留影响进出口贸易 世界各国，特别是发达国家对农药残留问题高度重视，对各种农副产品中农药残留都规定了越来越严格的限量标准。许多国家以农药残留限量为技术壁垒，限制农副产品进口，保护农业生产。2000 年，欧共体将氰戊菊酯在茶叶中的残留限量从 10mg/kg 降低到 0.1mg/kg，使我国茶叶出口面临严峻的挑战。

2.1.3 残留物检测中的结果计算问题

2.1.3.1 原药及代谢物

一些农药的最高残留限量（MRL）的定义不仅包括母体农药本身，还包括它的代谢物或其他形式的转换产物。

下面的例子说明了符合残留定义要求的三种农药，例 1 中组分的总量表现为不同分子量调节（转换系数）后的倍硫磷；例 2 中总量表现为算术和；例 3 中总量为硫双威和灭多威。

【例1】 倍硫磷

残留物定义：倍硫磷（倍硫磷，倍硫磷的含氧同系物，它们表示为倍硫磷的亚砜、砜，如图2-1所示）这里残留物被定义为本化合物和转换产物的总和，转换产物在残留物中的摩尔浓度（C）应该根据它们的分子量进行调整。

$$C_{\text{Fenthion Sum}} = 1.00 \times C_{\text{Fenthion}} + 0.946 \times C_{\text{FenthionSO}} + 0.897 \times C_{\text{FenthionSO}_2} +$$
$$1.06 \times C_{\text{Fenthion Oxon}} + 1.00 \times C_{\text{Fenthion OxonSO}} + 0.946 \times C_{\text{Fenthion OxonSO}_2}$$

倍硫磷，它的亚砜和砜，和它们的氧代同系物（Oxons），都包括在残留物定义中并且所有的都包括在分析中。计算转换系数（C_{Fenthion}）示例：

$$C_{\text{FenthionSOtoFenthion}} = \frac{\text{MW}_{\text{Fenthion}}}{\text{MW}_{\text{FenthionSO}}} \times C_{\text{FenthionSO}} = \frac{278.3}{294.3} \times C_{\text{FenthionSO}} = 0.946 \times C_{\text{FenthionSO}}$$

倍硫磷残留物的计算转换系数见表2-1。

表2-1 倍硫磷残留物的计算转换系数

化合物	取代基		分子量	C_f
倍硫磷	RR'S	P=S	278.3	1.00
倍硫磷亚砜	RR'SO	P=S	294.3	0.946
倍硫磷砜	RR'SO$_2$	P=S	310.3	0.897
倍硫磷-Oxon	RR'S	P=O	262.3	1.06
Oxon-倍硫磷亚砜	RR'SO	P=O	278.3	1.00
Oxon-倍硫磷砜	RR'SO$_2$	P=O	294.3	0.946

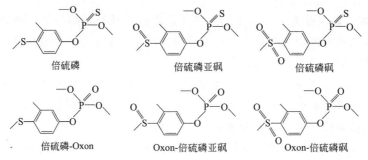

图2-1 倍硫磷的残留物定义

【例2】 三唑酮

残留物定义：三唑酮和三唑醇（三唑酮和三唑醇总量），如图2-2所示。

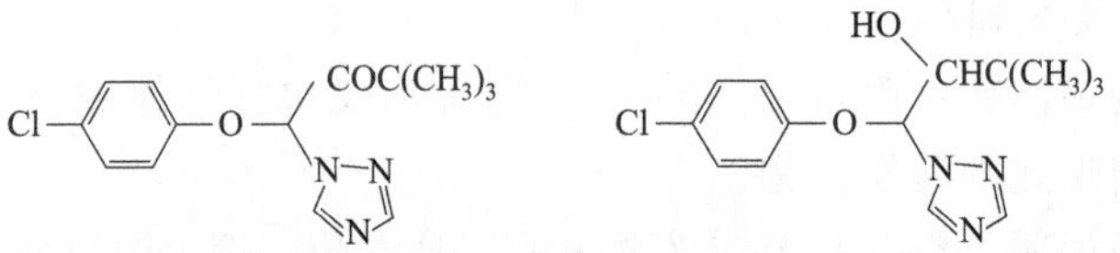

图2-2 三唑酮和三唑醇的化学结构

计算转换系数示例：

$$C_{\text{Triadimefon and Triadimenol}} = 1.00 \times C_{\text{Triadimefon}} + 1.00 \times C_{\text{Triadimenol}}$$

【例3】　灭多威

残留物定义：灭多威和硫双威（灭多威和硫双威表达为灭多威），如图2-3所示。

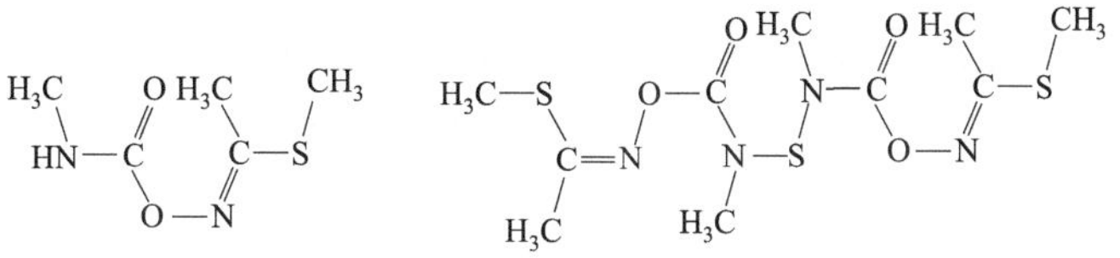

图2-3　灭多威和硫双威的化学结构

计算转换系数示例：

$$C_{\text{Methomyl Sum}} = C_{\text{Methomyl}} + C_{\text{Thiodicarb}} \times \left(\frac{2 \times MW_{\text{Methomyl}}}{MW_{\text{Thiodicarb}}} \right)$$

$$= C_{\text{Methomyl}} + C_{\text{Thiodicarb}} \times \left(\frac{2 \times 162.2}{354.5} \right)$$

$$C_{\text{Methomyl Sum}} = C_{\text{Methomyl}} + 0.915 \times C_{\text{Thiodicarb}}$$

2.1.3.2　原药及其盐类

有些农药除了原药还有各种形式的盐类，在计算残留量的时候，要仔细考虑是以何种形式参与计算。例如2,4-滴和2,4-滴钠盐（2,4-D和2,4-DNa），在计算残留物的时候统一以2,4-D进行计算。

2.1.3.3　互相转化的农药

有些农药在使用后转变为其他农药，则计算时应考虑其他农药的形式，对这类农药要给予关注。例如苯菌灵，其在酸性条件下转化为多菌灵，计算苯菌灵残留量的时候则为苯菌灵和多菌灵之和。

2.1.4　农药残留的管理

（1）中国

我国农业部与国家卫生计生委联合发布的《食品中农药最大残留限量》（GB 2763—2014），规定了387种农药在284种（类）食品中3650项限量指标，较2012年颁布实施的标准新增加了65种农药、43种（类）、1357项限量指标，不仅覆盖了蔬菜、水果、谷物、油料和油脂、糖料、饮料类、调味料、坚果、食用菌、哺乳动物肉类、蛋类、禽内脏和肉类12大类作物或产品，也基本覆盖了常用农药品种；新标准针对蔬菜、水果、茶叶等鲜食农产品农药残留超标多发、易发问题，新标准重点增加了蔬菜、水果等鲜食农产品的限量标准。水果农药残留限量增加473项，蔬菜（包括食用菌）农药最大残留量增加431项。

该农药残留新标准比以往更加严谨，基本与国际标准接轨。新发布的标准中，国际食品法典委员会已制定限量标准的有 1999 项，其中共有 1811 项国家标准等同于或严于国际食品法典标准，占 90.6%。

（2）日本

2006 年 5 月 29 日起执行的日本"肯定列表制度"（Positive list system）是日本国为加强食品、食用农产品中化学品的残留监管而制定的一项制度。日本"肯定列表制度"涉及的农药、兽药和饲料添加剂残留限量"暂定标准"734 种，农产品食品 264 种（类），暂定限量标准 51392 条；沿用原限量标准共涉及农业化学品 63 种，农产品食品 175 种，残留限量标准 2470 条；日本"暂定标准"，主要参考了 FAO/WHO 联合食品法典委员会（CAC）标准、日本国内标准及日本认可的参考国或组织（如美国、加拿大、欧盟、澳大利亚、新西兰）的标准。没有国际现行标准参考的，采用"一律标准"，即 0.01mg/kg 的限量控制所有这些化学物质在农产品检出。

（3）香港地区

2012 年 5 月，香港特区政府通过 2012 第 73 号法律公告发布了一项全新的食物中农药残留管理制度——《食物内残余除害剂规例》，此法律从 2014 年 8 月 1 日起实施。

《食物中残余除害剂规例》是香港特区政府为强化香港地区食品中残留除害剂管理而采取的一项新措施。2007 年，香港出台了规例方案的基本框架，并进行了公众咨询。随后几年时间内，香港特区政府根据各方意见不断对规管方案基本框架进行修订和完善，同时制定出具体限量标准和豁免清单草案。制定最高残留限量名单时，主要采纳内地和食品法典委员会制定的标准。

2.2　有机磷农药残留的检测

2.2.1　有机磷类农药的基本信息

2.2.1.1　毒副作用及残留管理

有机磷农药种类很多，所有有机磷农药都含有 P＝O 或 P＝S 基团，其结构通式如图 2-4 所示，通式中 R^1、R^2 是取代基，在我国目前生产的品种中多为甲氧基（CH_3O）或乙氧基（C_2H_3O）；X 为氧（O）或硫（S）原子；Z 为烷氧基、苯氧基或其他更为复杂的取代基团，由于取代的基团不同，可产生多种多样的化合物，有机磷农药按结构可分为：磷酸酯类（如敌敌畏）、硫代磷酸酯类（如对硫磷、稻瘟净）、二硫代磷酸酯类（如乐果）、磷酰胺和硫代磷酰胺类（如甲胺磷）、膦酸和膦酸酯类（如敌百虫）；从经典有机化学看来，只有含 C—P 键的化合物才能称之为有机磷化合物，也就是说在这几种有机磷农药中只有膦酸和膦酸酯类是真正的有机磷化合物，其他的都是无机酸酯或酰胺，目前的分类是从生物效应出发，将上述五类结构农药统称为有机磷农药[1]。

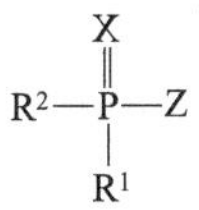

图 2-4　有机磷类农药的化学结构

有机磷农药根据其毒性强弱分为可为以下三大类：

① 剧毒类：甲拌磷、内吸磷、对硫磷、保棉丰、氧化乐果；

② 高毒类：甲基对硫磷、二甲硫吸磷、敌敌畏、亚胺磷；

③ 低毒类：敌百虫、乐果、氯硫磷、乙基稻丰散等。

在蔬菜、果树、茶叶、中草药材上不得使用 19 种高毒有机磷农药，它们是甲胺磷（methamidophos）、甲基对硫磷（parathion-methyl）、对硫磷（parathion）、久效磷（monocrotophos）、磷胺（phosphamidon）、甲拌磷（phorate）、甲基异柳磷（isofenphos-methyl）、特丁硫磷（terbufos）、甲基硫环磷（phosfolan-methyl）、治螟磷（sulfotep）、内吸磷（demeton）、克百威（carbofuran）、涕灭威（aldicarb）、灭线磷（ethoprophos）、硫环磷（phosfolan）、蝇毒磷（coumaphos）、地虫硫磷（fonofos）、氯唑磷（isazofos）、苯线磷（fenamiphos）。

2.2.1.2　有机磷农药的理化性质

有机磷农药大多呈油状或结晶状，工业品呈淡黄色至棕色，除敌百虫和敌敌畏之外，大多具有蒜臭味。一般不溶于水，易溶于有机溶剂（如苯、丙酮、乙醚、三氯甲烷及油类），对光、热、氧均较稳定，除敌百虫和敌敌畏之外，大多在碱性溶液中易分解而失去毒力；而敌百虫易溶于水，与碱性溶液接触后，变成毒力更强的敌敌畏。内吸磷、对硫磷、甲拌磷、马拉硫磷、乐果等经氧化后，毒力增强。二溴磷遇还原物质如金属、含硫氢化物很快失去溴，形成毒力更大的敌敌畏。

2.2.2　有机磷类农药残留检测方案的设计

2.2.2.1　如何选择样品处理方法

样本中残留农药的提取是农药残留检测的第一环节，也是关键环节，选择一个好的提取溶剂是保证农药残留检测准确性的前提条件。

提取农药时除了考虑农药的特性外，还必须考虑样本的特点和状态。在 AOAC 法中，对于分析农药残留的样本作了详细的规定。样品分为脂肪性和非脂肪性两大类。脂肪含量大于 10％为脂肪性样品，小于 10％为非脂肪性样品；非脂肪性的样品，又分为含水样品和干样品两类，前者的水分含量大于 75％，后者为干的或低水分含量的样品；水分含量大于 75％的样品，又根据含糖量的多少而分等。不同形状的样本，采用不同的提取溶剂。对于含水较多的植物性样本，采用与水能相混溶的极性溶剂，如丙酮、乙腈等进行提取。如果所提取的农药是非极性的，可在加极性溶剂的同时，加入适量的非极性溶剂；如果样本中含水量不高，则先加入无水硫酸钠，使水溶性较强的农药释放出来，以便提取；对于干的或低水分含量的植物性样本，如谷物、茶叶等，必须采用含水 20%～40% 的溶剂，或者是预先向样本中加入等量的水之后，再用适当提取溶剂进行提取；对于含糖量高的样本如枸杞等，要先加入适量的水，使其糖分充分溶解，再用能与其相混溶的溶剂提取。

综上所述，在农药残留分析时，提取溶剂的选择必须考虑溶剂的极性、农药的特性、样本的性质。乙腈已作为常用的提取溶剂，在同时提取有机磷、有机氯、氨基甲酸酯、拟除虫菊酯类农药时多采用乙腈。但由于乙腈沸点高、不易浓缩，如果只提取有机氯时，应采用丙酮-石油醚混合溶剂作提取溶剂。只提取有机磷农药时，采用二氯甲烷作提取溶剂效果也很好。

2.2.2.2 如何选择测定方法

有机磷农药残留的检测方法主要有气相色谱法、气质联用法和液质联用法，从有机磷农药的结构通式可知，有机磷农药化学结构中均含有磷，而火焰光度检测器（FPD）是气相色谱仪常用的一种对含磷、含硫化合物有高选择型、高灵敏度的检测器。这种检测器对有机磷、有机硫的响应值与碳氢化合物的响应值之比可达 10^4，因此可排除大量溶剂峰及烃类的干扰，非常有利于食品中痕量磷、硫的分析，是检测有机磷农药残留的理想检测器。

如果做有机磷农药多农残检测，建议采用气质联用法和液质联用法，更有利于各种有机磷农药的定性和定量[1]。

2.2.2.3 如何判读测试结果

气相色谱法是用保留时间定性，外标法定量，有可能会造成假阳性和假阴性。对于假阳性结果，主要是由于样品成分复杂、杂质峰较多引起，有些杂质峰和检测峰在同一根色谱柱中难以分开，造成检测结果偏高，甚至会出现不合格，通常这种情况的解决方案是：

① 改变升温程序，尽可能分离；

② 若无法与杂质峰分离，可换一根极性不同的色谱柱重新检测；

③ 结合气质联用仪，采用选择离子模式进行确证。

对于假阴性结果，主要是由于气相色谱保留时间漂移引起，避免假阴性发生通常采用方案是：

① 确保仪器在正常状态下使用；

② 分别在测试样品前后进标准溶液，通过标准品保留时间的变化来判断，使假阴性结果尽可能减少。

2.2.3 测定方法示例 食品中甲胺磷残留量的检测方法

本节介绍的食品中甲胺磷残留量的检测方法以 SN/T 0278—2009《进出口食品中甲胺磷残留量的检测方法》[2] 为基础。

（1）方法提要

样品经乙腈或乙酸乙酯提取后，通过固相萃取小柱净化，采用气相色谱（火焰光度检测器）测定，外标法定量。液相色谱-质谱/质谱确证。

（2）样品前处理

① 样品制备与保存

a. 菠菜、荷兰豆、柑橘、葡萄、甘蓝　取有代表性样品约500g（不可水洗），将其可食用部分切碎后，用捣碎机加工成浆状。混匀，装入洁净容器，密闭，标明标记。

b. 大米、绿豆、板栗、茶叶　取有代表性样品约500g，用粉碎机粉碎并通过孔径2.0mm圆孔筛。混匀，装入洁净容器，密闭，标明标记。

c. 猪肉、鸡肉、猪肝、罗非鱼　取有代表性样品约500g，剔骨去皮，用绞肉机绞碎，混匀，装入洁净容器，密闭，标明标记。

d. 蜂蜜　取代表性样品约500g，对无结晶的蜂蜜样品将其搅拌均匀；对有结晶析出的蜂蜜样品，在密闭情况下，将样品瓶置于不超过60℃的水浴中温热，振荡，待样品全部融化后搅匀，迅速冷却至室温，在融化时必须注意防止水分挥发。装入洁净容器，密封，标明标记。

e. 试样保存　茶叶、蜂蜜、粮谷及坚果类等试样于0～4℃保存；水果蔬菜类和动物源性食品等试样于−18℃以下冷冻保存。在抽样及制样的操作过程中，应防止样品受到污染或发生残留物含量的变化。

② 提取

a. 大米、绿豆、板栗　称取5g试样（精确至0.01g）于50mL离心管中，加3g无水硫酸钠，15mL乙酸乙酯，匀质提取1min，振荡提取20min，4000r/min离心5min，移取上清液于试管中，再分别用10mL乙酸乙酯洗涤残渣两次，合并提取液，45℃以下氮吹至约2mL，待净化。

b. 菠菜、青豆、柑橘、葡萄、甘蓝　准确称取10g试样（精确至0.01g）于50mL离心管中，加3g无水硫酸钠，15mL乙酸乙酯，匀质提取1min，4000r/min离心5min，移取上清液于25mL容量瓶中，再用10mL乙酸乙酯洗涤残渣一次，涡旋振荡2min，4000r/min离心5min，合并提取液于容量瓶中，用乙酸乙酯定容至刻度。取上述的样本提取液12.5mL待净化。

c. 猪肉、鸡肉、猪肝、罗非鱼肉　称取5g试样（精确至0.01g）于50mL离心管中，加入10g无水硫酸钠，15mL乙腈，匀质提取1min，6000r/min离心5min，移取上清液于25mL容量瓶中，再用10mL乙腈萃取残渣一次，合并提取液于容量瓶中，用乙腈定容至刻度，移取10mL提取液待净化。

d. 茶叶　称取0.5g试样（精确至0.01g）于10mL离心管中，加1.5mL水，浸泡20min，加0.2g无水硫酸钠，振荡混匀，再分别用2mL乙酸乙酯提取3次，旋涡振荡提取，4000r/min离心3min，合并提取液，待净化。

e. 蜂蜜　称取2g试样（精确至0.01g）于50mL离心管中，加3mL水，0.5g

氯化钠，振荡混匀，过 CHROMABOND RTX 固相萃取柱（3000mg，15mL），保持 5min 后，用 35mL 乙酸乙酯淋洗，流速控制为 1mL/min，滤液过无水硫酸钠收集于 50mL 浓缩瓶中，在 45℃ 以下旋转浓缩至约 1mL，待净化。

③ 净化

a. 大米、绿豆、板栗　石墨化炭黑固相萃取柱（250mg，3mL）用 2×2mL 乙酸乙酯活化，弃去流出液。将待净化溶液过石墨化炭黑固相萃取柱，再用 2×2mL 乙酸乙酯洗脱，流速控制为 1mL/min，收集全部流出液于试管中，在 45℃ 以下氮吹至近干，用乙酸乙酯定容至 1.0mL，待测。

b. 菠菜、荷兰豆、柑橘、葡萄、甘蓝　石墨化炭黑固相萃取柱（250mg，3mL）用 2×2mL 乙酸乙酯活化，弃去流出液。将待净化溶液过石墨化炭黑固相萃取柱，再用 2×2mL 乙酸乙酯洗脱，流速控制为 1mL/min，收集全部过柱溶液于 25mL 浓缩瓶中，在 45℃ 下旋转浓缩至约 0.5mL，用乙酸乙酯定容至 1.0mL，待测。

c. 猪肉、鸡肉、猪肝、罗非鱼　在氟罗里硅土固相萃取柱（1000mg，2mL）上填装 0.5g 无水硫酸钠，用 2×2mL 乙腈活化，弃去流出液。取 10mL 待净化液过柱，用 3mL 乙腈洗脱，收集全部流出液于 25mL 浓缩瓶，在 45℃ 以下旋转浓缩至约 2mL；再过石墨化炭黑固相萃取柱（250mg，3mL），在柱上填装 0.5g 无水硫酸钠，用 2×2mL 乙腈活化。将浓缩液过石墨化炭黑固相萃取柱，再用 3×1mL 正己烷-丙酮洗脱，流速控制为 1mL/min，收集流出液于试管中，在 45℃ 以下氮吹至约 0.5mL，用乙酸乙酯定容至 2.0mL，过 0.45μm 滤膜后，待测。

d. 茶叶　在石墨化炭黑固相萃取柱（250mg，3mL）上填装 0.5g 无水硫酸钠，用 2×2mL 乙酸乙酯活化，弃去流出液。将待净化液过柱，用 2×2mL 乙酸乙酯洗脱，流速控制为 1mL/min，收集全部过柱溶液，在 45℃ 下吹氮浓缩至约 1mL。氨基柱（200mg，3mL）先用 2×2mL 正己烷-丙酮活化，将浓缩液过氨基柱后，3×1mL 正己烷-丙酮洗脱，流速控制为 1mL/min，收集全部流出液于试管中，在 45℃ 以下氮吹至约 0.5mL，用乙酸乙酯定容至 1.0mL，待测。

e. 蜂蜜　在石墨化炭黑固相萃取柱（250mg，3mL）上填装 0.5g 无水硫酸钠，用 2×2mL 乙酸乙酯活化，弃去流出液。将待净化浓缩液过石墨化炭黑固相萃取柱，2×2mL 乙酸乙酯洗脱，流速控制为 1mL/min，收集洗脱液于吹氮管中，在 45℃ 下吹氮浓缩至约 0.5mL，用乙酸乙酯定容至 2.0mL，待测。

（3）测定

① 气相色谱条件

a. 色谱柱：HP-Innowax 毛细管柱，30m×0.25mm（i.d.）×0.25μm，或性能相当者。

b. 升温程序：120℃（1min）$\xrightarrow{15℃/min}$ 200℃（8min）$\xrightarrow{25℃/min}$ 250℃（4min）

c. 进样口温度：230℃。

d. 检测器温度：245℃。

e. 载气：氦气（纯度 99.999％），流量 4.0mL/min。

f. 进样模式：无分流进样。

g. 进样量：1μL。

② 标准溶液以及工作曲线的配制

a. 甲胺磷标准储备液　准确称取甲胺磷标准品 25.0mg 于 25.0mL 容量瓶中，用乙酸乙酯定容至刻度，配制成浓度为 1.00mg/mL 的标准储备液。该溶液于 −18℃保存。

b. 甲胺磷标准中间溶液　准确吸取甲胺磷标准储备液 1.00mL 于 10.0mL 容量瓶中，用乙酸乙酯稀释至刻度，配制成浓度为 100.0μg/mL 的标准中间溶液。该溶液在 −18℃保存。

c. 甲胺磷标准工作液　用乙酸乙酯逐级稀释标准中间溶液，分别配制成 0ng/mL、10.0ng/mL、50.0ng/mL、100ng/mL、200ng/mL、500ng/mL 各级标准工作溶液，现用现配。

③ 气相色谱测定

按以上的仪器条件，按标准溶液、试剂空白、样品空白、样品加标、样品空白、待测样品、样品加标的进样次序进样。外标法峰面积定量。

根据样液中甲胺磷含量情况，选定峰面积相近的标准工作溶液。标准工作溶液和样液中甲胺磷响应值均应在仪器检测线性范围内。在上述色谱条件下，甲胺磷的保留时间约为 11.32min。标准溶液的色谱图见图 2-5。

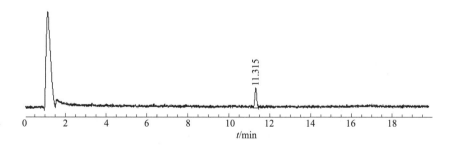

图 2-5　甲胺磷标准溶液（10μg/L）气相色谱图

④ 定性确证

甲胺磷残留物的定性采用液相色谱-串联质谱法。

a. 仪器条件

ⅰ. 液相色谱参考条件　色谱柱：Shiseido C_{18} 柱，150mm×2.0mm（i.d.），5μm，或相当者。柱温：40℃。流动相：甲醇-水（80＋20，体积分数）。流速：0.30mL/min。进样量：10μL。

ⅱ. 质谱参考条件（以 API 3000 为例）　离子源：电喷雾离子源（ESI）。扫描方式：负离子扫描。检测方式：多反应选择离子检测（MRM）。电喷雾电压（IS）：4500V。雾化气、气帘气、辅助加热气、碰撞气均为高纯氮气及其他合适气体；使用前应调节各气体流量以使质谱灵敏度达到检测要求。辅助气温度（TEM）：350℃。定性离子对、定量离子对、采集时间、去簇电压及碰撞能量见表2-2。

表 2-2　甲胺磷定性离子对、定量离子对、采集时间、去簇电压及碰撞能量

被测物名称	定性离子对（m/z）	采集时间/ms	去簇电压/V	碰撞能量/V
甲胺磷	142.2/94.3 142.2/112.3	200	70	22 18

　　b. 定性确证　当采用气相色谱进行样品测定时，若检出试样中甲胺磷的量大于方法检测限时，取 0.5mL 气相色谱上机测定溶液，用氮气吹干，用甲醇稀释到适当浓度，以 LC-MS/MS 法定性确证。被测组分选择 1 个母离子，2 个以上子离子，在相同实验条件下，如果样品中待检测物质与标准溶液中对应的保留时间偏差在±2.5%之内；且样品谱图中各组分定性离子的相对丰度与浓度接近的标准溶液谱图中对应的定性离子的相对丰度进行比较，偏差不超过表 6-7 规定的范围，被确证的样品可判定为甲胺磷阳性检出。标准品的子离子全扫描质谱图和多反应监测（MRM）色谱图见图 2-6、图 2-7。

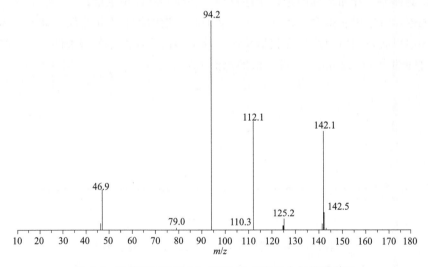

图 2-6　甲胺磷标准品 LC-MS/MS 子离子全扫描质谱图

　　⑤空白试验　除不加试样外，按上述测定步骤进行。

　　（4）检测质量关键控制

　　每一测定批次应使用已知量的样本做测定结果的控制试验。本方法茶叶的测定低限为 50μg/kg，大米、绿豆、菠菜、荷兰豆、柑橘、葡萄、甘蓝、板栗、猪肉、鸡肉、猪肝、罗非鱼、蜂蜜中甲胺磷的测定低限均为 10μg/kg。做试剂空白样品和添加空白样品。被测物中甲胺磷的回收率应在 70.0%～120%。

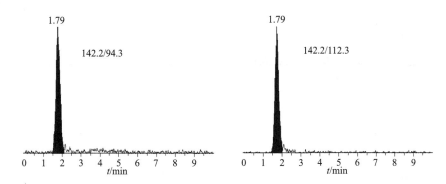

图 2-7　甲胺磷标准溶液（10μg/L）的 LC-MS/MS 多反应监测（MRM）色谱图

图 2-8～图 2-23 分别为大米、甘蓝、茶叶、猪肉的空白样品、空白样品添加甲胺磷的 GC-FPD 色谱图和 LC/MS-MS 选择离子质谱图。

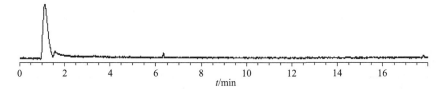

图 2-8　大米空白样品的 GC-FPD 色谱图

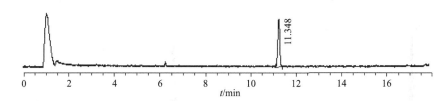

图 2-9　大米空白样品添加甲胺磷（10μg/kg）的 GC-FPD 色谱图

图 2-10　大米空白样品的 LC-MS/MS 多反应监测（MRM）色谱图

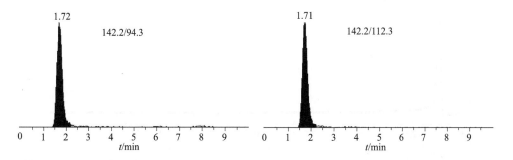

图 2-11　大米空白样品添加甲胺磷（10μg/kg）的 LC/MS-MS 多反应监测（MRM）色谱图

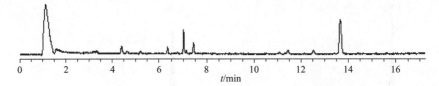

图 2-12　甘蓝空白样品的 GC-FPD 色谱图

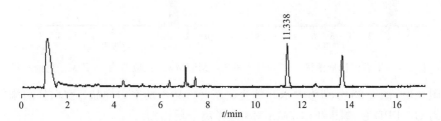

图 2-13　甘蓝空白样品添加甲胺磷（10μg/kg）的 GC-FPD 色谱图

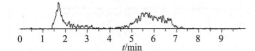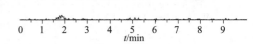

图 2-14　甘蓝空白样品的 LC-MS/MS 多反应监测（MRM）色谱图

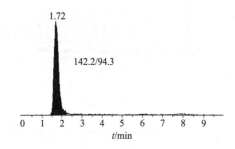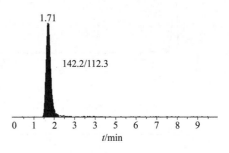

图 2-15　甘蓝空白样品添加甲胺磷（10μg/kg）
的 LC-MS/MS 多反应监测（MRM）色谱图

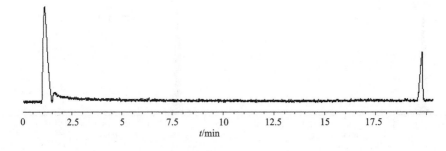

图 2-16　茶叶空白样品的 GC-FPD 色谱图

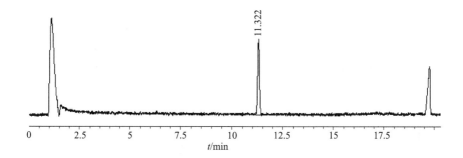

图 2-17 茶叶空白样品添加甲胺磷（10μg/kg）的 GC-FPD 色谱图

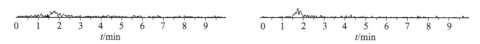

图 2-18 茶叶空白样品的 LC-MS/MS 多反应监测（MRM）色谱图

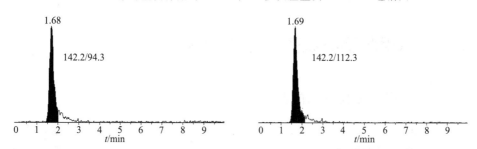

图 2-19 茶叶空白样品添加甲胺磷（50μg/kg）的 LC-MS/MS 多反应监测（MRM）色谱图

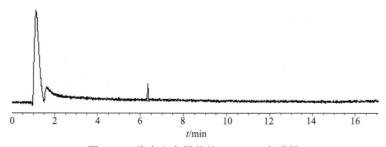

图 2-20 猪肉空白样品的 GC-FPD 色谱图

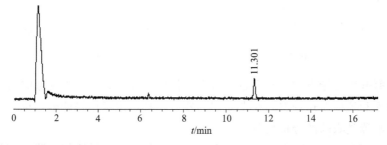

图 2-21 猪肉空白样品添加甲胺磷（10μg/kg）的 GC-FPD 色谱图

图 2-22　猪肉空白样品的 LC-MS/MS 多反应监测（MRM）色谱图

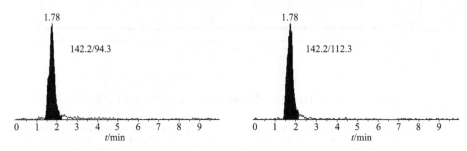

图 2-23　猪肉空白样品添加甲胺磷（10μg/kg）
的 LC-MS/MS 多反应监测（MRM）色谱图

2.3　氨基甲酸酯类农药残留的检测

2.3.1　氨基甲酸酯类农药的基本信息

氨基甲酸酯类农药是一种高效、广谱型杀虫剂，是目前我国使用量较大的杀虫剂之一，主要应用于粮食、蔬菜和水果上。这类杀虫剂分为五大类：①萘基氨基甲酸酯类，如甲萘威；②苯基氨基甲酸酯类，如叶蝉散；③氨基甲酸肟酯类，如涕灭威；④杂环甲基氨基甲酸酯类，如克百威；⑤杂环二甲基氨基甲酸酯类，如异索威。其杀虫作用机制为抑制昆虫神经传导的重要物质乙酰胆碱酯酶的活性。氨基甲酸酯类农药具有杀虫效果显著、分解快、残留期短、代谢迅速的特点。除此之外，还有显著刺激作物生长的作用。代表性氨基甲酸酯农药化学结构图见图 2-24。

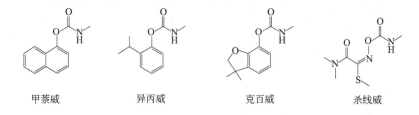

甲萘威　　　　　异丙威　　　　　克百威　　　　　杀线威

图 2-24　代表性氨基甲酸酯农药化学结构图

由于氨基甲酸酯类农药被大量不科学地使用，导致人畜中毒现象时有发生，因此许多国家和地区对这种农药在食品中的残留量都制定了严格的限量标准，这就使得氨基甲酸酯类农药的分析检测备受关注。

大多数氨基甲酸酯类农药施用后在很短的时间内就可被降解，降解产物的活性通常与母体化合物相当或更强,毒性甚至更大。例如,涕灭威降解后生成的涕灭威砜、涕灭威亚砜的毒性比涕灭威强。因此,在检测氨基甲酸酯类农药残留时,必须同时检测在数量上多于母体的代谢产物,具体计算方法可以参考本章 2.1.3 节的内容。

2.3.2 检测方案的设计

2.3.2.1 如何选择样品前处理方法

氨基甲酸酯类农药广泛使用在粮食、蔬菜和水果上,而这类农药本身在高温中不稳定,因而对于其检测方案的设计需要考虑检测样品基质以及农药本身特性两个方面的因素。

选择何种提取溶剂,需要根据样品的特性以及采用何种检测器来进行筛选。常用的提取溶剂为丙酮、乙酸乙酯和乙腈。丙酮的提取效果对于大部分农药而言都很理想,但是由于其共提取物较多(例如,色素),对于检测而言,造成的干扰较大,因而渐渐为乙酸乙酯和乙腈所代替。至于乙酸乙酯和乙腈,则需要根据所采用的检测器来取舍。

对于一般蔬菜水果样品,选择合适的提取溶液,采用液液萃取技术提取就可以达到理想的萃取效果,在此基础上,联用固相萃取(SPE)技术,利用吸附剂将液体样品中的目标化合物吸附,与样品的基质和干扰化合物分离,再用洗脱液洗脱,达到分离或者富集目标化合物的目的。

而如果涉及比较复杂的基质,如动物组织、茶叶、油料作物等,则需要对前处理方式进行有针对性的改进。如对油脂含量高的基质,在进行液液萃取时,可以考虑引入正己烷来清除油脂,也可以通过冷冻的方式达到去除油脂的目的。而对于高色素的基质,则可以考虑在进行 SPE 小柱的选择上进行优化,如引入 PSA＋GCB 的复合型净化方式,C_{18} 粉末也是通常用来净化脂肪的有效方式之一。

2.3.2.2 如何选择测定方法

选择何种检测方式、采用哪种检验仪器都需要结合目标化合物的特性以及现有仪器条件来进行综合考虑。

气相色谱法(GC)是一种经典的农残检测方法,约 70% 的农药残留都是用气相色谱法来检测。氨基甲酸酯类农药在高温中不稳定,即使在选择柱条件方面下很大功夫,仍不可避免产生氨基甲酸酯的分解,同时也缺乏灵敏度高的选择性检测器,于是只能对不发生分解的氨基甲酸酯进行直接 GC 测定。而对于易热分解的化合物,或是考虑将氨基甲酸酯完全水解,以测定氨基甲酸酯的甲胺或酚部分,或是通过热稳定衍生化后测定其衍生物。

高效液相色谱法对于气相色谱法不能分析的高沸点或稳定性差的农药可以进行有效的分离检测,特别适于检测氨基甲酸酯类农药残留。大部分氨基甲酸酯类农药残留的 HPLC 检测采用反相 C_8 或 C_{18} 柱,检出限一般高于气相色谱(GC)的检出限。近年来多采用液相色谱法柱后衍生技术，能够使氨基甲酸酯类农药中的甲氨基团在碱液作用下生成的甲胺与衍生试剂反应生成一种强荧光物质，可用高灵敏度的荧光检测器检测该物质，选择性高，基质干扰小，是检测氨基甲酸酯类农药残留最有效、最灵敏的方法之一。

随着质谱技术的不断发展和普及，气相色谱-质谱和液相色谱-质谱也逐渐在氨基甲酸酯类农药残留检测中发挥作用。同样的，鉴于氨基甲酸酯类农药的对热不稳定的特性，液相色谱-质谱方法是较为合适的检测方法。

总之，究竟采用何种前处理方式，要综合考虑目标化合物的性质、样品基质的特点以及最终测定的方式这些因素。通过广泛参考已有文献和标准方法，通常可以搭建起一个基本的实验方案，在此基础上进行进一步优化是比较高效而切实的方式。

2.3.3　测定方法示例 液相色谱串联质谱检测法

本方法是以 GB/T 20772—2008《动物肌肉中 461 种农药及相关化学品残留量的测定液相色谱串联质谱法》[3]为基础。

本方法适用于动物源性食品中的甲萘威、杀线威、异丙威、克百威残留量的检测。

（1）方法提要

样品中的多种农药残留以乙腈提取，采用 Standard Method EN 15662 的前处理方法进行净化，使用液相色谱-质谱/质谱仪分析，外标法峰面积定量。

（2）样品前处理

① 样品制备　取代表性样品约1000g，用粉碎机粉碎，混匀，装入洁净的密封袋，密闭并标明编号，于干燥处保存。

② 提取　称取 10.0g 禽肉样品置于 50mL 塑料离心管，加入 10mL 乙腈，匀质分散 1min，再用 10mL 乙腈洗刀头约 30s，合并于 50mL 离心管中。再加入 0.5g 倍半水合柠檬酸二钠，1g 柠檬酸钠，1g 氯化钠，4g 无水硫酸镁，迅速摇匀，往复振荡 15min，4500r/min 离心 5min，取出待净化。

③ 净化　称取 0.05g PSA（乙二胺-N-丙基硅烷），0.15g 无水硫酸镁，0.025g C_{18}，置于高速离心管中，吸取上述离心管中的上清液 1.0mL 于其中，充分混合，12000r/min 离心 5min 后吸取上清液 0.5mL 于玻璃试管中，加入 0.5mL 水定容至 1mL，振摇混匀，过滤膜（0.2μm），装瓶，供超高效液相-色谱串联质谱测定。

（3）测定

① 液相色谱测定条件

色谱柱：Waters SunFire TM C_{18} 柱 （3.5μm，2.1mm × 100mm）。柱温：40℃。进样量：10μL。流动相：甲醇-5mmol/L 甲酸铵水溶液。梯度洗脱（见表 2-3）。流速：350μL/min。

表 2-3　流动相梯度洗脱条件

步骤	时间/min	5mmol/L 甲酸铵水溶液/%	甲醇/%
0	0	80	20
1	5.00	10	90
2	10.00	10	90
3	10.01	80	20
4	15.00	80	20

② 质谱条件　电喷雾离子源（ESI）。扫描方式：正离子扫描。检测方式：多反应监测模式。气帘气：15L/min。雾化气：60L/min。辅助加热气：70L/min。碰撞气：中等。辅助加热气温度：500℃。喷雾电压：5000V。目标分析物的相关质谱检测条件见表 2-4。

表 2-4　质谱参数

分析物	母离子 (m/z)	子离子 (m/z)	去簇电压 /V	碰撞能量 /V	保留时间 /min
甲萘威	202.1	127.1[①] 145.1	49	43 13	6.19
克百威	222.1	123[①] 165.1	60	34 19	5.76
异丙威	194.1	95.1[①] 137.1	61	22 15	6.44
杀线威	237.1	72.1[①] 90.1	60	25 12	2.79

① 定量离子。

空白基质中甲萘威、克百威、异丙威、杀线威（添加水平 10μg/kg）MRM 色谱图见图 2-25。

③ 工作曲线的配制　用空白基质逐级稀释混合标准中间溶液（1.0μg/mL），分别配制成 0ng/mL、1.0ng/mL、2.0ng/mL、5.0ng/mL、10ng/mL、20ng/mL 各级标准工作溶液，现用现配。

④ 样品测定　按①和②的仪器条件，按标准溶液、试剂空白、样品空白、样品加标、样品空白、待测样品、样品加标的进样次序进样。外标法峰面积定量。

⑤ 结果判读

a. 定性标准　样品的 LC-MS/MS 数据符合下列要求时，可判定为目标物残留。

ⅰ. 保留时间　在相同测试条件下，样品中待检测物质与同时检测的标准品应具有相同的保留时间，偏差在±2.5%之内。

ⅱ. 信噪比　定性分析所用特征离子其信噪比应不小于 3。

ⅲ. 相对丰度　如果达到前两项要求，则计算 3 个不同的比值。并且在样品含量对应的水平下同时计算被测物标准响应离子的比值，对未知样品阳性结果的定性鉴定，所得到的离子比率应在规定范围内（见第 6 章表 6-7）。

b. 定量分析　目标化合物的特征离子中信号响应高且无干扰的离子对为定量

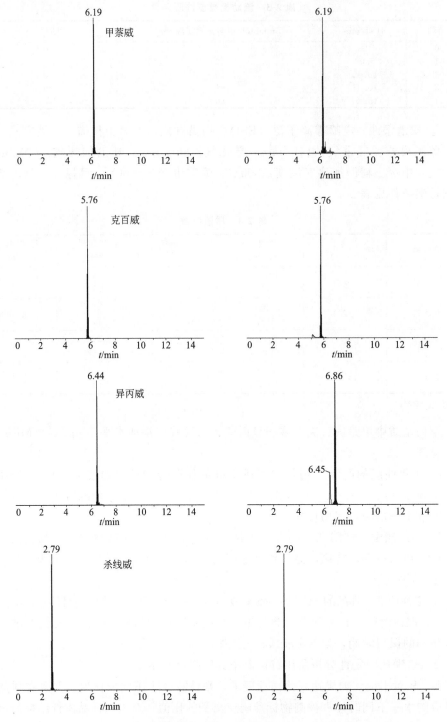

图 2-25　空白基质中甲萘威、克百威、异丙威、杀线威

（添加水平 $10\mu g/kg$）MRM 色谱图

离子，进行外标法定量分析。以标准溶液的响应峰面积为纵坐标，标准溶液的浓度为横坐标，绘制标准曲线或计算回归方程。标准曲线应至少包含 5 个浓度点（包括零点）。依据测定的待测样品响应峰面积，在标准曲线上查出（或回归方程计算出）样品中目标化合物的含量。

⑥ 检测质量控制标准　每一测定批次应使用已知量的样本做测定结果的控制试验。本方法多种农药残留量的测定低限（LOQ）为：0.01mg/kg。做试剂空白样品和添加空白样品。被测物中各农药的回收率应在 60.0%～120%，变异系数 <30%。

⑦ 分析步骤的关键控制点及说明　测定对于酸碱度较为敏感的农药时，要注意控制加入缓冲盐后体系的酸碱度，最好控制在 pH5.5 左右。

2.4　拟除虫菊酯类农药残留的检测

2.4.1　拟除虫菊酯类农药基本信息

拟除虫菊酯是一类能防治多种害虫的广谱杀虫剂，其杀虫毒力比老一代杀虫剂如有机氯、有机磷、氨基甲酸酯类提高 10～100 倍。拟除虫菊酯对昆虫具有强烈的触杀作用，有些品种兼具胃毒或熏蒸作用，但都没有内吸作用。其作用机理是扰乱昆虫神经的正常生理，使之由兴奋、痉挛到麻痹而死亡。拟除虫菊酯因用量小、使用浓度低，故对人畜较安全，对环境的污染很小。其缺点主要是对鱼毒性高，对某些益虫也有伤害，长期重复使用也会导致害虫产生抗药性。

常用的拟除虫菊酯类农药包含醚菊酯、苄氯菊酯、溴氰菊酯、氯氰菊酯、高效氯氰菊酯、顺式氯氰菊酯、杀灭菊酯、氰戊菊酯、戊酸氰醚酯、氟氰菊酯、氟菊酯、氟戊酸氰酯、百树菊酯、氟氯氰菊酯、戊菊酯、甲氰菊酯、氯氟氰菊酯、呋喃菊酯、苄呋菊酯、右旋丙烯菊。主要的拟除虫菊酯类农药化学结构见图 2-26。

在进行残留物计算时，需要注意的是氟氯氰菊酯（cyfluthrin）和高效氟氯氰菊酯（beta-cyfluthrin）均以残留物氟氯氰菊酯计算，而氯氰菊酯（cypermethrin）和高效氯氰菊酯（beta-cypermethrin）则以残留物氯氰菊酯计算。

2.4.2　检测方案的设计

2.4.2.1　前处理方式的优化

在设计前处理方式时，主要的思路是与有机磷类农药以及氨基甲酸酯类农药类似，具体参见有机磷农药一节的论述，在此不再赘述。

2.4.2.2　检测方法简介

分析拟除虫菊酯农药残留量的方法主要是气相色谱-电子捕获检测法（GC/ECD 法）、高效液相色谱法（HPLC）和气相色谱-质谱-选择离子检测法（GC-MS-

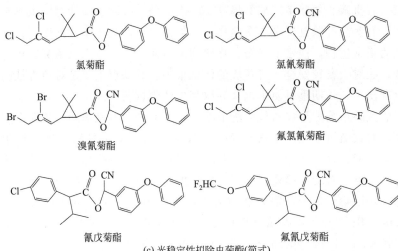

式中　R¹: —CH₃, —COOCH₃

R²: —CH₂CH＝CHCH＝CH₂, —CH₂CH＝CHCH₃,
　　—CH₂CH＝CHCH₂CH₃

(a) 天然除虫菊素(有6种组分)

丙烯菊酯　　　　　　　　　　　　　胺菊酯

苄呋菊酯

(b) 光不稳定性拟除虫菊酯(简式)

氯菊酯　　　　　　　　　　　　　　氯氰菊酯

溴氰菊酯　　　　　　　　　　　　　氟氯氰菊酯

氰戊菊酯　　　　　　　　　　　　　氟氰戊菊酯

(c) 光稳定性拟除虫菊酯(简式)

图 2-26　主要的拟除虫菊酯类农药化学结构

SIM 法)。GC/ECD 法灵敏度较高,但干扰严重。因此,对样品前处理尤其净化过程要求很高;HPLC 法灵敏度低,难以满足发达国家对农药残留限量的要求;而 GC-MS-SIM 法既能准确定量,又能通过保留时间和特征离子碎片及其丰度比可靠定性,该方法又分 GC-MS-EI-SIM 法和 GC-MS-NCI-SIM 法,其中前者灵敏度不高,容易出现假阴性现象;而后者应用于拟除虫菊酯分析时灵敏度高、抗干扰能力强。

2.4.3　测定方法示例 气相色谱检测法

本标准操作程序是作者实验室参照 GB/T 5009 110—2003《植物食品中氯氰菊酯、氰戊菊酯、溴氰菊酯残留量的测定》、GB/T 5009 146—2003《植物性食品中有机氯和拟除虫菊酯类农药多种残留的测定》，GB/T 19648—2006《水果和蔬菜中500 种农药及相关化学品残留量的测定气相色谱——质谱法》进行周密验证后，将某些关键步骤进行细化而制定的。

本方法适用于植物源食品中拟除虫菊酯农药及相关化学品残留量的检测。

（1）方法提要

样品中氯氰菊酯、溴氰菊酯和氰戊菊酯经提取、净化和浓缩后用气相色谱-电子捕获检测器测定。外标法定量。

（2）样品前处理

① 样品制备　取代表性样品约1000g，用粉碎机粉碎，混匀，装入洁净的密封袋，密闭并标明编号，于干燥处保存。

② 提取

a. 谷类　称取 10g 粉碎的试样，置于 100mL 具塞三角瓶中，加入石油醚 20mL，振荡 30min 或浸泡过夜，取出上清液 2～4mL 待过柱用（相当于 1～2g 试样）。

b. 蔬菜类　称取 20g 经匀浆处理的试样于 250mL 具塞三角瓶中，加入丙酮和石油醚各 40mL 摇匀，振荡 30min 后让其分层，取出上清液 4mL 待过柱用。

③ 净化

a. 大米　用内径 1.5cm、长 25～30cm 的玻璃层析柱，底端塞以经处理的脱脂棉。依次从下至上加入 1cm 的无水硫酸钠，3cm 的中性氧化铝，2cm 的无水硫酸钠，然后以 10mL 石油醚淋洗柱子，弃去淋洗液，待石油醚层下降至无水硫酸钠层时，迅速将试样提取液加入，待其下降至无水硫酸钠层时加入淋洗液淋洗，淋洗液用量 25～30mL 石油醚，收集滤液于尖底定容瓶中，最后以氮气流吹，浓缩体积至 1mL，供气相色谱用。

b. 面粉、玉米粉　所用净化柱与 a 相同，只是在中性氧化铝层上边加入 0.01g 层析活性炭粉（视其颜色深浅适当增减层析活性炭粉的量）进行脱色，操作与 a 相同。

c. 蔬菜类　所用净化柱与 a 相同，只是在中性氧化铝层上边加入 0.02～0.03g 层析活性炭粉（视其颜色深浅适当增减层析活性炭粉的量）进行脱色，淋洗液用量 30～35mL 石油醚，净化操作与 a 相同。

（3）测定

① 测定方法　用具有 ECD 检测器的气相色谱进行测定。

② 色谱测定条件

色谱柱：HP19091S-011 25m×0.32mm×0.25μm 毛细管柱。载气：氮气压力为 10.5psi（1psi＝6.895kPa），流量为 2.5mL/min。柱温：80℃（1min）$\xrightarrow{30℃/min}$ 200℃（0.0min）$\xrightarrow{5℃/min}$ 265℃（21.0min）。进样口温度：260℃。检测器温度：320℃。载气：N_2（纯度＞99.99％）。

③ 样品测定　按以上的仪器条件，按标准溶液、试剂空白、样品空白、样品加标、样品空白、待测样品、样品加标的进样次序进样。外标法峰面积定量。

④ 结果计算　测量样品和相当标准品的特征单离子信号响应峰面积，其含量用式（2-1）计算：

$$X=\frac{ACV}{A_s m}\qquad(2-1)$$

式中，X 为试样中目标化合物残留含量，μg/kg；A 为样液中目标化合物色谱峰面积；A_s 为标准工作溶液中目标化合物色谱峰面积；C 为标准工作溶液中目标化合物浓度，μg/L；V 为最终样液的定容体积，mL；m 为最终样液所代表试样量，g。

计算结果应表示到小数点后两位。计算结果需扣除空白值。

⑤ 检测质量控制标准　为了保证检测质量，提取样本时要同时做空白样品（阴性控制样）、添加回收样品（阳性控制样品）。进样编序列时要有工作曲线、试剂空白、空白样品（阴性控制样）、添加回收样品（阳性控制样品）。

2.5　有机氯农药残留的检测

2.5.1　有机氯农药的基本信息

2.5.1.1　毒副作用及残留管理

有机氯农药是用于防治植物病、虫害的组成成分中含有有机氯元素的有机化合物。主要分为以苯为原料和以环戊二烯为原料的两大类。前者如使用最早、应用最广的杀虫剂滴滴涕（DDT）和六六六（HCH），以及杀螨剂三氯杀螨砜、三氯杀螨醇等，杀菌剂五氯硝基苯、百菌清、道丰宁等；后者如作为杀虫剂的氯丹、七氯、艾氏剂等。此外以松节油为原料的莰烯类杀虫剂、毒杀芬和以萜烯为原料的冰片基氯也属于有机氯农药。

有机氯农药是我国最早大规模使用的农药，20 世纪 80 年代初达到顶峰。我国于 20 世纪 60 年代已开始禁止将 DDT、HCH 用于蔬菜、茶叶、烟草等作物上，1983 年我国才开始禁止生产 HCH、DDT 等有机氯农药。虽然在中国有机氯农药被禁用了多年，但食品中仍然能检测出有机氯农药残留，且平均值远远高于发达国家。

中华人民共和国农业部公告（第 199 号）中，国家明令禁止使用 HCH、

DDT、艾氏剂（aldrin）及狄氏剂（dieldrin）。

2.5.1.2　常用有机氯农药的特性

① 蒸气压低，挥发性小，使用后消失缓慢。

② 脂溶性强，水中溶解度大多低于 1mg/L。

③ 氯苯架构稳定，不易为体内酶降解，在生物体内消失缓慢。

④ 土壤微生物作用的产物，同样存在着残留毒性，如 DDT 经还原生成 DDD，经脱氯化氢后生成 DDE。

⑤ 有些有机氯农药，如 DDT 能悬浮于水面，可随水分子一起蒸发。环境中有机氯农药，通过生物富集和食物链作用，危害生物。

2.5.2　检测方案的设计

2.5.2.1　如何选择样品处理方法

有机氯农药多数不溶于水，易溶于乙腈、乙酸乙酯、丙酮等有机溶剂，根据其物理性质，通过实验，针对不同基质的样品选择了不同溶剂进行提取。

对于含脂肪的样品，单用乙酸乙酯提取，脂肪进入提取液，净化除脂困难，进行质谱测定时，目标物的灵敏度下降很快；单用乙腈提取，提取液中脂肪大大减少，解决了目标物的灵敏度下降问题，但提取液中杂质增多，不利于低限量的样品检测；通过实验选择了乙腈与乙酸乙酯的混合溶剂作为样品提取液，达到了满意的效果。其中鳗鱼、板栗、大米、绿豆用乙腈∶乙酸乙酯体积比为 4∶1 混合溶剂提取；猪肉、鸡肉、猪肝用乙腈∶乙酸乙酯体积比为 3∶2 混合溶剂提取。

对于蔬菜、水果，选择了极性适中、易于浓缩的乙酸乙酯为萃取液，萃取过程中加氯化钠有利于易被浓硫酸分解的农药，如狄氏剂、异狄氏剂、硫丹和一些菊酯类农药的提取，从而达到满意的回收率。

对于茶叶、草药类样品，单用乙酸乙酯提取，杂质较多，在提取液中加入适量的正己烷，可降低提取液的极性，减少杂质进入提取液。通过实验，选择了正己烷∶乙酸乙酯体积比为 1∶4 的混合溶剂作为样品提取液，既保证了目标物的完全提取，又降低了杂质。

样品的净化过程中，单纯用液液分配法处理样品后，进行质谱分析时，基质干扰很严重，从而影响仪器检测性能。应用固相萃取技术将提取液进一步净化是较佳的选择。建议选择氟罗里硅土小柱去除极性杂质，中性氧化铝小柱去除脂肪，活性炭小柱去除色素及少量脂肪。

2.5.2.2　如何选择测定方法

适合有机氯的检测方法是气相色谱法（配 ECD 检测器），气质联用法（配 NCI源）。选择 NCI 源，是因为它对有机氯农药有极强的特异性。负化学电离技术是通过将四极杆分析器的电压反相，使它能选择负离子监测而实现的。在正化学电离模式下发生的所有反应在负化学电离模式下都可能发生。由于有机氯分子结构中含有一个或多个卤族元素，在负化学电离源下极易捕获甲烷释放出的热电子，使其具有很高的检测灵敏度。例如，动物源性食品中 2.5μg/kg 浓度水平的狄氏剂和异狄氏剂在 EI 源选择离子模式检测时，由于基质比较复杂，对狄氏剂和异狄氏剂的准确定量带来很大困难。而用 NCI 源选择离子模式检测时，杂质干扰少，可以很好地定量，能够满足日本"肯定列表"狄氏剂和异狄氏剂限量为 5μg/kg 的样品检测。以鳗鱼样本为例，添加浓度均为 10ng/mL 时，分别用 EI 源离子模式和 NCI 源离子模式检测，见图 2-27。结果表明，用 NCI 源测定，杂质干扰很少，信号相应高，具有明显的优势。

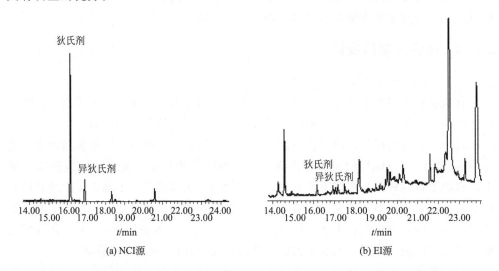

图 2-27　鳗鱼空白样本添加狄氏剂和异狄氏剂（10ng/mL）的萃取离子流图

2.5.3　测定方法示例

本方法是以 SN/T 1978—2007《进出口食品中狄氏剂和异狄氏剂残留量的检测方法气相色谱-质谱法》[4]为基础，将某些关键步骤细化而成。

本方法适用于大米、绿豆、菠菜、青豆、柑橘、葡萄、板栗、醋、玫瑰花、茶叶、猪肉、鸡肉、猪肝、鳗鱼、蜂蜜中狄氏剂和异狄氏剂残留量的测定和确证。

（1）方法提要

样品经乙腈-乙酸乙酯或正己烷-乙酸乙酯或乙酸乙酯提取后，通过中性氧化铝或弗罗里硅土或活性炭固相萃取小柱净化，采用气相色谱-质谱 NCI 模式选择离子测定，外标法定量。

（2）样品前处理

① 样品制备与保存

a. 菠菜、青豆、柑橘、葡萄　取有代表性样品约 500g，将其可食用部分切碎后，用捣碎机加工成浆状。混匀，装入洁净容器，密闭，标明标记。

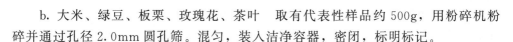

b. 大米、绿豆、板栗、玫瑰花、茶叶 取有代表性样品约 500g，用粉碎机粉碎并通过孔径 2.0mm 圆孔筛。混匀，装入洁净容器，密闭，标明标记。

c. 猪肉、鸡肉、猪肝、鳗鱼 取有代表性样品约 500g，剔骨去皮，用绞肉机绞碎，混匀，装入洁净容器，密闭，标明标记。

d. 醋 取有代表性样品约 500g，混匀，装入洁净容器，密闭，标明标记。

e. 蜂蜜 取代表性样品约 500g，对无结晶的蜂蜜样品将其搅拌均匀；对有结晶析出的蜂蜜样品，在密闭情况下，将样品瓶置于不超过 60℃ 的水浴中温热，振荡，待样品全部融化后搅匀，迅速冷却至室温，在融化时必须注意防止水分挥发。装入洁净容器，密封，标明标记。

f. 试样保存 茶叶、蜂蜜、醋、粮谷及坚果类等试样于 0～4℃ 保存；水果蔬菜类和动物源性食品等试样于 −18℃ 以下冷冻保存。在抽样及制样的操作过程中，应防止样品受到污染或发生残留物含量的变化。

② 提取

a. 大米、绿豆 称取 5.0g（精确至 0.01g）试样于 50mL 离心管中，加 3g 氯化钠，加 20mL 乙腈-乙酸乙酯（4＋1，体积比），加 3g 无水硫酸钠，匀质提取 1min，超声 10min，4000r/min 离心 5min，移取上清液于鸡心瓶中，再分别用 10mL 乙腈-乙酸乙酯（4＋1，体积比）洗涤残渣两次，合并提取液，在 45℃ 下减压浓缩至近干，用 1.0mL 正己烷溶解残渣，待净化。

b. 菠菜、青豆、柑橘、葡萄 准确称取 20.0g（精确至 0.01g）试样于 100mL 具塞三角锥瓶，加入 6g 氯化钠，搅匀，加入 20mL 乙酸乙酯提取，振荡 1min，再加 10g 无水硫酸钠，涡动 1min，超声 10min。

取砂芯漏斗装入 40g 的无水硫酸钠，将上述的样本及乙酸乙酯混合液过此无水硫酸钠柱。再用 15mL×3 乙酸乙酯淋洗残渣 3 次，合并滤液其于 50mL 比色管中，用乙酸乙酯定容至 50mL，摇匀，移取 10mL 于 20mL 试管中，待净化。

c. 猪肉、鸡肉、猪肝 称取 5.0g（精确至 0.01g）试样于 50mL 离心管中，加 10g 无水硫酸钠，25mL 乙腈-乙酸乙酯（2＋3，体积比），匀质提取 1min，超声 10min，6000r/min 离心 5min，移取 10mL 上清液于 20mL 试管中，待净化。

d. 鳗鱼、板栗 称取 5.0g（精确至 0.01g）试样于 50mL 离心管中，加 10g 无水硫酸钠，25mL 乙腈-乙酸乙酯（4＋1，体积比），匀质提取 1min，超声 10min，6000r/min 离心 5min，移取 10mL 上清液于 20mL 试管中，待净化。

e. 茶叶、玫瑰花 称取 0.5g（精确至 0.001g）试样于 10mL 离心管中，加 1.5mL 水，浸泡 20min，加 0.2g 氯化钠，0.2g 无水硫酸钠，振荡混匀，加 3× 2mL 正己烷-乙酸乙酯（4＋1，体积比）提取 3 次，旋涡震荡提取，4000r/min 离心 3min，合并提取液，待净化。

f. 蜂蜜、醋 称取 1.0g（精确至 0.01g）试样于 10mL 试管中，蜂蜜需加 5mL 水，稀释混匀，过 SDB-L 固相萃取柱（200mg，3mL，依次用 2mL 甲醇、

2mL 水活化小柱），用 15mL 水洗涤，流速控制为 3mL/min，抽干 2min，依次用 2mL 丙酮、3mL 乙酸乙酯洗脱，流速控制为 1mL/min，收集洗脱液于鸡心瓶中，在 45℃下减压浓缩至约 0.5mL，待净化。

③ 净化

a. 大米、绿豆、蜂蜜、醋　弗罗里硅土固相萃取柱（1000mg，3mL）上端填装 0.5g 无水硫酸钠。用 3mL 正己烷：丙酮（4＋1，体积比）活化小柱。将待净化溶液过弗罗里硅土固相萃取柱，用 4×1.0mL 正己烷：丙酮（4＋1，体积比）洗脱 4 次。流速控制为 1mL/min，收集洗脱液于 10mL 玻璃试管中，在 45℃下吹氮浓缩至近干，用乙酸乙酯定容至 1.0mL，待测。

b. 菠菜、青豆、柑橘、葡萄　活性炭固相萃取柱（200mg，3mL）用 2×2mL 乙酸乙酯活化柱 2 次，弃去流出液。将待净化溶液过活性炭固相萃取柱，再用 2×2mL 乙酸乙酯洗脱 2 次，流速控制为 1mL/min，收集洗脱液 10mL 玻璃试管中，在 45℃下吹氮浓缩至近干，用乙酸乙酯定容至 1.0mL，待测。

c. 猪肉、鸡肉、猪肝、鳗鱼、板栗　中性氧化铝固相萃取柱（2500mg，6mL）上填装 1g 无水硫酸钠，用 4mL 乙腈-乙酸乙酯（4＋1，体积比）活化，弃去流出液。将待净化溶液过中性氧化铝固相萃取柱，用 2mL 乙腈-乙酸乙酯（4＋1，体积比）洗脱，控制流速为 1mL/min，收集洗脱液于玻璃试管中，在 45℃下减压浓缩至近干，加入 1.0mL 正己烷：丙酮（4＋1，体积比）振摇溶解残渣，过弗罗里硅土固相萃取柱（1000mg，3mL，柱上填装 0.5g 无水硫酸钠），用 4×1.0mL 正己烷：丙酮（4＋1，体积比）洗脱 4 次，流速控制为 1mL/min，收集洗脱液，在 45℃下吹氮浓缩至近干，用乙酸乙酯定容至 1.0mL，待测。

d. 茶叶、玫瑰花　活性炭固相萃取柱（200mg，3mL）用 2×2mL 乙酸乙酯活化 2 次，弃去流出液。将待净化溶液过活性炭固相萃取柱，用 1mL 乙酸乙酯洗脱，流速控制为 1mL/min，收集洗脱液，在 45℃下吹氮浓缩至约 0.5mL，过弗罗里硅土固相萃取柱（1000mg，3mL 柱上端填装 0.5g 无水硫酸钠），用 4×1.0mL 正己烷：丙酮（4＋1，体积比）洗脱 4 次，流速控制为 1mL/min，收集洗脱液 10mL 玻璃试管中，在 45℃下吹氮浓缩至近干，用乙酸乙酯定容至 1.0mL，待测。

（3）测定

① 气相色谱-质谱条件

色谱柱：DB-XLB 石英毛细管柱，30m×0.25mm(i.d.)×0.25μm，或性能相当者。载气：氦气（纯度 99.999%），流量 1.5mL/min，压力 14.6psi。进样模式：无分流进样，1min 后开阀。进样量：1μL。进样口温度：270℃。接口温度：280℃。升温程序：80℃（1.5min）$\xrightarrow{20℃/min}$ 220℃（3min）$\xrightarrow{5℃/min}$ 255℃ $\xrightarrow{20℃/min}$ 280℃（4min）。电离方式：NCI。离子源温度（NCI）：150℃。四极杆温度：150℃。溶剂延迟：5min。反应气：甲烷，流量 40%。检测方式：SIM。监测离子

和定量离子,见表 2-5。

表 2-5 监测离子和定量离子

目标分析物	时间/min	监测离子(m/z)	定量离子(m/z)
狄氏剂	16.1	237,380,239,346	346
异狄氏剂	16.9	380,70,308,345	380

② 气相色谱-质谱检测及确证 标准溶液及样液均按上述规定的条件进行测定,如果样液中与标准溶液目标分析物相同的保留时间有峰出现,则需对其进行确证。

确证分析:样品中分析物的色谱保留时间与标准溶液相一致,并且在扣除背景后的样品质谱图中,所选择的离子均应出现;同时所选择离子的丰度比与标准溶液中分析物相关离子的相对丰度一致,相似度在允差之内(见表 6-7),被确证的样品可判定为检出狄氏剂和异狄氏剂。

狄氏剂和异狄氏剂标准溶液的气相色谱-质谱选择离子色谱图和质谱图见图 2-28~图 2-30。

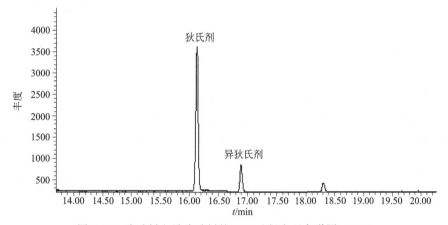

图 2-28 狄氏剂和异狄氏剂的 NCI 选择离子色谱图 (TIC)

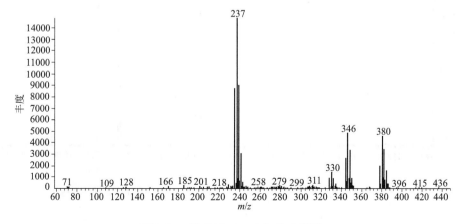

图 2-29 狄氏剂 NCI 全扫描质谱图

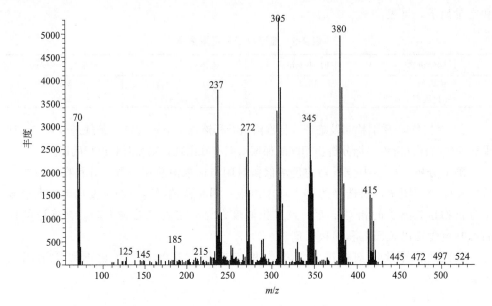

图 2-30　异狄氏剂 NCI 全扫描质谱图

（4）检测质量关键控制

每一测定批次应使用已知量的样本做测定结果的控制试验。本方法鳗鱼和蜂蜜中狄氏剂的测定低限为 $2.5\mu g/kg$，大米、绿豆、菠菜、青豆、柑橘、葡萄、板栗、醋、玫瑰花、茶叶、猪肉、鸡肉、猪肝中狄氏剂的测定低限均为 $5.0\mu g/kg$；异狄氏剂的测定低限均为 $5.0\mu g/kg$。做试剂空白样品和添加空白样品。被测物中狄氏剂和异狄氏剂的回收率应在 $70\%\sim120\%$。

图 2-31～图 2-34 分别为空白样品、空白样品添加狄氏剂、异狄氏剂（添加水平为测定低限相应浓度水平）的选择离子色谱图。

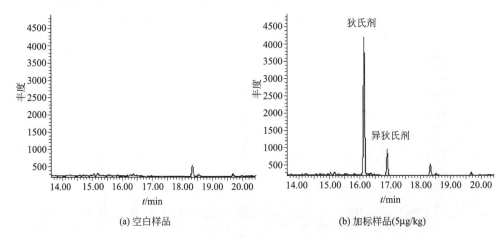

(a) 空白样品　　　　　　　　　　(b) 加标样品(5μg/kg)

图 2-31　大米样品的选择离子色谱图

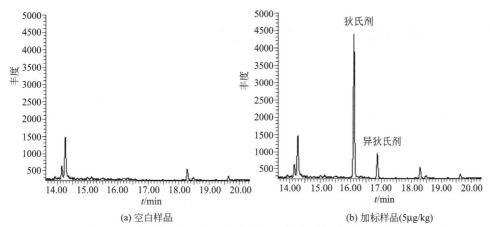

(a) 空白样品　　　　　　　　　　　(b) 加标样品(5µg/kg)

图 2-32　青豆样品的选择离子色谱图

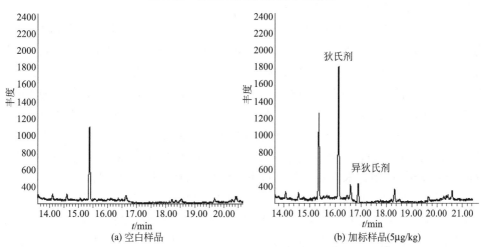

(a) 空白样品　　　　　　　　　　　(b) 加标样品(5µg/kg)

图 2-33　茶叶样品的选择离子色谱图

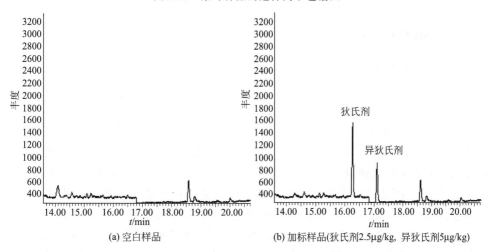

(a) 空白样品　　　　　　　(b) 加标样品(狄氏剂2.5µg/kg, 异狄氏剂5µg/kg)

图 2-34　鳗鱼样品的选择离子色谱图

2.6 农药残留的多残留检测技术

据统计，目前全球范围内施用在农作物上的农药超过 1000 种。而我国作为农业大国，每年用于防治病虫草害的农药消耗量极大，加上不合理使用农药及病虫抗药性增强等问题，使农药残留问题凸显，尤其是在蔬菜、水果中。随着消费者食品安全意识的不断提高，消费者对食品安全提出了更高的要求，为保证消费安全，国家加大了对蔬菜、水果中农药残留的监测力度，不断增多的检测项目和日益严格的限量要求使农药残留检测工作面临更加严峻的考验。传统的提取净化以及检测技术，已远远满足不了现代农药残留分析的要求。为此建立一种简便快速、准确高效、价格低廉的前处理技术和更加灵敏准确的检测技术相结合的农药残留检测方法更能满足食品安全检测的需要。

在蔬菜、水果中多农药残留分析中，色谱-质谱联用技术因具有高效的分离能力、定性及定量能力而成为国际上普遍采用的分析方法。三重四极杆串联质谱的优势在于其具有极高的选择性、极强的抗干扰的能力、高灵敏度和高通量离子传输效率及准确定量的特点。这使得该技术在复杂基质背景下仍能完成目标化合物的准确鉴定。采用多反应监测（MRM）模式的串联质谱仪（MS/MS）正在迅速地成为复杂食品基质样品中多残留目标化合物筛查分析的理想技术，在食品安全分析中具有非常广泛的应用。目前，液相色谱-串联质谱（LC-MS/MS）和气相色谱-串联质谱（GC-MS/MS）联用技术在多组分农药残留分析中的应用最为普遍。

在样品前处理技术方面，QuEChERS 法是近年提出的一种全新理念的样品前处理技术，快速、简易、廉价、有效、稳定和安全，近年已成为复杂基质中农药多残留检测样品处理方法的主流，得到了欧盟官方及 AOAC 的认可，在农药多残留分析中已广泛的使用。本节将重点介绍 QuEChERS 方法在蔬菜水果中农药多残留分析中的应用。

2.6.1 QuEChERS 法

2.6.1.1 方法概述

QuEChERS 方法是目前在各实验室中被普遍采用的适用于多种农药残留分析的前处理方法[5]。QuEChERS 方法意为快速（Quick），简单（Easy），价廉（Cheap），高效（Effective），耐用（Rugged）和安全（Safe），取六个单词的首字母组合成该方法名称，这一名称也恰当地表述了该方法的技术特点。此技术一经发现就吸引了大量农残研究者的目光。其原理与高效液相色谱（HPLC）和固相萃取（SPE）相似，都是利用吸附剂填料与基质中的杂质相互作用，吸附杂质从而达到除杂净化的目的。目前，已经形成的标准方法有加入醋酸盐缓冲体系的 "AOAC Official Method 2007.01" 以及采用柠檬酸盐缓冲体系的 "European Standard EN 15662"，这两种方法通过缓冲盐体系的加入，使 QuEChERS 方法更加适用于一些对 pH 值较为敏感的农药[6,7]。

QuEChERS 方法的步骤可以简单归纳为以下 5 个步骤：①样品粉碎；②单一溶剂乙腈提取分离；③加入 $MgSO_4$ 等盐类除水；④加入乙二胺-N-丙基硅烷（PSA）等吸附剂除杂；⑤上清液进行 GC-MS、LC-MS 检测。

2.6.1.2 所用试剂解析

（1）提取试剂

在回收率方面，对于非极性农药来说，乙腈与乙酸乙酯没有明显的区别，但是乙腈可以提供更稳定的结果（RSD 更小）；对于极性农药（拒嗪酮、甲胺磷、乙酰甲胺磷等）来说，乙腈的提取效率要高很多。实验发现，乙腈为最适合萃取宽范围极性农药多残留物的溶剂，可用于色质联用分析。

（2）除水剂的选择

无水 $MgSO_4$ 吸水的同时也产热，使萃取液的温度更适合农药的萃取，同时，在 d-SPE（分散固相萃取）净化过程中，水分含量对于 PSA 的净化效果有着至关重要的作用，水分含量越低，PSA 的净化效果越好，已经有相关实验数据证明无水 $MgSO_4$ 的除水作用远远优于 $NaSO_4$，因此选择无水 $MgSO_4$ 作为除水剂；离心促使提取液与浑浊的样品分层；再次加入无水 $MgSO_4$ 为吸取多余的水分。

（3）吸附剂的选择

乙二胺-N-丙基硅烷（PSA）吸附剂是 QuEChERS 方法中运用最为广泛的吸附剂，能够清除许多极性基质成分如来自样品共萃取物的脂肪酸、某些极性亲脂性色素和糖类等，而对大部分农药残留物无吸附作用，但是由于酸性农药（如 2,4-D、灭草松等）会和氨基型吸附剂（如—NH_2、PSA）等发生结合而导致回收率降低，因此，对于分析这类目标化合物时，最好的分析方法是跳过 d-SPE 直接进 LC-MS/MS 进行 ESI-分析。可采用 Nicarbazin（尼卡巴嗪）作为内标。

石墨化炭黑（GCB）是将炭黑在惰性气氛下加热到 2700～3000℃ 而制成。石墨化炭黑表面是由六个碳原子构成的平面六角形。多用于农残样品中色素的去除。起初活性炭被广泛用于色素的去除，但是活性炭由于吸附性太强（不可逆吸附），导致很多农药回收率偏低。近年来，活性炭已经使用的很少，慢慢地被石墨化炭黑所取代。

由于石墨化炭黑对于片状化合物的特殊选择性，使用石墨化炭黑时可能也导致片状农药（百菌清、克菌丹等）的回收率降低，可以考虑通过在萃取液中加入甲苯来提高该类农药的回收率（乙腈甲苯比率一般为 3:1）。

蒽（Anthracene）与石墨化炭黑之间会形成非常强的吸附，可用来验证石墨化炭黑对平面农药的吸附程度，如果蒽的回收率在 70% 以上，说明平面型农药没有明显损失。同时，可以通过萃取液的颜色来判定石墨化炭黑是否造成平面型农药的损失。经验显示，如果萃取液呈淡黄色时，即说明平面型农药的损失不明显。

C_{18} 吸附剂能去除部分非极性脂肪和脂溶性杂质，一些样品中（如鳄梨、花生、橄榄油等）含有较多的脂肪，由于脂肪在乙腈中的溶解度有限，所以会导致部分脂溶性好的农药（如 HCB、DDT 等）的回收降低。如何克服脂肪造成的实验结果偏低，可以通过下面两个步骤去除样品中的脂肪：①冷冻除脂，将萃取液或净化后样品放入冰箱冷冻 1h 以上（或冷冻过夜）；②反相吸附剂吸附去除，在萃取液中加入 $C_{18}E$ 或 C_8 吸附剂，吸附去除脂肪。

2.6.1.3　方法优势分析

与传统的 SPE 等前处理方法相比，QuEChERS 方法有以下优势：①回收率高，对大量极性及挥发性的农药品种的回收率大于 85%；②精确度和准确度高，可用内标法进行校正；③可分析的农药范围广，包括极性、非极性的农药种类均能利用此技术得到较好的回收率；④分析速度快，能在 30min 内完成 6 个样品的处理；⑤溶剂使用量少，污染小，价格低廉且不使用含氯化物溶剂；⑥操作简便，无需良好训练和较高技能便可很好地完成；⑦乙腈加到容器后立即密封，使其与工作人员的接触机会减少；⑧样品制备过程中使用很少的玻璃器皿，装置简单。

2.6.1.4　方法拓展

尽管 QuEChERS 主要用于水果和蔬菜的分析，它也可以作为许多食品样品，如蜂蜜、坚果、肉、大豆、动物食物、植物以及其他食品等的制备方法。由于有机酸、植物色素和其他潜在的污染物在净化过程中将被除去，因此可以获得干净的色谱图谱。该方法的优点具有高的回收率，准确的测定结果，高的样品通量以及低的无氯溶剂使用率。这可以减少试剂的成本以及实验人员接触有害溶剂的可能性。另外，玻璃仪器的使用和劳动成本也会降低，这是因为所需要的样品量较小，因此无需太大的实验平台空间。宽的应用范围以及操作的简易性使得该方法成为残留物分析的首选方法之一。

在某种意义上来说，QuEChERS 方法是一个开放的方法，分析者可以根据样品特性和分析物性质对方法内容进行调整，图 2-35、图 2-36 是目前 AOAC 及欧盟公布的官方方法流程图。

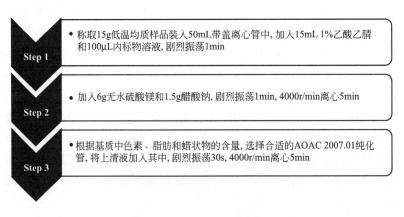

Step 1
- 称取15g低温均质样品装入50mL带盖离心管中，加入15mL 1%乙酸乙腈和100μL内标物溶液，剧烈振荡1min

Step 2
- 加入6g无水硫酸镁和1.5g醋酸钠，剧烈振荡1min，4000r/min离心5min

Step 3
- 根据基质中色素、脂肪和蜡状物的含量，选择合适的AOAC 2007.01纯化管，将上清液加入其中，剧烈振荡30s，4000r/min离心5min

图 2-35　AOAC 2007 的方法

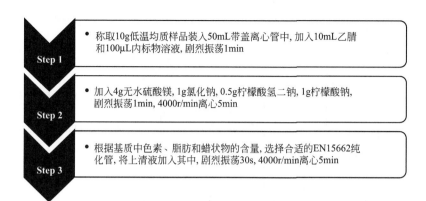

图 2-36 EN 15662 的方法

2.6.2 检测方案的设计

2.6.2.1 如何选择样品处理方法

农药多残留检测方法的目的是在尽可能短的时间内，同时检测尽可能多的农药残留，目前传统的农药多残留检测主要采用振荡、均质、超临界萃取、加速溶剂萃取等技术进行样品提取，通常用于农药残留分析的提取溶剂多为乙酸乙酯、丙酮和乙腈，由于测定的目标农药种类多，化合物的结构、极性以及物理性质差异比较大，涉及的蔬菜样品中，含水分较高，有些样品的基质含色素和蜡质较多，结合样品基质的特性，比较三种溶剂的提取发现，用乙酸乙酯、丙酮提取，蔬菜中的大量色素、蜡质及脂肪等非极性成分进入提取液，使后面的净化操作比较烦琐，而乙腈则相对不容易提取上述杂质，提取液的净化操作简便，故本方法选用乙腈作为提取剂。

一些对于 pH 值较为敏感的农药，如敌敌畏、甲胺磷、安硫磷、甲拌磷、马拉硫磷、甲基对硫磷、磷胺、治螟磷、乐果、萎锈灵和拟除虫菊酯类等都属于对酸碱敏感的农药，在中性或碱性下均不稳定，会发生分解或降解，回收率偏低，当加入二水合柠檬酸钠和倍半水合柠檬酸二钠保护剂后，缓冲体系的 pH 值为 4.5～5.5，在这种弱酸性的缓冲体系中提取，可以使这些农药保持稳定，回收率显著提升，满足测定要求。两者比较见图 2-37。

蔬菜用乙腈提取后，一些极性和中等极性的杂质也被提取到乙腈中，如有机酸、维生素、色素等，针对这些杂质的性质，选择了 PSA 粉为吸附剂。PSA 是弱离子交换的固相萃取材料，去除有机酸、部分维生素以及一些糖和脂肪酸效果理想，但去除色素能力很弱。虽然石墨炭黑粉去除色素的效果较好，但对具有平面结构的农药吸附较强，使一些农药不易洗脱，很难兼顾两百多种农药检测的回收率，故一般不采用石墨炭黑粉去除色素。叶绿素是一种酯类物质，难溶于水，用传统的 QuEChERS 法处理样品后，仍然有一定量的叶绿素进入乙腈提取液，可通过向乙

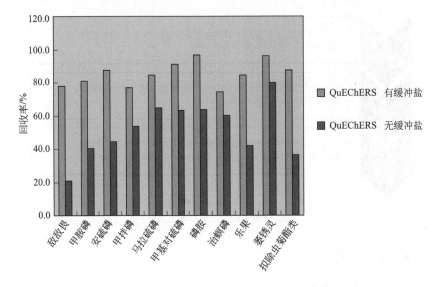

图 2-37　不同提取体系对 11 种农药回收率的影响

腈提取液中加适量水，改变体系的极性，使叶绿素在乙腈-水体系中的溶解度降低而析出，经 0.2μm 有机相滤膜过滤，可以有效地除去叶绿素且兼顾到了各种目标测定农药的回收率，整体的回收效果明显优于传统的石墨炭黑粉吸附法。

QuEChERS 方法也有其一定的局限：由于 PSA 可保留苯氧羧酸农药及电负性较强的苯甲酰脲类农药，因此该方法不适于苯氧羧酸类农药及部分苯甲酸脲类农药的提取。

2.6.2.2　如何选择测定方法

农药残留测定主要是利用气相色谱、液相色谱、气相色谱-质谱、液相色谱-质谱等仪器进行检测。

用气相色谱仪或气相色谱-质谱联用仪测定时，如果同时待检测的农药数目很多（例如有上百种农药），则不适合用气相色谱仪检测，因为气相色谱仪是以目标物出峰的保留时间定性，峰面积或峰高定量为基本原则的，与目标物质量数无关，测试液进入气相色谱仪分离时，上百种农药很难同时做到基线分离，从而无法做到准确的定性和定量分析。气相色谱-质谱联用仪包括单级质谱（GC-MS）和串联质谱（GC-MS/MS）两种类型，目前，色谱-串联质谱联用的仪器性能已经能够达到同时采集上千个离子对信息的高通量检测，并且相对单级质谱而言，灵敏度更高，选择性更好，非常适合低浓度的多农药残留检测。

2.6.3　测定方法示例 1　液相色谱-串联质谱检测法

本节所介绍方法参照 EN 15662。方法适用于蔬菜、水果和茶叶中快速筛查多种农药残留量的检测。

（1）方法提要

样品中的多种农药残留以乙腈提取，采用 EN 15662 的前处理方法进行净化，使用液相色谱-质谱/质谱仪分析，外标法峰面积定量。

（2）样品前处理

① 样品制备　取代表性样品约 1000g，用粉碎机粉碎，混匀，装入洁净的密封袋，密闭并标明编号，于干燥处保存。

② 提取　称取 10.0g 果蔬样品置于 50mL 塑料离心管，加入 10mL 乙腈，振荡 5min，再加入 0.5g 倍半水合柠檬酸二钠，1g 柠檬酸钠，1g 氯化钠，4g 无水硫酸镁，迅速摇匀，振荡 15min，4500r/min 离心 5min，取出待净化。

③ 净化　称取 0.05gPSA（乙二胺-N-丙基硅烷），0.15g 无水硫酸镁置于高速离心管中，吸取上述离心管中的上清液 1.0mL 于其中，充分混合，12000r/min 离心 5min 后吸取上清液 0.5mL 于小管中，加入 0.5mL 水定容至 1mL，振摇混匀，过滤膜（0.2μm），装瓶，供超高效液相-色谱串联质谱测定。

（3）测定

① 色谱测定条件

色谱柱：Waters Sun Fire TM C_{18} 柱（3.5μm，2.1mm×100mm）。柱温：40℃。进样量：10μL。流动相：甲醇-5mmol/L 甲酸铵水溶液。梯度洗脱条件见表 2-6。

表 2-6　流动相梯度洗脱条件

时间/min	流速/(μL/min)	5mmol/L 甲酸铵水溶液/%	甲醇/%
0	350	80	20
5.00	350	10	90
10.00	350	10	90
10.01	350	80	20
15.00	350	80	20

② 质谱条件

离子源：ESI。扫描方式：正离子扫描。检测方式：多反应监测模式。气帘气：15L/min。GS1 雾化气：60L/min。GS2 辅助加热气：70L/min。CAD 碰撞气：Medium。辅助加热气温度：500℃。喷雾电压：5000V。检测目标物的相关质谱信息见表 2-7。空白基质中添加 230 种农药的 MRM 色谱图（添加水平 10μg/kg）见图 2-38。

表 2-7　质谱参数

组　　分	保留时间 t/min	母离子（m/z）	定量离子（m/z）	定性离子（m/z）
乙酰甲胺磷	1.50	184.1	143	125
啶虫脒	5.10	223.2	126.1	99.1
苯并噻二唑	7.90	211	136	140

续表

组　分	保留时间 t/min	母离子 (m/z)	定量离子 (m/z)	定性离子 (m/z)
涕灭威	5.60	208.2	116.1	89.1
涕灭威砜	2.60	223.1	86.1	148
涕灭威亚砜	2.61	207.1	132.1	89.1
灭害威	6.10	209.1	137.1	152.1
双甲醚	9.70	294.2	163.3	107.2
莎稗磷	9.83	368	199	125
莠去津	6.90	216.1	174.1	104
甲基吡啶磷	7.60	325.1	183	139
保棉磷	7.50	318	132.2	160.2
嘧菌酯	7.55	404.1	372.1	344.1
苯霜灵	8.40	326.2	148.2	91.1
噁虫威	6.21	224.2	109.2	167.2
丙硫克百威	8.90	411.2	195.1	252.1
灭草松	2.10	241	199	107
苯噻菌胺	7.60	382.1	116	180.1
苯噻菌胺异丙基	7.60	382.1	196.8	179.9
联苯肼酯	9.50	432.4	105.2	119
联苯三唑醇	8.50	338	70	269
烟酰胺	7.77	343	307	140
除草定	7.70	261	205	187.9
抗倒胺-1	8.00	378	159.1	161
抗倒胺-2	8.63	378.1	159.1	161
乙嘧酚磺酸酯	8.30	317	166	108
噻嗪酮	9.00	306.2	201.1	116.2
丁酮威	5.00	191.1	75	116
丁酮威亚砜	2.50	207	74.9	90
丁酮砜威	2.30	223.1	106	166
甲萘威	6.70	202.1	145	127
多菌灵	5.61	192.2	160.2	132.1
卡草胺	5.80	237	192	118
克百威	6.30	222.2	123.1	165.2
丁硫克百威	9.64	381.1	118.1	159.9
3-羟基呋喃丹	5.90	238.2	163.2	107
氯溴隆	7.80	293	204	182
氯草灵	7.30	224.1	171.9	153.9
氟虫隆	9.70	540	158	383
杀草敏	4.92	221.8	104.1	77.2
枯草隆	8.10	291.1	72	218.1

续表

组　　分	保留时间 t/min	母离子 (m/z)	定量离子 (m/z)	定性离子 (m/z)
毒死蜱	8.70	350	198	96.9
甲基毒死蜱	9.20	324.0/322.0	125.1	125.1
绿麦隆	7.00	213.1	72.2	46.2
吲哚酮草酯	9.40	394.1	348.1	107
烯草酮	6.50	360	164	268
四螨嗪	8.60	303	138	102
异噁草松	7.40	240.1	125	89.1
氯甲酰草胺	7.60	325.4	183.2	138.9
噻虫胺	4.50	250	132	169.1
苄草隆	9.30	304.2	120.1	125.1
氰霜唑	8.00	325	108	261
草灭特	10.40	216	134	154.2
噻草酮	6.60	326.2	280	180
环氟菌胺	9.80	413.3	241.2	203
霜脲氰	4.90	199	128	111
环唑醇-1	7.80	292.2	70.2	125.2
嘧菌环胺	8.51	226	93	77
灭蝇胺	3.00	167.2	85.1	68.2
甜菜安	6.90	318	182	136
脱甲基抗蚜威	5.90	225	72	168.1
丁醚脲	9.30	385.2	286.8	328.8
燕麦敌	10.30	270.1	228	109
二嗪磷	8.50	305.1	169.2	97
乙霉威	7.30	268	226	180
苯醚甲环唑-1	8.90	406.2	251.1	253.1
苯醚甲环唑-2	8.90	406.1	251.1	253.1
枯莠隆	7.30	287.2	123.2	72
除虫脲	8.10	311	158.2	141.2
乙酰胺	7.40	276.2	244.1	168.3
甲菌定	6.91	210.3	140.2	98.1
乐果	4.10	230	125	199.1
烯酰吗啉	7.80	388.2	301.1	165.2
烯唑醇	8.70	326	70	159
敌草隆	7.52	233.1	72	72.1
杀草隆	9.20	269.2	151.4	119.1
依马菌素 B1a	10.20	886.5	158.6	126.3
氟环唑	8.20	330	121	101
乙硫苯威	6.20	226.1	106.9	164.1
乙硫甲威-砜	3.54	275	107.1	201.1
乙硫磷	8.50	385	199	171

续表

组　分	保留时间 t/min	母离子 (m/z)	定量离子 (m/z)	定性离子 (m/z)
醚菊酯	10.30	394.1	107.1	177.2
乙氧呋草黄	7.30	304	121	161
乙氧喹啉	8.05	218.1	174	160
咪唑菌酮	8.92	312.1	236.1	92.2
喹螨醚	10.50	307	161	147
腈苯唑	8.20	337	125	70
环酰菌胺	7.70	302	97	55
仲丁威	7.40	208	95	152
芬扑罗	10.50	362	288.1	244.2
苯醚威	8.10	302.2	116.2	88.1
丁苯吗啉	10.50	304	147	117
唑螨酯	9.94	422	366.1	135.1
唑螨酯(E+Z)	11.50	422.2	366.3	135.2
倍硫磷	7.40	278.9	169	246.9
嘧菌腙	9.30	255.3	132.2	124.2
氟啶虫酰胺	2.70	230.1	203.1	174
氟噻草胺	7.80	364.1	194.1	152.1
氟虫脲	9.10	489.1	158.2	141.2
氟草隆	7.40	233.1	72.1	46
氟吡菌胺	7.60	385	174.8	173
氟啶草酮	9.10	330.1	310.2	259.1
氟矽唑	8.20	316	247	165
氯吡脲	7.10	248	129.1	93.1
伐虫脒盐酸盐	4.90	222	165.1	120
噻唑硫磷	6.70	284	227.8	104.1
麦穗宁	6.20	185	157	65
呋霜灵	7.30	302.1	95.1	242.1
呋吡菌胺	8.50	335.1	157.1	291.1
呋线威	8.75	383.2	195.2	252.2
己唑醇	8.50	314	70	159
氟铃脲	8.60	461.1	158.2	141.1
噻螨酮	8.95	353.1	227.9	168.1
抑霉唑	8.50	297.1	159.2	161.2
吡虫啉	4.80	256.2	209	175.2
茚虫威	8.60	528	203	56
茚虫威 MP	10.10	527.9	150	249.1
缬霉威	7.75	321.2	119	203.2
异丙威	6.50	194.2	95.1	137.2
异丙隆	7.10	207.2	72.1	46.1
异噁唑草酮	6.90	360.1	251.1	220.1
醚菌酯	8.10	314	116	206
乳氟乐草灵	10.40	462.1	344	223.1
利谷隆	7.74	249.1	160	182.1
八氟脲	9.00	511.1	158.1	141.2

续表

组 分	保留时间 t/min	母离子 (m/z)	定量离子 (m/z)	定性离子 (m/z)
马拉硫磷	7.40	331	99.1	127.1
嘧菌胺	8.10	224	106	77
甲霜灵	6.80	280.2	220.2	192.3
苯嗪草酮	4.40	203.2	175.1	104.1
甲基苯噻隆	7.40	222.1	165.2	150.3
甲胺磷	1.10	142	94	125
杀扑磷	7.00	303	145.1	85.2
甲硫威	7.60	226.1	169.2	121.1
甲硫威砜	4.61	257.8	122.1	201.1
甲硫威亚砜	4.50	241.8	122.1	185.1
灭多威	3.20	163.1	88.1	106
甲氧虫酰肼	7.60	369	149	133
速灭威	5.40	166.2	109.1	94.2
甲氧隆	5.60	229	72.1	156.1
嗪草酮	5.80	215.1	187.2	84.1
速灭磷	3.40	225	127	193
自克威	7.20	223.2	166.2	151
久效磷	3.45	224	127	98
绿谷隆	6.90	215.1	126.1	99
灭草隆	6.20	199.2	72.2	126.3
腈菌唑	7.82	289	70	125
萘丙胺	9.70	292	171.2	120
草不隆	8.30	275	88	114
烯啶虫胺	3.00	271.2	126.1	237.2
敌草胺	8.65	493	158.1	141.1
氯苯嘧啶醇	7.30	315	252	81
氧乐果	2.00	214	124.9	182.8
恶霜灵	5.43	279.2	219.2	132.1
杀线威	2.90	237.1	72.1	90.1
砜吸磷	3.60	247	169	109
戊菌唑	8.62	284	159	70
戊菌隆	8.40	329.1	125.1	127
除草通	9.30	282.2	212.1	194.2
甜菜宁	7.20	301.1	168.1	136
苯醚菊酯	9.90	351.1	128	183
伏杀硫磷	8.40	368	182	110.9
亚胺硫磷	7.30	318	160	133
辛硫磷	8.41	299.1	129.1	77.1
增效醚	9.10	356.2	177.2	119
抗蚜威	7.20	239.2	72.1	182.2
甲基嘧啶磷	8.50	306.1	164.1	108
咪鲜胺	8.89	376.1	308	70.1
猛杀威	7.50	208.2	109.1	151.1
霜霉威	7.30	189.2	102.2	73.9

组　　分	保留时间 t/min	母离子 (m/z)	定量离子 (m/z)	定性离子 (m/z)
喔草酯	8.80	444.1	100	299.1
炔螨特	9.30	368	231	175
苯胺灵	6.40	180	138	120
丙环唑	8.50	342.1	159.1	69.1
残杀威	5.74	210.1	111	168.1
苄草丹	8.80	252.3	91.1	128.1
瓜叶除虫菊素Ⅰ	9.30	317.2	149	106.9
瓜叶除虫菊素Ⅱ	8.70	361.2	149	106.9
茉酮除虫菊素Ⅰ	9.60	331.2	162.9	106.9
茉酮除虫菊素Ⅱ	8.93	375.1	162.9	106.9
吡蚜酮	4.10	218	105	78
吡唑醚菌酯	8.30	388	194	163
除虫菊酯Ⅰ	9.31	329.2	160.9	132.9
除虫菊酯Ⅱ	8.70	373.1	160.9	308.9
哒螨灵	9.90	365	147	309
嘧霉胺	7.80	200	107	82
蚊蝇醚	9.20	322	96	185
喹氧灵	9.60	308	197	162
精喹禾灵	10.50	373.1	299.2	255
鱼藤酮	8.20	395	213	192
烯禾啶	6.90	328.1	178.1	282.2
西玛津	6.10	202.1	132.1	124.3
硅氟唑	9.54	294.2	70.2	135.2
多杀菌素 A	12.00	732.6	142.1	98
多杀菌素 D	12.40	746.6	142.1	98
螺螨酯	9.40	411.3	313.2	213.1
螺甲螨酯	9.24	371.3	273	255
葚孢菌素-1	11.40	298.4	144.2	100.2
葚孢菌素-2	11.70	298.3	144.2	100.2
甲磺草胺	5.30	387	307.1	146
戊唑醇	8.40	308	70	125
抑虫肼	7.90	353.1	133.1	297.1
吡螨胺	9.08	334	117	145
丁噻隆	8.20	229.1	172.2	116
伏虫隆	9.30	381.1	141.2	158.2
醚菌草	9.60	342.2	250.2	166.1
杀虫畏	9.80	367	127.1	240.9
四氟醚唑	7.80	372	159	70
噻菌灵	6.84	202.1	175.1	131.2
噻虫啉	6.00	253.1	126.1	99.1
噻虫嗪	3.80	292	211	181
硫双威	7.30	354.9	87.9	108
肟吸威	6.40	219	57.1	60.9
肟吸威砜	3.80	251.1	75.9	57

续表

组　　分	保留时间 t/min	母离子 (m/z)	定量离子 (m/z)	定性离子 (m/z)
肟吸威亚砜	4.10	235.1	104.1	57
甲基硫菌灵	5.70	343	151	192
甲基立枯磷	8.54	301	175	268.9
三唑酮	7.50	294	197	225
三唑醇	7.70	296.1	70.1	227.2
三唑磷	7.40	314	162	119
三环唑	5.70	190	163	136
克啉菌	9.70	298.3	130.2	98.2
肟菌酯	8.60	409	186	206
氟菌唑	9.00	346	278	73
杀铃脲	8.50	359.1	156.2	139
嗪氨灵	6.90	435	389.9	392
灭菌唑	9.60	318.1	70.1	125
一氯代二甲苯	6.21	180.2	123.1	108
苯酰菌胺	8.30	336.1	186.9	188.7

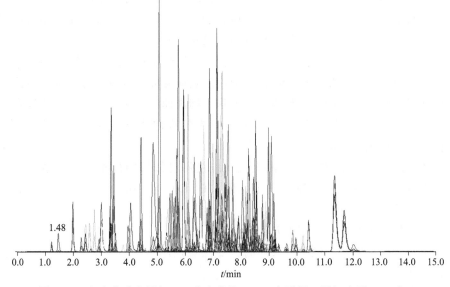

图 2-38　空白基质中添加 230 种农药的 MRM 色谱图（添加水平 $10\mu\mathrm{g/kg}$）

③ 工作曲线的配制

a. 各物质的标准储备液　称取各物质标准品 25.0mg 于 25.0mL 容量瓶中，乙腈稀释至刻度，此溶液 1mL 分别相当于 $1000.0\mu\mathrm{g/mL}$ 各标准物质，该储备液置于 $-18℃$ 冰箱中保存，保存期两年。

b. 各物质标准工作液（$10.0\mu\mathrm{g/mL}$）　分别准确吸取 0.50mL 各物质标准储备液于 50.0mL 棕色容量瓶中，用乙腈定容至刻度，此溶液 1mL 分别相当于 $10.0\mu\mathrm{g}$ 的各物质浓度。该标准工作液置于 4℃ 冰箱中保存，保存期一年。

④ 混合标准工作液（1.0μg/mL）　分别准确吸取 1.00mL 各物质的 10.0μg/mL 标准工作液于 10.0mL 棕色容量瓶中，用乙腈定容至刻度，此溶液 1mL 分别相当于 1.0μg 的各物质的混合标准溶液，该混合液置于 4℃冰箱中保存，保存期三个月。

⑤ 标准工作液　用空白基质逐级稀释混合标准工作液（1.0μg/mL），分别配制成 0ng/mL、1.0ng/mL、2.0ng/mL、5.0ng/mL、10.0ng/mL、20.0ng/mL 各级标准工作溶液，现用现配。

⑥ 样品测定　按以上的仪器条件，按标准溶液、试剂空白、样品空白、样品加标、样品空白、待测样品、样品加标的进样次序进样。外标法峰面积定量。

⑦ 结果判断　样品的 LC-MS/MS 数据符合下列要求时，可判定为目标物残留。

a. 保留时间　在相同测试条件下，样品中待检测物质与同时检测的标准品应具有相同的保留时间，偏差在 ±2.5% 之内。

b. 信噪比　定性分析所用特征离子其信噪比应达到 ≥3。

c. 相对丰度　如果达到前两项要求，则计算 3 个不同的比值。并且在样品含量对应的水平下同时计算被测物标准响应离子的比值，对未知样品阳性结果的定性鉴定，所得到的离子比率应在规定范围内（见表 6-7）。

⑧ 定量分析　以目标化合物的特征离子中信号响应高且无干扰的离子对为定量离子，进行外标法定量分析。以标准溶液的响应峰面积为纵坐标，标准溶液的浓度为横坐标，绘制标准曲线或计算回归方程。标准曲线应至少包含 5 个浓度点（包括零点）。依据测定的待测样品响应峰面积，在标准曲线上查出（或回归方程计算出）样品中目标化合物的含量。

⑨ 检测质量控制标准　每一测定批次应使用已知量的样本做测定结果的控制试验。本方法多种农药残留量的测定低限（LOQ）为：0.01mg/kg。做试剂空白样品和标准添加样品。

（4）分析步骤的关键控制点及说明

测定对于酸碱度较为敏感的农药时，要注意控制加入缓冲盐后体系的酸碱度，最好控制在 pH5.5 左右。

2.6.4　测定方法示例 2　气相色谱-串联质谱检测法

（1）方法提要

样品中的多种农药残留以乙腈提取，采用 Standard Method EN 15662 的前处理方法进行净化，用气相色谱-质谱/质谱法测定。外标法定量。

（2）样品前处理

① 提取　称取 10.0g 果蔬样品置于 50mL 塑料离心管，加入 10mL 乙腈，振荡 5min，再加入 0.5g 倍半水合柠檬酸二钠，1g 柠檬酸钠，1g 氯化钠，4g 无水硫

酸镁，迅速摇匀，振荡 15min，4000r/min 离心 5min，取出待净化。

② 净化　称取 0.1g PSA（乙二胺-N-丙基硅烷），0.3g 无水硫酸镁置于高速离心管中，吸取上述离心管中的上清液 2.0mL 于其中，充分混合，12000r/min 离心 5min 后吸取上清液 1.0mL 于小管中，加入 1.0mL 水，振摇混匀，过滤膜（0.2μm），加氯化钠饱和分层，上清液乙腈层用乙酸乙酯溶剂置换，并定容至 2.00mL，供 GC-MS/MS 分析。

（3）测定

① 气相色谱-质谱条件

a. 色谱条件　毛细管柱：TR-PESTICIDE 柱，30m × 0.25mm（内径）× 0.25μm。载气：以高纯 He 为载气（99.999% 以上），流速 1.0mL/min。进样模式：无分流进样，1min 后开阀。进样量：1μL。进样口温度：250℃。接口温度：280℃。升温程序：60℃（1min）$\xrightarrow{25℃/min}$ 180℃ $\xrightarrow{5℃/min}$ 280℃（5min）$\xrightarrow{10℃/min}$ 300℃（5min）。

b. 质谱参数　离子源：ClosedEI。电子轰击离子化（EI）方式：70eV。离子源温度（EI）：250℃。传输线温度：280℃。溶剂延迟：7min。发射电流：50μA。MS 电离方式：EI。采用多反应监测（T-SRM）正离子模式检测。碰撞气压力：1.2mTorr（Ar 气）。检测目标物的相关质谱信息见表 2-8。

② 标准溶液以及工作曲线的配制

a. 混合标准溶液（10.0μg/mL）　在 −18℃ 避光存放，保存期一年。

b. 标准中间溶液（1.00μg/mL）　吸取适量储备溶液，用乙酸乙酯稀释，得到 1.00μg/mL 的标准溶液，在 −18℃ 避光存放，保存期三个月。

c. 标准工作液　用空白基质逐级稀释标准中间溶液，分别配制成 0.0ng/mL、5.0ng/mL、10.0ng/mL、20.0ng/mL、40.0ng/mL、100.0ng/mL 各级标准工作溶液，现用现配。

③ 样品测定　用进样器分别吸取 1μL 标准系列溶液，注入气相色谱-质谱/质谱联用仪，在上述质谱条件下，测定标准系列溶液的响应峰面积。

吸取 1μL 试样注入气相色谱-质谱/质谱联用仪，在上述质谱条件下，测定试样的响应峰面积（应在仪器检测的线性范围内）。

按 EI 选择离子 T-SRM 的采集方式，对标准品进行扫描，得到各农药的总离子流图，见图 2-39。

④ 空白试验　除不加试样外，按上述测定步骤进行。

（4）结果计算

① 确证分析　样品的 GC-MS/MS 数据符合下列要求时，可判定为目标物残留。

a. 在相同试验条件下，样品中待测物质与标准品具有相同的保留时间，偏差在 ±2.5% 以内。

表 2-8　检测目标物离子对信息

标准物质	母离子	子离子	标准物质	母离子	子离子
敌敌畏	184.95	92.98	丙烯除虫菊酯	123.08	81.05
	219.95	184.95		136.08	93.06
草毒死	132.05	56.02	噻苯咪唑	174.03	103.02
	134.05	56.02		201.04	174.03
茵达灭	128.08	86.05	毒虫畏	266.99	158.99
	189.12	128.08		322.98	266.98
敌草腈	135.97	99.98	氟虫腈	366.95	212.97
	170.96	135.97		366.95	254.96
联苯	153.08	152.08	异柳磷	213.07	121.04
	154.08	153.08		255.09	213.07
速灭磷	127.03	109.02	毒虫畏	266.98	158.99
	192.04	127.03		322.97	266.98
丁草特	174.12	146.10	灭蚜磷	226.04	198.03
	217.15	156.11		329.05	160.03
甲胺磷	141.00	95.00	克菌丹	263.93	148.94
	141.00	126.00		148.97	78.93
氯甲磷	153.98	120.98	稻芬妥胺酚拉明	146.01	118.01
	233.97	120.98		274.03	246.02
氯唑灵	210.93	182.94	喹硫磷	146.03	118.02
	212.93	184.94		274.05	121.02
虫螨畏	208.02	180.02	三唑醇	128.05	65.02
	240.02	180.02		128.05	100.04
氯甲氧苯	205.99	190.99	哌草丹	145.07	69.04
	207.99	192.99		145.07	112.06
邻苯基苯酚	170.07	115.05	烯虫酯	235.19	147.12
	170.07	141.06		278.23	191.15
异丙威	121.07	103.06	灭菌丹	146.95	102.97
	136.08	121.07		259.91	94.97
禾草敌	126.07	55.03	腐霉利	283.02	96.01
	187.10	126.07		283.02	255.02
灭除威	179.13	121.96	杀螨醚	124.99	89.00
	122.06	107.06		267.99	124.99
灭杀威	107.06	77.04	丙虫磷	220.07	140.04
	122.06	107.06		304.09	220.07

续表

标准物质	母离子	子离子	标准物质	母离子	子离子
氧化乐果	110.01	79.01	灭螨猛	205.99	148.00
	156.02	110.01		233.99	205.99
残杀威	110.06	64.03	杀扑磷	144.98	57.99
	152.08	110.06		144.98	84.99
四氯硝基苯	214.90	179.91	乙基溴硫磷	358.89	302.91
	260.88	202.90		358.89	330.90
毒草胺	176.06	120.04	苯硫威	160.07	72.03
	196.07	120.04		160.07	106.05
氯氧磷	152.95	96.97	杨菌胺	147.91	120.91
	262.92	206.93		119.91	91.91
甲基内吸磷	142.01	79.01	多效唑	236.10	125.06
	229.92	142.08		238.11	127.06
二苯胺	167.09	139.07	啶斑肟	262.03	192.02
	168.97	76.94		262.03	200.02
丙线磷	158.04	114.03	乙拌磷砜	213.01	125.01
	200.05	158.04		213.01	153.01
氯苯胺灵	213.06	127.03	杀虫畏	330.91	108.97
	213.06	171.04		330.91	126.96
乙丁烯氟灵	276.08	202.06	丁草胺	176.09	146.08
	316.09	276.08		237.13	160.09
氟乐灵	264.09	160.05	α-硫丹	240.89	205.91
	306.10	264.09		264.88	192.91
氟草胺	292.10	160.05	灭菌磷	271.03	243.03
	292.10	264.09		299.03	243.03
百治磷	127.04	109.04	粉唑醇	123.04	75.03
	193.06	127.04		219.07	123.04
久效磷	127.03	109.03	苯线磷	154.05	139.05
	192.05	127.03		303.11	260.09
治螟磷	202.01	146.01	苯噻清	179.98	135.98
	322.02	294.02		237.97	179.98
蔬果磷	216.00	137.00	抑草磷	286.08	185.05
	216.00	138.00		286.08	202.06
硫线磷	159.05	97.03	杀螨酯	174.98	110.98
	159.05	131.04		301.96	174.98

续表

标准物质	母离子	子离子	标准物质	母离子	子离子
燕麦敌	234.04	150.02	敌草胺	128.07	72.04
	234.04	192.03		271.16	128.07
甲拌磷	260.01	75.00	环嗪酮	214.05	187.04
	260.01	231.01		231.06	175.04
六六六	180.91	144.93	丙硫磷	266.97	238.97
	218.89	182.91		308.97	238.97
甲基乙拌磷	88.00	60.00	稻瘟灵	290.06	118.03
	248.00	88.00		290.06	204.05
乐果	125.00	79.00	丙溴磷	138.98	96.98
	229.00	87.00		336.94	266.95
西玛津	201.08	138.05	狄氏剂	262.91	192.93
	201.08	173.07		276.91	240.92
氯硝胺	159.97	123.98	苯氧菌胺-E	191.08	160.07
	205.97	175.97		238.10	210.09
氯草灵	127.02	92.02	脱叶磷	169.05	113.03
	223.04	171.03		202.06	113.04
克百威	164.08	149.07	丙草胺	162.09	132.07
	221.11	164.08		262.14	202.11
阿特拉津	200.09	104.05	咯菌腈	248.04	154.02
	215.09	200.09		248.04	182.03
灭草灵	186.99	123.99	单克素	234.09	137.05
	218.99	173.99		234.09	165.06
扑灭津	214.09	172.08	三环唑	188.96	161.95
	229.10	214.09		161.95	134.91
噻节因	124.00	76.00	恶草酮	258.05	175.04
	210.00	124.00		304.06	260.05
异恶草酮	125.04	89.03	腈菌唑	179.07	125.05
	204.06	107.03		288.11	179.07
特丁硫磷	231.04	175.03	麦草氟甲酯	230.05	170.04
	231.04	203.03		276.06	105.02
林丹	182.91	146.93	乙氧氟草醚	300.03	223.02
	218.89	182.91		361.03	300.03
杀螟腈	125.01	79.00	萎锈灵	143.04	87.02
	243.01	109.01		235.07	143.04

续表

标准物质	母离子	子离子	标准物质	母离子	子离子
炔苯酰草胺	173.01	145.01	噻嗪酮	172.09	57.03
	175.02	147.01		249.13	193.10
五氯硝基苯	248.86	213.88	氟硅唑	233.07	152.05
	294.84	236.87		233.07	165.05
地虫硫磷	137.02	109.01	苄氯三唑醇	270.07	159.04
	246.03	137.02		272.08	161.04
二嗪磷	179.06	137.05	噻呋酰胺	193.94	165.95
	304.10	179.06		448.87	428.87
咯喹酮	173.08	130.06	乙嘧酚磺酸酯	273.14	193.10
	173.08	145.07		316.16	208.10
嘧霉胺	198.11	183.10	氧环唑	217.02	173.01
	199.11	198.11		219.02	175.01
七氟菊酯	177.02	127.02	亚胺菌	131.06	116.05
	197.03	141.02		206.09	131.06
乙拌磷	153.02	125.01	咪草酸甲酯	245.12	176.08
	274.03	88.01		256.12	187.09
特草定	160.05	76.02	苯氧菌胺	191.08	160.07
	161.05	88.03		238.10	210.09
氯唑磷	257.03	119.02	恶唑磷	177.03	130.02
	257.03	162.02		313.05	177.03
乙嘧硫磷	292.06	153.03	环氟菌胺	223.07	203.06
	292.06	181.04		294.09	237.07
野麦畏	268.00	184.00	除草醚	201.99	138.99
	270.00	186.00		282.98	252.98
百菌清	265.88	132.94	环唑醇	222.09	125.05
	65.88	169.92		224.09	127.05
丁基嘧啶磷	234.09	126.05	乙滴涕	223.07	167.05
	234.09	110.04		223.07	179.06
异稻瘟净	204.07	91.03	虫螨腈	246.98	226.98
	204.07	122.04		248.98	228.98
解草嗪	259.02	120.01	氰菌胺	189.04	125.03
	261.02	120.01		293.07	155.04
安硫磷	93.00	63.00	乙酯杀螨醇	139.01	111.01
	126.00	93.00		251.02	139.01

续表

标准物质	母离子	子离子	标准物质	母离子	子离子
呋草黄	163.05	121.04	乙酯杀螨醇	251.04	139.02
	256.08	163.05		253.04	141.02
磺胺	227.05	127.03	氟哒嗪草酯	335.04	307.04
	264.06	127.03		408.05	345.04
酚线磷	222.98	204.98	β-硫丹	240.89	205.91
	278.97	222.98		271.88	236.89
敌稗	217.01	161.00	丰索磷	293.03	97.01
	219.01	163.00		308.03	97.01
嗪草酮	198.08	82.03	烯唑醇	268.06	232.05
	198.08	89.04		270.06	234.05
二甲酚草胺	203.06	154.04	啶草醚(E)	302.11	230.08
	230.06	154.04		302.11	256.09
溴丁酰草胺	232.07	114.03	乙硫磷	230.99	129.00
	232.07	176.05		383.99	230.99
乙草胺	146.06	117.05	恶霜灵	132.06	117.05
	223.10	146.06		163.07	132.06
乙烯菌核利	212.00	172.00	虫螨磷	324.96	268.97
	285.00	212.00		324.96	296.97
甲基毒死蜱	124.96	78.97	灭锈胺	269.14	119.06
	285.91	92.97		269.14	210.11
甲基对硫磷	263.00	109.00	硫丙磷	322.03	139.01
	263.00	246.00		322.03	156.01
西草净	213.11	170.08	嘧螨酯	189.00	129.00
	213.11	185.09		204.07	129.04
硅氟唑	195.09	75.03	三唑磷	161.03	134.03
	211.10	121.06		257.05	162.03
甲基立枯磷	264.96	249.96	三硫磷	341.97	156.99
	266.96	251.96		341.97	295.98
莠灭净	227.12	170.09	苯霜灵	234.12	174.09
	227.12	212.11		266.14	148.08
甲草胺	161.07	146.06	快灭灵	330.03	310.03
	188.08	160.07		340.03	312.03
扑草净	226.13	184.10	苯腈膦	169.03	141.02
	241.14	184.10		185.03	157.03

续表

标准物质	母离子	子离子	标准物质	母离子	子离子
甲霜灵	234.12	174.09	敌瘟磷	173.01	109.01
	249.13	190.10		310.03	173.01
皮蝇磷	284.91	269.92	喹氧灵（苯氧喹灵）	272.00	237.00
	286.91	271.91		307.00	272.00
氟硫草定	354.05	286.04	丙环唑	259.02	173.02
	354.05	306.04		261.02	175.02
特丁净	241.14	170.10	环草定	153.09	82.05
	241.14	185.10		153.09	136.08
葚孢菌素	100.09	58.05	氟草敏	303.04	145.02
	100.09	72.06		305.04	145.02
α-萘乙酸	141.07	115.06	硫丹硫酸酯	271.88	236.89
	185.10	141.07		273.88	238.89
甲基嘧啶磷	290.09	233.07	肟菌酯	116.04	89.03
	305.10	290.09		190.06	130.04
杀螟硫磷	260.02	125.01	杀草敏	220.04	166.03
	277.02	260.02		220.04	193.03
乙氧呋草黄	207.08	161.06	霸草灵	349.02	307.02
	286.11	207.08		412.02	349.02
除草定	205.01	188.01	啶草醚（F）	302.11	230.08
	207.01	190.01		302.11	256.09
戊草丹	162.09	91.05	环嗪酮	171.00	71.00
	222.13	91.05		171.00	85.00
马拉硫磷	127.01	99.01	戊唑醇	250.12	125.06
	173.02	99.01		252.12	127.06
抑菌灵	166.98	123.99	甲氧噻草胺	127.03	59.01
	223.97	122.99		288.07	141.03
禾草丹	100.03	72.02	禾草灵	253.02	162.01
	257.06	100.03		340.03	253.02
灭藻醌	207.01	172.01	炔螨特	135.06	107.05
	209.01	172.01		173.08	105.05
乙霉威	225.12	125.07	吡氟酰草胺	266.05	246.05
	267.15	225.12		394.07	266.05
丁苯吗啉	128.11	70.06	胡椒基丁醚	176.11	117.07
	128.11	110.09		176.11	131.08

标准物质	母离子	子离子	标准物质	母离子	子离子
异丙甲草胺	238.11	133.06	苄呋菊酯	171.11	128.08
	238.11	162.08		171.11	143.09
倍硫磷	278.02	109.01	除虫菊酯	171.10	128.07
	278.02	169.01		171.10	143.08
甲基毒虫畏	294.94	108.98	苯酰菌胺	187.01	159.01
	296.94	108.98		258.02	187.01
氰草津	212.08	123.05	氟环唑	192.04	111.02
	225.08	189.07		192.04	138.03
毒死蜱	313.93	257.95	磺乐灵	344.99	315.95
	313.93	285.94		315.99	273.95
乙基对硫磷	125.01	97.01	吡唑解草酯	298.99	252.94
	261.03	109.01		372.04	298.99
三唑酮(粉锈宁)	208.07	111.04	稗草丹(稗草畏)	165.07	108.05
	208.07	181.06		181.08	108.05
丰索磷-氧	270.93	228.98	异菌脲	187.02	124.01
	270.93	120.87		314.03	245.03
敌草索	300.91	222.93	哒嗪硫磷	340.06	199.04
	331.90	300.91		340.06	203.04
酞菌酯	236.08	148.05	糠菌唑	292.96	172.98
	236.08	194.07		294.96	174.98
氟醚唑	336.02	204.01	亚胺硫磷	160.00	133.00
	336.02	218.01		316.99	160.00
水胺硫磷	135.93	170.75	溴螨酯	184.98	156.98
	120.98	64.78		340.96	184.98
溴硫磷	328.86	313.87	苯氧威	186.08	109.05
	330.86	315.87		255.11	186.08
噻唑膦	195.03	103.02	苯硫磷	157.02	110.01
	195.03	139.02		169.02	141.02
草乃敌	167.09	165.09	联苯菊酯	181.05	153.05
	239.13	167.09		181.05	166.05
四氯苯酞	242.89	214.91	胺菊酯	164.09	107.06
	271.88	242.89		164.09	135.07
噻虫嗪	212.01	139.01	氟吡草胺	376.08	238.05
	247.02	212.01		376.08	256.06

续表

标准物质	母离子	子离子	标准物质	母离子	子离子
嘧菌环胺	224.13	208.12	哌草磷	140.05	98.03
	225.13	210.12		320.11	122.04
异戊乙净	212.13	94.06	甲氧滴滴涕	227.01	212.01
	212.13	122.07		227.01	169.01
二甲戊灵	252.12	162.08	甲氰菊酯	181.09	152.07
	252.12	191.09		265.13	210.10
戊菌唑	248.06	157.04	乙螨唑	300.14	270.13
	248.06	192.04		302.14	274.13
乙菌利	188.00	147.00	吡螨胺	276.13	171.08
	259.00	188.00		333.16	171.08
啶斑肟	262.03	192.02	甲苯氟磺胺	137.05	91.03
	262.03	200.02		238.09	137.05

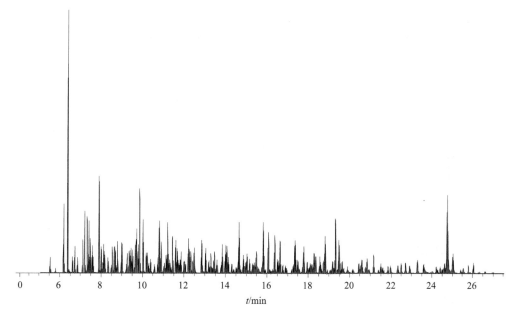

图 2-39 空白基质中添加 287 种农药的 MRM 总离子流图（添加水平 10μg/kg）

b. 监测离子的信噪比应≥3。

c. 如果达到前两项要求，则计算 3 个不同的比值。并且在样品含量对应的水平下同时计算被测物标准响应离子的比值，对未知样品阳性结果的定性鉴定，所得到的离子比率应在表 2-9 规定的范围内。

② 定量分析 以目标化合物的特征离子中信号响应高且无干扰的离子对为定

表 2-9　所应用的各种质谱相对离子强度最大允差

相对强度（相对于基峰的百分数）	GC-MS-EI(允差)	相对强度（相对于基峰的百分数）	GC-MS-EI(允差)
＞50%	±10%	＞10%～20%	±20%
＞20%～50%	±15%	＜10%	±50%

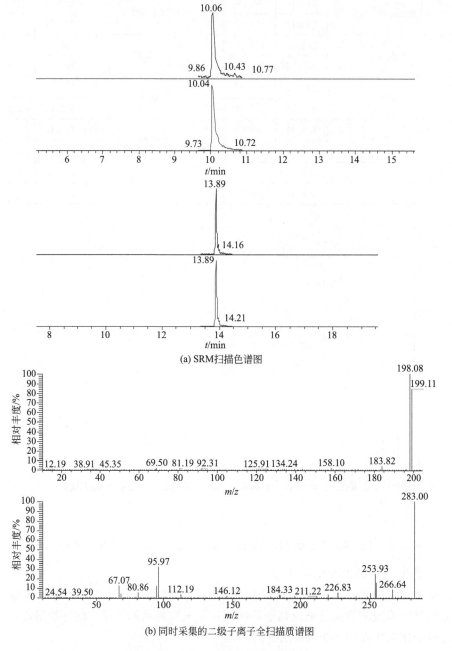

(a) SRM扫描色谱图

(b) 同时采集的二级子离子全扫描质谱图

图 2-40　番茄样品的扫描色谱图

量离子，进行外标法定量分析。以标准溶液的响应峰面积为纵坐标，标准溶液的浓度为横坐标，绘制标准曲线或计算回归方程。标准曲线应至少包含 5 个浓度点（包括零点）。依据测定的待测样品响应峰面积，在标准曲线上查出（或回归方程计算出）样品中目标化合物的含量。

（5）检测质量控制标准

① 每一测定批次应使用已知量的样本做测定结果的控制试验。

② 各农药的检测低限为 $10\mu g/kg$。做试剂空白样品和添加空白样品。被测物中各农药的回收率应在 $60.0\% \sim 120\%$，变异系数 $<30\%$。

（6）分析步骤的关键控制点及说明

① 用乙腈提取时，振荡一定要充分，才能完全提取。

② 4g 无水硫酸镁，迅速摇匀，防止结块。

③ 净化时，乙腈层需要用乙酸乙酯溶剂置换。

（7）样品实例测定结果

图 2-40 为是采用 QED-MS/MS 扫描分析番茄中嘧霉胺（上）和腐霉利（下）获得的结果，其中图 2-40（a）为用于定量的 SRM 扫描色谱图，图 2-40（b）为同时采集的二级子离子全扫描质谱图，可用于定性判别。该番茄样品中检出嘧霉胺 0.023mg/kg，腐霉利 0.018mg/kg。且均为二级谱库匹配首选化合物，完成了低浓度下同时准确的定量和定性分析。而如此低浓度（ng/g 级）的测试液上用单级 GC-MS 测定，很难获得理想的全扫描质谱图。

参 考 文 献

［1］ 蔡建荣，张东升，赵晓联. 中国卫生检验杂志，2002，12（6）：750-753.

［2］ SN/T 0278—2009. 进出口食品中甲胺磷残留量的检测方法.

［3］ GB/T 20772—2008. 动物肌肉中 461 种农药及相关化学品残留量的测定液相色谱-串联质谱法.

［4］ SN/T 1978—2007. 进出口食品中狄氏剂和异狄氏剂残留量的检测方法气相色谱-质谱法.

［5］ QuEChERS，http：//www.quechers.com/.

［6］ Lehotay S J J. AOAC Int. 90 (2007) 485.

［7］ European Standard EN 15662，2008.

第**3**章 兽药残留检测技术

3.1 概述

3.1.1 兽药分类

兽药是指用于预防、治疗、诊断动物疾病，或者有目的地调节动物生理机能的物质[1]；国际食品法典委员会对兽药的定义是：给食用动物外用或内服的所有物质，这些动物包括：产肉或产乳动物、禽、鱼和蜜蜂，这些物质可以用于治疗、预防、诊断，或是调整动物的生理机能和行为。

兽药的分类有两种方式，一种方式是依药物的化学结构分，另一种方式是按药物的使用用途分。

兽药按化学结构分类，药物类别名称主要是依从药物化学结构中的母核名称或该类药物中某个药物的名称，如磺胺类、苯并咪唑类、四环素类、大环内酯类、阿维菌素类、β-内酰胺类、氨基糖苷类、喹诺酮类（包括氟喹诺酮类）、硝基呋喃类、硝基咪唑类、聚醚类、三嗪类等。由于同一化学结构的药物其化学性质相近，药理作用以及残留情况相似，因此在检测方法上往往将同一化学结构类别的药物残留放在一起检测。

另一种分类方式是按药物的使用用途来分，主要有：抗微生物药，包括抗生素（如β-内酰胺类、氨基糖苷类、四环素类、大环内酯类、酰胺醇类、林可胺类、多肽类等）、合成抗菌药（如磺胺类、喹诺酮类及其他合成抗菌药）；抗寄生虫药，包括抗蠕虫药（如苯并咪唑类、咪唑并噻唑类、阿维菌素类等）、抗原虫药（如磺胺类、三嗪类、二硝基类等）；中枢神经系统药物，包括镇静药与抗惊厥药（如氯丙嗪、地西泮等）、全身麻醉药（如氯胺酮等）；外周神经系统药物；解热镇痛抗炎药物，包括解热镇痛药（如安乃近、阿司匹林等）、糖皮质激素类药（如地塞米松、氢化可的松、倍他米松等）；消化系统药物；呼吸系统药物；血液循环系统药物；体液补充药物；泌尿生殖系统药物，包括生殖系统药（如黄体酮、丙酸睾酮等）、利尿药与脱水药物；调节组织代谢药，包括维生素、微量元素等；抗过敏药，如异丙嗪、苯海拉明等[1]。

3.1.2 兽药的残留与规管

动物用药后，药物的原型及其代谢物有可能蓄积、残存在动物的组织器官中，这样便形成了兽药在动物源性食品中的残留，也即兽药残留。

国际食品法典委员会定义兽药残留是指动物产品的任何可食用部分中含有的兽药母体化合物和/或其代谢物，以及与此兽药相关的杂质残留。

严格来说，只要动物用药，就必然会存在兽药残留，只是这些残留的兽药（包括其代谢物）含量高或低，毒性大或小而已。而目前的科学技术还难以保证动物饲养过程完全不用药，为确保动物源食品的安全，最大限度地降低药物残留对消费者的安全风险，国际组织以及各国政府都颁布了一系列的管理法规和标准，包括兽药典、兽药使用指南、饲养规范、食用动物治疗用药物清单、动物组织中药物残留限量等，其中残留限量标准是食品安全实验室工作人员必须了解的。

我国农业部发布的《中华人民共和国农业部公告第235号 附件：动物性食品中兽药最高残留限量》，欧盟法规37/2010《动物源性食品中药物活性物质最高残留限量以及分类》，国际食品法典委员会的CAC/MRL—2006《食品中兽药的最大残留限量》等文件都列出了动物源性食品中兽药残留的管理要求。

(1) 禁用药物

当某种兽药会对公众安全构成不能接受的风险，即动物源性食品中存在该药物或药物残留会对人类健康构成危害时，该药物即被列入禁用药物清单，动物源性食品中不得含有这些兽药，如氯霉素、硝基呋喃类药物、硝基咪唑类药物、孔雀石绿、β-受体激动剂等，在进行食品安全检测时，这些兽药往往是最为关注的目标分析物，检测灵敏度要求也是最高的，因此也是残留检测实验室检测频次最多的项目组分。

中国农业部235号公告附件中的附录4，欧盟法规37/2010附录中的表2列出了禁止在食用动物饲养过程使用的药物清单。出于动物福利和健康的需要，官方主管部门允许部分药物用于治疗动物疾病，但不得在动物源性食品中检出，如中国农业部235号公告附件中的附录3。

禁用药物没有设定最高残留限量。主管部门通常会设定检测灵敏度的要求，如欧盟就颁布了动物源食品中部分禁用药物的实验室检测最低要求执行限量（MRPL）（见表3-1），MRPL是指样品中至少必须检出和确证的分析物的最小含量，实验室对某个药物的检测能力（检测低限）必须小于这个药物的MRPL值；国内的主管部门下发的风险监控计划里也会列明检测限量要求，此外已发布的检测标准（如国家标准、行业标准等）里的检测限量值也可以作为参考。但要注意的是，理论上只要样品检测到禁用药物的存在，而检测方法满足官方对残留检测方法的方法学要求及检测过程质量控制要求，那这个检测结果就有可能被官方主管部门接受并据此采取法律行动。

表 3-1　欧盟规定的部分禁用药物最低要求执行限量（MRPL）

化合物和/或代谢物	基质	MRPL/(μg/kg)
氯霉素①	肉、蛋、奶、尿液、水产品、蜂蜜	0.3
甲羟孕酮乙酸酯①	猪肾、脂肪	1
硝基呋喃代谢物①（呋喃唑酮、呋喃它酮、呋喃妥因、呋喃西林）	禽肉、水产品	均为 1
孔雀石绿和隐色孔雀石绿②	水产品	2

① 引自欧盟 2003/181/EC。

② 引自欧盟 2004/25/EC。

（2）限用药物

官方主管部门批准使用的兽药，必须按质量标准、产品使用说明书规定使用，限用药物都有官方主管部门颁布的最高残留限量（MRL）。如中华人民共和国农业部 235 号公告附件中的附录 2，欧盟法规 37/2010 附录中的表 1。

列为限用药物的兽药其使用范围有明确和严格的定义，如农业部 235 号公告里，恩诺沙星可以有限度地在禽、畜、水生动物中使用，但严禁用于产蛋鸡，也就意味着鸡蛋里是不得检出恩诺沙星残留的。

（3）豁免物质

食品法典委员会对兽药所下的定义包括了如维生素、矿物质和无机盐，这些物质的残留物一般不会危害公众健康，对食品安全风险影响微小，因此无需制订最高残留限量，这类兽药一般会列入官方文件里的豁免物质清单。如中华人民共和国农业部 235 号公告附件中的附录 1，欧盟法规 37/2010 里的附件 II。

需要注意的是，各个国家出于政治、经济、技术等原因，其制定和颁布的兽药残留管理规定并不一定是完全一致的，例如，β-受体激动剂中的莱克多巴胺（Rac-topamine），到目前为止中国、欧盟仍将莱克多巴胺列为禁用药物，而美国以及整个美洲仍允许食用动物饲养过程使用莱克多巴胺；禽类中二氯二甲吡啶酚（克球酚）的使用、水产品中氟喹诺酮类药物的使用也有类似的情况。此外，兽药残留的管理亦是一个动态的管理过程，国际组织以及国家主管部门会定期或不定期对兽药管理规定进行再评估，并有可能作出一些修改。

3.1.3　标志残留物

实验室在检测兽药残留时，检测者要特别注意目标分析物是什么，残留分析有一个特点，就是检测的目标分析物不一定就是药物原型，而要以官方规定的标志残留物（Marked residue）为准，CAC 对标志残留物的定义是：在组织、蛋类、牛乳或其他基质中，其浓度与残留总量水平存在相应的递减关系的残留物。

CAC 已明确列出部分兽药的标志残留物，各地区和国家主管部门一般都采纳CAC 的标志残留物定义，在颁布的兽药残留限量管理规定中都明确列出受管制药物的标志残留物，个别药物的标志残留物可能会在不同国家/地区有差别，如呋喃西林。标志残留物的形式一般有：

① 标志残留物仅指药物的原型，如氯霉素的标志残留物就是氯霉素；

② 标志残留物仅指药物在动物体内的代谢物，如硝基呋喃类药物，呋喃唑酮的标志残留物是其代谢物 3-氨基-2-唑烷基酮（英文缩写 AOZ）；

③ 标志残留物同时包括药物原型和代谢物，如氟喹诺酮类药物恩诺沙星的标志残留物就包括了药物原型恩诺沙星和代谢物环丙沙星；

④ 标志残留物同时包括药物原型和类似物质（如光学异构体），如四环素、土霉素、金霉素的标志残留物包括了药物原型以及对应的光学异构体。

有些药物的标志残留物包含多种化合物，除药物原型外，还有多种代谢物，如苯并咪唑类药物阿苯达唑的标志残留物是指阿苯达唑、阿苯达唑砜、阿苯达唑亚砜、阿苯达唑-2-氨基砜 4 种化合物含量之和，以阿苯达唑计。

有些药物本身既是一种直接使用的兽药，同时也是另一种药物的代谢产物和标志残留物，如环丙沙星既是喹诺酮类广谱抗菌素，同时也是恩诺沙星的标志残留物之一。

一个优秀的药物残留检测工作者除需熟悉兽药残留检测技术外，应同时要对动物源性食品中兽药残留限量的管理要求有所了解，只有这样才能更准确地完成检测工作。

3.2 酰胺醇类抗生素药物残留的检测

3.2.1 酰胺醇类药物的基本信息

3.2.1.1 理化性质

酰胺醇类抗生素（Amphenicols）俗称氯霉素类抗生素，其化学结构见图 3-1，是一类广谱抗生素，酰胺醇类抗生素的代表药物有：氯霉素、甲砜霉素、氟苯尼考（又称氟甲砜霉素）。三者的结构差异主要体现在两个取代基 R^1 和 R^2（见图 3-1，表 3-2）。氯霉素在甲醇、乙醇、丙酮、丙二醇中易溶，干燥状态下稳定，在弱酸性和中性溶液中（pH4.5～7.5）较安定，煮沸 5h 也不见分解，在强碱性（pH9以上）、强酸性（pH2 以下）下会发生水解。

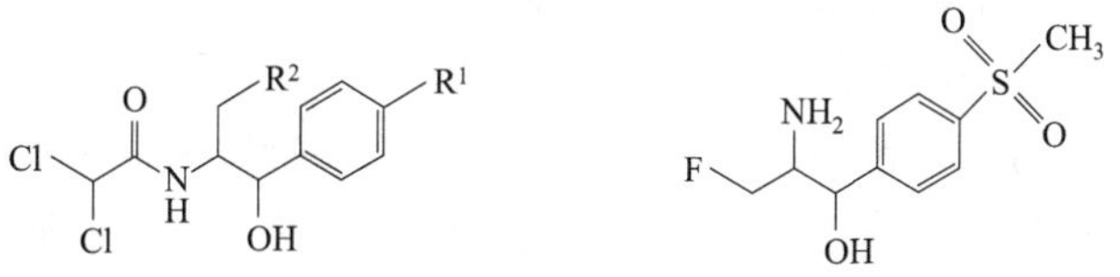

(a) 酰胺醇类化合物 (b) 氟苯尼考胺

图 3-1 酰胺醇类抗生素的化学结构

表 3-2　酰胺醇类药物的化学信息

残留物质名称	取代基		标志残留物
	R¹	R²	
氯霉素	—NO₂	—OH	氯霉素
甲砜霉素	—SO₂CH₃	—OH	甲砜霉素
氟苯尼考	—SO₂CH₃	—F	氟苯尼考与氟苯尼考胺之和

3.2.1.2　毒副作用及残留管理

氯霉素的毒副作用包括：血液系统毒性（包括致命的不可逆性再生障碍性贫血、可逆性血细胞减少），灰婴综合征，精神症状（引起精神病患者严重失眠、幻视、幻觉、狂躁、猜疑、抑郁等精神症状），胃肠道反应、肝、肾功能损害等。各国已禁止氯霉素用于食用动物饲养，而甲砜霉素、氟苯尼考在结构上将苯环结构对位上的对位硝基以甲磺酸基取代，使得上述这些毒副作用大幅减少，几近消失，但仍存在与剂量相关的可逆性骨髓造血功能抑制作用，因此，对甲砜霉素、氟苯尼考设定有最高残留限量。

氟苯尼考在动物体内的主要代谢物是氟苯尼考胺[2]，在管理规定上，氟苯尼考的标志残留物包括了氟苯尼考胺。

3.2.2　检测方案的设计

对于酰胺醇类药物残留测定，测试方案的选择主要考虑：测定的目标化合物需求，是单残留（只测定氯霉素）抑或是多残留（针对酰胺醇类）；样品性质，是动物组织（肌肉、肝等）抑或是一些特殊样品（蜂王浆、蜂胶等）；实验室具备的仪器设备条件；待检测样品的数量，是否需要高通量检测；检测目的需求，是筛选检测，抑或是确证检测。

3.2.2.1　如何选择样品处理方法

氯霉素、甲砜霉素、氟苯尼考易溶于乙酸乙酯、乙腈，但不溶于正己烷，酰胺醇类残留物测定时多是用乙酸乙酯、乙腈等溶剂提取或先用水提取，再用乙酸乙酯反萃，动物源性食品中脂肪等类脂物成分多，如不净化除去这些杂质成分会对后续的测定造成明显的影响，实际操作中可用正己烷脱除样液中的脂肪。在已发布的酰胺醇类药物残留检测标准方法[3~11]里的提取净化步骤均是采用了这个原理。采用碱化乙酸乙酯可提高甲砜霉素回收率，而对于氟苯尼考胺，碱性条件下，更易被有机溶剂提取，可以获得满意的提取回收率[12]。

提取酰胺醇类药物残留物时，可加入少量的无水硫酸钠，无水硫酸钠的作用是去除样品带入的水分，以确保其后续处理时方便将乙酸乙酯提取液氮吹挥干。

对于一些蛋白质含量较高的样品，如蜂王浆，可通过样品中先加入5%三氯乙酸溶液沉淀蛋白，再行后续的净化处理步骤[13]。

在样品净化方面，由于提取时采用了乙酸乙酯作提取剂，提取液中会含有较多的类脂物，因此样品净化主要是要去除样液的脂肪。无论是理化方法还是酶联免疫法，都利用酰胺醇类药物不溶于正己烷的特点，采用正己烷作脱脂溶剂。

对于样品基质复杂的样品，当实验中发现干扰物质较多，单纯脱脂净化仍不理想时，也可以通过固相萃取的方式，如使用 HLB、C_{18} 等 SPE 柱对样液作进一步净化[14]。

3.2.2.2　如何选择测定方法

食品中氯霉素（类）残留测定方法较多，实验室应根据检测要求和实验室资源，选择合适的测定方法。

（1）单残留测定法与多残留测定法

酰胺醇类残留测定包括单残留测定、多残留测定两大类，单残留测定法主要是针对氯霉素一种药物，包括生物法和理化方法均可作为单残留检测方法。

目前工艺成熟且已得到大批量应用的生物法（如酶联免疫法、放射受体分析法）均只适用于氯霉素的残留测定，当需要同时测定多个酰胺醇类药物的残留时只能采用理化方法。

因酰胺醇类药物中，氯霉素目前仍是最敏感的禁用药物之一，在食品安全检测中氯霉素也是开检频率较高的药物，而同类药物中另两种药物甲砜霉素、氟甲砜霉素是限制使用药物，因此在实际检测工作中氯霉素单残留测定法应用还是相当多的。

（2）生物化学法与理化方法

从测定方法的原理来看，酰胺醇类测定方法有生物法和理化方法。

生物法包括放射受体分析法、酶联免疫法。放射受体分析法，应用 Charm Ⅱ 分析仪对氯霉素残留进行定性筛查检测，业界称之为 Charm Ⅱ 法，虽然放射受体分析法操作简单、快速，但因仪器要使用专用试剂盒，且试剂盒来源单一、价格昂贵，目前国内实验室已很少使用此方法测定氯霉素残留。而酶联免疫法因其所用试剂盒来源较多，价格较低，设备投资、人员要求不高，易实现高通量检测，尤适用于样品检测量大的企业内设实验室和基层实验室。应注意的是酶联免疫法是筛选检测法，检测结果为阳性的样品需采用其他合适的仪器方法进行确证，此外酶联免疫法仅能测定氯霉素残留，不适用于酰胺醇类药物多残留的测定。酶联免疫法试剂盒一旦打开使用不宜存放过久，且每次测定时，质量控制样品及工作曲线占去较多的孔位，因此样品不多或检测频次较低时，检测成本还是较高的。

酰胺醇类药物残留测定的理化方法包括气相色谱法、气相色谱-质谱联用法、液相色谱-质谱联用法[14~22]。

目前已发布的酰胺醇类药物残留气相色谱法检测标准[9]，测定原理是动物组织样品经乙酸乙酯提取、液液分配和固相萃取净化后，以三甲基硅烷三氟乙酰胺（BSTFA）作衍生化试剂衍生化后用气相色谱微电子捕获检测器检测。因氯霉素分子结构中含有 2 个氯原子，具有很强的电子亲和性，采用专一性强、灵敏度高的电子捕获检测器（ECD），可以完全满足对酰胺醇类药物痕量级残留物检测的灵敏度要求。由于酰胺醇类药物热稳定性不好、难挥发，因此检测时需将酰胺醇类药物进行衍生化方可测定，检测烦琐、速度慢，且对实验者有较高的化学操作要求。由于氯霉素是禁用药物，单纯的气相色谱法不能提供检测目标化合物的化学结构信息，因此不能作为氯霉素残留的确证检测方法，用气相色谱法检测出来的不合格结果需要采用色谱-质谱联用技术进行确证。

气相色谱-质谱法与气相色谱法一样，需对酰胺醇类药物进行衍生化方可测定，在质谱检测方面针对酰胺醇类药物分子结构有电负性较强的卤素原子，采用负离子化学电离源（NCI）检测会有高的灵敏度，而样品基质对负离子化学电离源几乎没有响应，干扰很少[16]，色谱峰的信噪比高于气相色谱-质谱中常用的另一种电离源电子轰击源（EI）得到的结果。需要注意的是目前已经发布的酰胺醇类药物残留的气相色谱-质谱法检测标准中没有包括氟苯尼考的标志残留物氟苯尼考胺的测定。美国农业部官方实验室的气相色谱-质谱法检测和确证动物肝脏中氟苯尼考胺残留方法[23]，通过二氯甲烷提取，NaOH 将氟苯尼考胺盐转换为氟苯尼考胺，从而被乙酸乙酯萃取出来，经硼硅酸盐衍生化后再用气相色谱-质谱法测定。

液相色谱-质谱法的样品处理步骤与 ELISA 法相似，样品中的氯霉素、甲砜霉素和氟苯尼考在碱性条件下，用乙酸乙酯提取，提取液旋转蒸干后，残渣用水溶解，经正己烷液液分配脱脂净化后即可过滤上机分析，无需进行繁杂的化学衍生就可直接测定酰胺醇类药物的残留量。

对于氯霉素单残留，这三种方法的灵敏度均可满足检测要求，因酰胺醇类结构上有氯原子，负离子检测模式的灵敏度高，而氟苯尼考胺结构中不含有氯原子，在正离子检测模式下的灵敏度高。

3.2.2.3　如何判读测试结果

酶联免疫法、气相色谱法均是筛选方法，一旦出现怀疑不合格结果，需采用理化方法（如液相色谱-质谱联用法、气相色谱-质谱联用法）进行确证，有关确证检测要求详见第 6 章。

酶联免疫法的线性范围不大，当样品响应值超出线性范围时（即试剂盒内附的标准曲线范围），建议不要外推计算样品中氯霉素的含量。

测定氯霉素的酶联免疫法试剂盒标称的检测限（LOD）很低，如某牌子的试剂盒标称的检测限低至 6.25ng/kg，但从已发布的动物源食品中氯霉素残留测定的酶联免疫法检测标准来看[3,8,11]，官方目前认可的检测限为 50ng/kg[11] ～100ng/kg[3]，实验室应根据方法验证结果确定具体的检测限，不能随意调低。

3.2.3　测定方法示例 1　酶联免疫法

本节介绍的酶联免疫法是以拜发公司（r-Biopharm）生产的试剂盒为例。酶联免疫法试剂盒可以适用于动物肌肉、蛋、奶、奶粉、蜂蜜中氯霉素残留量的测定，下面以动物肌肉的测试为例介绍酶联免疫法的操作步骤，其他样品基质的操作细节略有不同，使用时可以参考试剂盒内随附的操作说明。

（1）方法提要

用乙酸乙酯提取样品中的氯霉素残留物，提取液在氮气流下吹干，残渣以氯化钠水溶液复溶解，正己烷脱脂，样品中的氯霉素与氯霉素过氧化物酶标记物竞争结合氯霉素抗体，同时氯霉素抗体与包被在微孔板上的羊抗兔 IgG 抗体连接。洗涤除去未结合的抗原抗体，然后加入酶作用底物，结合的酶标记物上的酶催化底物反应，在 450nm 处测量反应液的吸收光强度，吸收光强度与样品中的氯霉素浓度成反比。

（2）试样提取与净化

称取 3.0g 试样（精确至 0.1g）至离心管中，加入 3mL 水，用力振摇 10min（或置超声波水浴振荡 5min，旋涡振荡 1min），再加入 6mL 乙酸乙酯，振荡10min。先加水振荡的目的是为了让样品先行分散，便于后续加入的乙酸乙酯能充分接触样品。

室温下（20～25℃）4000r/min 离心 10min，移取 4mL 上清液（即乙酸乙酯层）至玻璃试管中，用氮气在 60℃ 水浴中吹干，残留物中加入 1mL 正己烷振荡1min，再加入 0.5mL 缓冲液（试剂盒内附的），涡旋振荡 1min，室温下（20～25℃）4000r/min 离心 10min，用滴管小心移去上层的正己烷，下层的水相待进行酶联免疫测定。

（3）测定

① 仪器参数与测定条件　酶联免疫测定：波长 450nm；试验温度 20～25℃。

② 酶标记物溶液的配制　将相应浓缩液用缓冲液按 1∶11（1＋10）稀释（例如：200μL 浓缩液＋2mL 缓冲液）。

③ 酶联免疫测定程序

a. 将足够数量的微孔条插入框架（注意框架与板条要匹配），试剂空白、标准和样品各做两个平行实验，记录标准液和样品液的位置。

b. 分别加 50μL 氯霉素系列标准溶液（0ng/L、25ng/L、50ng/L、100ng/L、250ng/L 和 750ng/L）和样品到相应的微孔中，加 50μL 稀释的氯霉素酶标记物溶液至每个微孔中（试剂空白孔以缓冲液 1 替代），轻微振荡混匀，用盖子盖住微孔板于 20～25℃ 黑暗避光孵育 1h。

c. 取出微孔板放在洗板机上洗板 3 次（洗板机有关参数预先设定），每次用250μL 蒸馏水。倒置微孔板于吸水纸拍干。若手工洗板，注意防止交叉污染。

d. 加 100μL 底物至每个微孔中，轻微振荡混匀，于 20～25℃ 黑暗避光处孵育 15min。

e. 加 100μL 反应终止液（1.0mol/L 硫酸）至每个微孔中，轻微振荡混匀后，在 60min 内以空气为空白调零，测量并记录每个微孔溶液 450nm 波长的吸光度值（OD 值）。

④ 结果计算　以系列标准氯霉素浓度 c(ng/L) 的自然对数为横坐标 x（0ng/L 除外），对应 OD_{450nm} 与零标准 OD_{450nm} 的百分比为纵坐标 y（以试剂空白为调零基点），绘制标准曲线（图 3-2），可以得到吸光度值-氯霉素浓度对数的回归曲线及其相关系数 R。以测得样品的 OD_{450nm} 除以零标准 OD_{450nm} 的百分比为 y 值，由回归曲线可以求出相应的 x，反对数计算出样品液的浓度，乘以相应的样品处理稀释倍数即是样品中氯霉素含量（前处理方法样品稀释因子为 0.25，因此检测浓度即样品中氯霉素的实际浓度）。

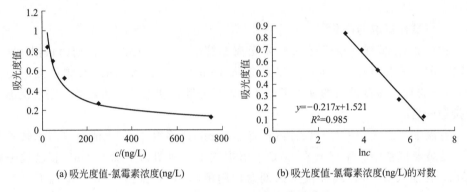

(a) 吸光度值-氯霉素浓度(ng/L)　　　(b) 吸光度值-氯霉素浓度(ng/L)的对数

图 3-2　氯霉素的 ELISA 测定标准曲线

（4）检测限

参照已发布的动物源食品中氯霉素残留测定的酶联免疫法检测标准[3,8,11]，建议检测限（LOD）的设定为 100ng/kg。实验室可以根据工作需要和方法验证结果确定具体的检测限。

（5）关键控制点及注意事项

试剂盒只能置于低温储存（2～8℃），切记不能放在冰箱的冷冻室，以免试剂盒失效。使用前，试剂盒内所有的试剂需恢复到室温。底物和发色剂对光敏感，注意不要让其直接暴露在光线中。在使用中不要让微孔干燥。

酶联免疫法是采用专用的试剂盒进行具体的测定，不同公司生产的试剂盒在操作步骤上可能有所差异，即便是同一生产厂家的产品也有可能修改其操作说明，分析者在使用一个新开启的试剂盒前应认真阅读试剂盒随附的操作说明书。不同批次试剂盒内的试剂的效能有可能不一致，未经充分的试验和评估，不要混批使用。

3.2.4　测定方法示例 2　液相色谱-串联质谱法

本节介绍的液相色谱-串联质谱法是以 GB/T 20756—2006《可食动物肌肉、肝脏和水产品中氯霉素、甲砜霉素和氟苯尼考残留量的测定　液相色谱-串联质谱法》、GB/T 22959—2008《河豚鱼、鳗鱼和烤鳗中氯霉素、甲砜霉素和氟苯尼考残

留量的测定 液相色谱-串联质谱法》为基础。

（1）方法提要

样品中的氯霉素、甲砜霉素和氟苯尼考在碱性条件下，用乙酸乙酯提取，提取液旋转蒸干后，残渣用水溶解，经正己烷液液分配脱脂。液相色谱-串联质谱仪检测。氯霉素、甲砜霉素、氟苯尼考以负离子模式检测，氟苯尼考胺以正离子模式检测。

氯霉素的 LOQ（检测低限）为 $0.1\mu g/kg$、甲砜霉素、氟苯尼考的 LOQ 为 $1.0\mu g/kg$，氟苯尼考胺的 LOQ 为 $10\mu g/kg$。

（2）提取与净化

称取 5g 试样（精确至 0.01g）至 50mL 塑料离心管中，加入 $20\mu g/L$ 氘代氯霉素（氯霉素-D_5）内标溶液 $75.0\mu L$，加入 12mL 乙酸乙酯，0.45mL 氨水，5g 无水硫酸钠，均质提取 30s，以 4000r/min 速度离心 5min，上清液转移至另一 25mL 比色管中，另取一 50mL 离心管，加入 12mL 乙酸乙酯，0.45mL 氨水，洗涤匀质刀头 10s，洗涤液移入第一支离心管中，用玻棒搅动残渣，涡旋振荡 1min，超声波提取 5min，以 4000r/min 离心 5min，上清液合并至 25mL 比色管中，用乙酸乙酯定容至 25.0mL。摇匀后移取 5.0mL 乙酸乙酯提取液于 10mL 试管中，50℃吹氮浓缩仪中吹干。

准确加入 1.00mL 水溶解残渣，涡旋振荡 2min，加入 3mL 正己烷涡旋振荡混合 30s，静置分层，弃去上层的正己烷，再加 3mL 正己烷重复一次，静置分层，移取部分下层的水相于 1.5mL 离心管，10000r/min 离心 5min，上清液经 $0.20\mu m$ 滤膜过滤后，供液相色谱-串联质谱测定。若样品要求检查氟苯尼考胺，取上述上机样液 $100\mu L$，加入 $900\mu L$ 水，振匀经 $0.20\mu m$ 滤膜过滤后，供液相色谱-串联质谱测定。

（3）测定

① 氯霉素、甲砜霉素及氟苯尼考残留测定的仪器条件

a. 液相色谱条件 色谱柱：CLOVERSIL C_{18} 柱，100mm×2.1mm（i.d.），$3\mu m$。柱温：40℃。流动相：甲醇＋水（40＋60）。流速：0.25mL/min。进样量：$20\mu L$。

b. 质谱条件 离子源为电喷雾离子源（ESI），离子源温度为 500℃，负离子模式检测，电离电压－4200V。监测模式：多反应选择离子监测方式。质谱仪的雾化气、加热辅助气、碰撞气均为高纯氮气。质谱参数见表 3-3（仪器型号为 API 3000）。

表 3-3 酰胺醇类药物及氘代氯霉素的质谱检测参数

分析物名称	监测离子对 （m/z）	去簇电压 /V	碰撞能量 /V
氯霉素	320.9/257.0 320.9/152.0①	－55	－16 －26

续表

分析物名称	监测离子对 （m/z）	去簇电压 /V	碰撞能量 /V
甲砜霉素	354.0/290.0 354.0/185.0[①]	—55	—18 —27
氟苯尼考	356.0/336.0[①] 356.0/185.0	—55	—14 —27
氘代氯霉素（氯霉素-D₅）	326.0/157.0	—55	—26

① 为定量离子对。

② 氟苯尼考胺残留测定的仪器条件

a. 液相色谱条件　色谱柱：Atlantis HILIC Silica柱，50mm×2.1mm（i.d.）×3μm。柱温：40℃。流动相：乙腈+5mmol/L甲酸胺（90+10）。流速：0.30mL/min。进样量：5μL。

b. 质谱条件　离子源为电喷雾离子源（ESI），离子源温度（TEM）450℃，正离子模式检测，电离电压4500V。监测模式：多反应选择离子监测方式。质谱仪的雾化气、加热辅助气、碰撞气均为高纯氮气。质谱参数见表3-4（仪器型号为API3000）。

表3-4　氟苯尼考胺的质谱检测参数

分析物名称	监测离子对 （m/z）	去簇电压 /V	碰撞能量 /V
氟苯尼考胺	248.1/130.0 248.1/230.1[①]	30	—33 —19

① 为定量离子对。

③ 工作曲线　按表3-5准确吸取一定量的氯霉素、甲砜霉素和氟苯尼考、氘代氯霉素（氯霉素-D₅）药物标准工作液及空白样品提取液于带塞离心管中，摇匀备用。该标准曲线溶液使用前配制。

表3-5　标准曲线溶液配制表（一）

分析物浓度 /（μg/L）	标准工作液体积 /μL	内标工作液体积 /μL	空白样品提取液 /μL
0	0	75	5000
0.1	25	75	4900
0.5	125	75	4800
1.0	250	75	4675
2.0	500	75	4425
5.0	1250	75	3675

按表3-6准确吸取一定量的氟苯尼考胺标准工作液（100μg/L）及纯水于液相色谱进样瓶中，摇匀。该标准曲线溶液使用前配制。

表 3-6　标准曲线溶液配制表（二）

分析物浓度/(μg/L)	标准工作液体积/μL	水体积/μL	分析物浓度/(μg/L)	标准工作液体积/μL	水体积/μL
0	0	1000	10	100	900
2.0	20	980	20	200	800
5.0	50	950			

④ 样品测定　按以上的仪器条件，按标准溶液、试剂空白、样品空白、加标样品、样品空白、待测样品、加标样品的进样次序进样。氯霉素、甲砜霉素、氟苯尼考以内标法峰面积定量（均采用氯霉素-D_5为内标），氟苯尼考胺以外标法峰面积定量。图 3-3 是酰胺醇类药物的萃取离子流图 [仪器条件见 3.2.4.3(1)]。

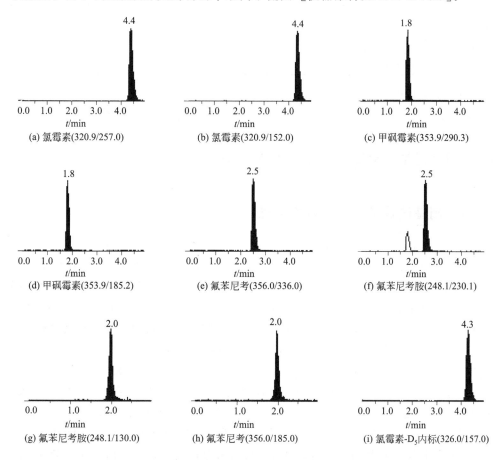

(a) 氯霉素(320.9/257.0)　　(b) 氯霉素(320.9/152.0)　　(c) 甲砜霉素(353.9/290.3)

(d) 甲砜霉素(353.9/185.2)　　(e) 氟苯尼考(356.0/336.0)　　(f) 氟苯尼考胺(248.1/230.1)

(g) 氟苯尼考胺(248.1/130.0)　　(h) 氟苯尼考(356.0/185.0)　　(i) 氯霉素-D_5内标(326.0/157.0)

图 3-3　酰胺醇类药物标准溶液的萃取离子流图

当样品中检出氯霉素等残留物时，除考虑保留时间是否相近，还应比较样品中待确证的残留物其两对特征离子的相对丰度比与同时检测的浓度接近的标准溶液是否一致，相对偏差不超过表 6-7 规定的范围。图 3-4 是一个检出氯霉素残留的实例，样品及同批检测的标准溶液的离子比（峰高比）列于表 3-7。

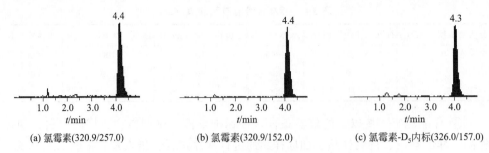

(a) 氯霉素(320.9/257.0)　　　(b) 氯霉素(320.9/152.0)　　　(c) 氯霉素-D_5内标(326.0/157.0)

图 3-4　氯霉素残留样品的萃取离子流图

表 3-7　氯霉素的离子比

样品名称	离子比
标准溶液(0.1μg/L)	0.64
标准添加样品(添加水平 0.1μg/kg)	0.64
氯霉素残留样品(检测值 0.16μg/kg)	0.64

（4）关键控制点及注意事项

样品提取液旋转蒸发至干后，加入水复溶解时要充分涡旋以确保溶解残渣。

3.3　硝基呋喃类药物残留的检测

3.3.1　硝基呋喃类药物的基本信息

3.3.1.1　毒副作用及残留管理

硝基呋喃类药物（Nitrofurans）是一类合成的广谱抗菌药物，它们作用于微生物酶系统，抑制乙酰辅酶 A，干扰微生物糖类的代谢，从而起抑菌作用。常见的硝基呋喃类药物有：呋喃唑酮（Furazolidone）、呋喃它酮（Furaltadone）、呋喃妥因（Nitrofuran）、呋喃西林（Nitrofurazone），硝基呋喃类药物的化学结构其母核是 5 位上带有硝基基团的呋喃核，2 位上是一个亚甲氨基，不同的硝基呋喃类药物的化学结构差异主要是与 2 位上的亚甲氨基连接的取代基（见图 3-5）。

硝基呋喃类药物其抗菌作用很理想，对大多数革兰氏阳性菌、革兰氏阴性菌、部分真菌和原虫有杀灭作用[24]，曾广泛用于动物饲养过程的治疗和防病。20 世纪 90 年代，科学家研究发现硝基呋喃类药物会诱导动物的基因突变，硝基呋喃类药物以及它的代谢产物均可使实验动物发生癌变和基因突变，因此出于安全考虑，欧盟在 1995 年就已将硝基呋喃类药物列为禁止使用兽药，2002 年我国也将其列为禁止使用兽药（农业部 235 号公告附录 4）。

硝基呋喃类药物半衰期很短，在动物体内能迅速代谢，半衰期不过数小时，检测硝基呋喃类药物的原药残留量在技术上有相当大的难度且也没实际意义，而与蛋白结合的代谢物能产生稳定的残留，常用的食品烹饪方法如蒸煮、烘烤和微波加热

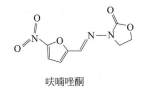

呋喃唑酮 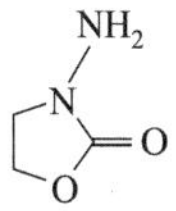 呋喃唑酮代谢物(AOZ)

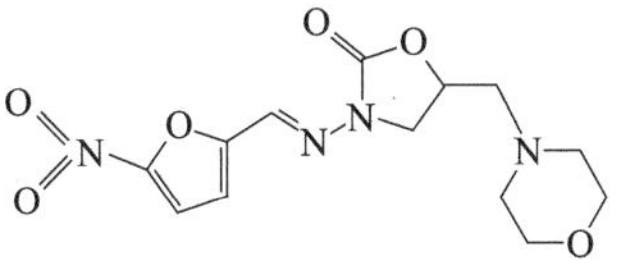

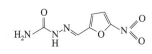

呋喃它酮 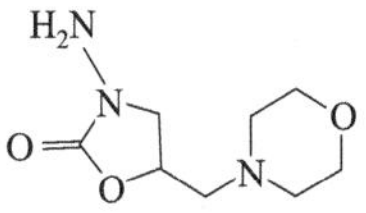 呋喃它酮代谢物(AMOZ)

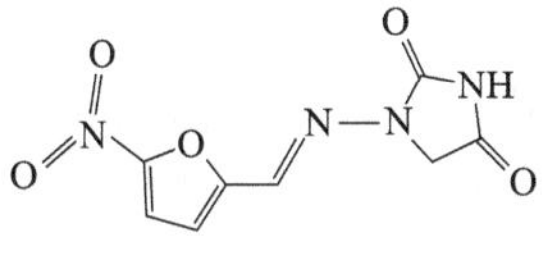

呋喃妥因 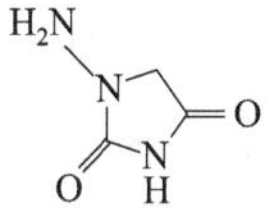 呋喃妥因代谢物(AHD)

呋喃西林 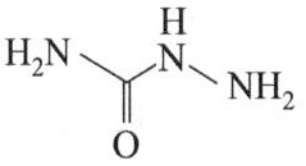 呋喃西林代谢物(SEM)

图 3-5 4 种硝基呋喃类药物及其代谢物的化学结构

等均无法使代谢物降解[25]，代谢物在动物体内稳定存在时间相当长，可达数周或数月。硝基呋喃类药物的代谢物可以在弱酸性条件下（如胃液的酸性）从蛋白质中释放出来，当人类吃了含有硝基呋喃类抗生素残留的食品，这些代谢物就可以在胃液的酸性条件下从蛋白质中释放出来被人体吸收而对人类健康造成危害。目前国际上均以结合蛋白释放出来的游离态代谢物 AOZ、AMOZ、AHD、SEM 分别作为列为呋喃唑酮、呋喃它酮、呋喃妥因、呋喃西林的标志残留物[26]。

3.3.1.2 硝基呋喃类药物代谢物的理化性质

硝基呋喃类药物代谢物的化学结构特征是硝基呋喃药物母核上 2 位的亚甲氨基与取代基间的 C＝N 键断裂，母核脱落，产生新的结构更小的化合物（见图 3-5）。

通过 ^{14}C 标记的呋喃唑酮代谢研究表明，其代谢物 AOZ 以蛋白结合物的形式存在。在适当的酸性条件下（即使是人的胃液），这些结合残留物就可以从蛋白质中释放出来，其他 3 种硝基呋喃类药物也有类似发现报道[27]。

硝基呋喃类药物代谢物均是小分子化合物，直接检测在技术上有相当的难度，即使采用液质联用技术，因代谢物的化学结构特性决定了其有检测意义的离子碎片少，也没法进行有效的测定。

3.3.2 检测方案的设计

硝基呋喃类药物残留的检测与其他类的兽药残留检测技术相比，具备相当多的技术特色，只测定代谢物而不检测原药，因代谢物分子结构太小而需要化学衍生化以便于检测，代谢物多呈蛋白结合态需要水解以游离代谢物，水解的同时进行化学衍生，在方法研发时就已引入同位素稀释质谱法（4 种代谢物均有商品化的同位素标记物），以确保在 10^{-10} 的超痕量水平检测的准确性和重复性，可以说硝基呋喃类药物残留检测方法的技术特点和要求对检测实验室是一种技术挑战，同时也极大地提高了实验室在药物残留检测方面的综合能力。

经过十多年的研究[25~30]，硝基呋喃类药物残留物的检测方法已很成熟，有关管理部门也发布了不少的检测标准方法（见附录）。

3.3.2.1 如何选择样品处理方法

（1）提取、水解和衍生化

前已述及，硝基呋喃类药物在动物体的代谢物多以蛋白结合态存在，要准确检测，首先要将其水解以使硝基呋喃代谢物游离出来，与其他的一些在动物体内也呈各种结合态的药物残留物（如莱克多巴胺等）不同，在稀酸条件下硝基呋喃代谢物就可水解游离，不需进行酶解。水解剂可采用 0.125mol/L 盐酸溶液，当采用同位素稀释法时应同时加入同位素标记的内标。

必须注意的是，硝基呋喃类药物的代谢物在动物体内多数是以蛋白结合态存在，但目前没有明确的实验结论证明硝基呋喃类药物的代谢物只以蛋白结合态存在，没有游离态，因此只有测定样品中硝基呋喃类药物代谢物的全部存在形态才能准确、全面地反映硝基呋喃类药物的残留情况，个别检测标准方法在样品前处理步骤中提出采用甲醇-水洗涤样品，这种做法虽然会去除样品中的部分杂质，改善样品的分离效率，但会导致样品中游离态的硝基呋喃类药物代谢物严重损失，从而影响检测结果的准确性，并有可能引起贸易争议，因此笔者建议样品处理步骤中不要采用任何有可能引起硝基呋喃药物代谢物损失的操作。

对代谢物的自由氨基团进行衍生化，可以形成一个具有较好特性的化合物，许多研究者对此进行了大量的摸索，目前大多数检测方法标准是采用 2-硝基苯甲醛（2-NBA）进行柱前衍生，还有采用 2-氯苯甲醛作衍生剂。从表 3-8 中可以看到采用 2-NBA 作衍生化试剂时，硝基呋喃类药物的代谢物衍生物分子的相对分子质量分别达到 248.1（AOZ 衍生物）、235.1（AHD 衍生物）、334.1（AMOZ 衍生物）和 208.1（SEM 衍生物），较代谢物本身增大了许多，在适当的碰撞电压下可产生多个特征离子的碎片峰以满足检测要求。图 3-6 描述的是蛋白结合态的硝基呋喃代谢物在酸性条件下被水解，产生游离态的代谢物，与 2-硝基苯甲醛发生衍生化反应，生成性质稳定的衍生物过程。

目前的检测方法是将硝基呋喃类药物的水解、衍生化这两个操作放在一起进行，水解出来的游离态的代谢物马上就与 2-NBA 发生反应生成检测所需的代谢物衍生物，通常需要在 37℃ 的环境下反应过夜，反应时间这么长更多的是要确保水解完全。要注意水解及衍生化过程要保持振荡，不能静置反应。

表 3-8 硝基呋喃类药物代谢物化学衍生物的化学信息（2-硝基苯甲醛法）

药物	原药分子式和相对分子质量		代谢物分子式和相对分子质量		代谢物衍生物分子式和相对分子质量	
呋喃唑酮	$C_8H_7N_3O_5$	225.0	$C_3H_6N_2O_2$	102.0	$C_{10}H_9N_3O_4$	235.1
呋喃它酮	$C_{13}H_{16}N_4O_6$	324.1	$C_8H_{15}N_3O_3$	201.1	$C_{15}H_{18}N_4O_5$	334.1
呋喃西林	$C_6H_6N_4O_4$	198.0	CH_5N_3O	75.0	$C_8H_8N_4O_3$	208.1
呋喃妥因	$C_8H_6N_4O_5$	238.0	$C_3H_5N_3O_2$	115.0	$C_{10}H_8N_4O_4$	248.1

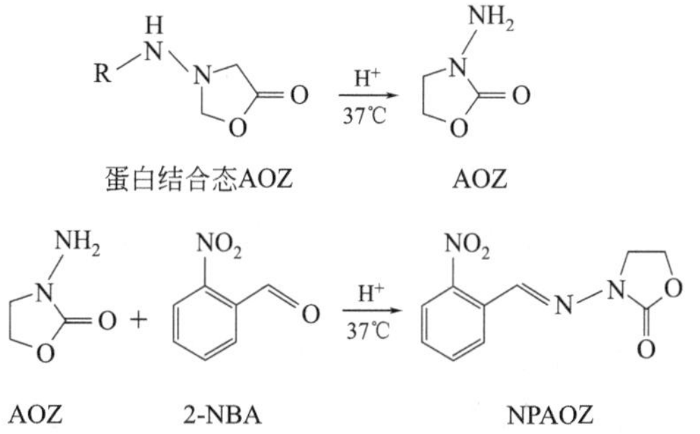

图 3-6 呋喃唑酮蛋白结合残留物、游离代谢物、衍生物结构[24]

有研究人员指出，生物体内的许多细胞大分子也含有可与 2-NBA 反应的氨基，需加入足够量的衍生化剂 2-NBA，以确保由蛋白结合态的硝基呋喃药物残留物释放出的游离态代谢产物全部衍生化[24]。

（2）净化

水解后得到的样品水解液中目标分析物（硝基呋喃代谢物的衍生物）含量非常低，无论后续采用何种检测手段，都需要对样液进行提取、净化、浓缩和富集。

硝基呋喃类药物残留检测中净化方法使用较多的是液液萃取法和固相萃取法。实验证明，在 pH 7～7.5 范围，硝基呋喃代谢物的衍生物在乙酸乙酯、二氯甲烷等有机溶剂中的溶解度较在水溶液中的大，在非极性吸附剂如 C_{18} 的 SPE 柱上的保留较好，因此无论净化步骤是采用液液萃取法抑或是固相萃取法，都要先行对样品水解液调节酸度。

对样品水解液酸度调节多采用 0.1mol/L K_2HPO_4 溶液和 1mol/L KOH 溶液，溶液加入酸度调节液后有一个平衡过程，pH 值会有轻微的改变，所以方法都有要求隔 10～30s 后重测一次 pH 值，必要时需要重新调节样品水解液的酸度，样品水解液的酸度范围对目标分析物的提取效率有非常大的影响，操作时须加以注意。

① 液液萃取法 同时包含了提取、净化、浓缩富集几个步骤。萃取溶剂可以用乙酸乙酯、二氯甲烷等有机溶剂，但从安全性、溶剂沸点等因素考虑，目前采用最多的萃取溶剂是乙酸乙酯。乙酸乙酯不适合作为后续液相色谱分析的样品介质，需要通过溶剂蒸发去除乙酸乙酯，然后用液相色谱流动相进行复溶解，完成溶剂转换。液液萃取法对样品水解液进行处理时会同时将动物源食品中的脂肪带入萃取液中，因此在将乙酸乙酯萃取液挥干，残渣复溶解后需采用正己烷进行脱脂处理。在

用乙酸乙酯萃取时有可能出现乳化现象，影响萃取效果，可加入饱和氯化钠溶液破乳。

液液萃取法的特点是操作简单、不需要特殊设备、成本低，但对基质复杂的样品净化效果不好。

② 固相萃取法　在 pH 7～7.5 范围，硝基呋喃代谢物的 NP 衍生物在反相 C_{18} 填料上有理想的吸附，调节酸度后的样品水解液上柱后，通过水淋洗除去部分干扰物，然后以乙酸乙酯作洗脱剂将目标分析物洗脱，与液液萃取法一样，因洗脱剂是乙酸乙酯，同样需要进行溶剂转换将乙酸乙酯除去。对于某些脂肪含量较高的样品，样品水解液调节酸度后，需要先行用正己烷脱脂方可上柱，否则样品水解液中大量的脂肪会降低固相萃取净化的效果。

笔者的经验是对于常见的动物组织样品，如动物肌肉（包括水产品）和组织，奶制品等基质相对不是很复杂的样品，可采用液液萃取法进行净化，而一些基质比较复杂的样品如干制的海产品、蜂制品等，单纯的液液萃取法净化效果欠佳，尤其是对于 SEM、AHD 残留，干扰峰较多，对残留物准确定性有较大影响，此时采用固相萃取法较为理想；对于大批量的检测，也可先采用液液萃取法进行检测，检出残留的样品再行固相萃取法复检。

无论是采用液液萃取法或固相萃取法，乙酸乙酯液（洗脱液）挥干后，要立即进行样品的复溶解，复溶解剂多采用与后续进行的液相色谱-质谱分析用的起始流动相相同或相近的乙腈（甲醇）-水系混合溶液。

早期的硝基呋喃代谢物检测方法对实验室环境光线要求很高，甚至实验室的照明光源都改用钠灯，认为常用的白炽灯光线会对检测结果有影响，但随着对硝基呋喃类药物代谢物检测方法的研究深入，发现早期的实验操作环境光线要求并无必要，实验室的操作环境只要避免强烈的光线照射即可。

3.3.2.2　如何选择测定方法

食品中硝基呋喃类药物残留检测方法主要采用液相色谱-串联质谱法、酶联免疫法[31]，早期曾有个别的文献报道采用液相色谱法，因其检测对象是硝基呋喃原药，不是代谢物，与硝基呋喃类药物残留的实际情况及管理要求相距甚远，是不适用的。

无论是酶联免疫法，抑或是液相色谱-串联质谱法，其样品前处理是基本相同的，同样要经过提取（水解和衍生化）、净化步骤，衍生化试剂也是采用 2-硝基苯甲醛（2-NBA）。

酶联免疫法测定硝基呋喃类药物残留，目前只能做到一个试剂盒只能检测一种代谢物，也就是说一个样品中 4 种硝基呋喃类药物代谢物（AOZ、SEM、AHD、AMOZ）需要分别用 4 种对应的试剂盒检测。酶联免疫法的检测灵敏度可以满足 $0.5\mu g/kg$ 的要求，甚至还可再降低一些。

液相色谱-质谱法是目前较常用的硝基呋喃药物残留检测方法，其中因目标分析物含量很低，样品背景复杂，因此多采用串联质谱仪，而很少采用单级质谱仪。

3.3.2.3　如何判读测试结果

硝基呋喃类药物残留检测结果判读中最常见的问题就是 SEM 检测结果的争议，很多时候管理部门或检测委托方对其送检样品检出 SEM 感到难以理解，无法找到 SEM 的来源。实际上 SEM 的来源确实很复杂，动物饲养过程中使用过呋喃西林，就一定存在 SEM 残留，但样品中检出的 SEM，不一定就是源自呋喃西林药物的代谢，因为 SEM 来源很广泛，如样品在生产、运输过程中接触过含氯的消毒剂，某些发泡包装材料；甲壳类水生动物的外壳也有 SEM 的天然存在[32]；面粉添加剂偶氮甲酰胺（速效面粉增筋剂）在使用过程（高温发酵或蒸煮中）也会释放出 SEM[33]，这种 SEM 产生途径可以很好地解释那些外裹面包糠的加工食品中经常莫名检出 SEM。

对于某些样品成分比较复杂的样品，可采取适当延长梯度洗脱时间（减缓梯度变化速度），通过改善色谱分离来实现更准确的定性和定量分析；也可以采用一些新的质谱技术，如在线实时的线性离子阱技术，在 MRM 检测的同时获得感兴趣的目标分析物的全谱，通过与同批检测的标准溶液的全谱（或谱库）对比，比较更多的离子碎片及其相对丰度，可大大提高定性判别的可靠性。

3.3.3　测定方法示例　液相色谱-串联质谱检测法

本节介绍的液相色谱-串联质谱检测法是以 GB/T 21311—2007《动物源性食品中硝基呋喃类药物代谢物残留量检测方法高效液相色谱/串联质谱法》为基础。

（1）方法提要

样品经 0.125mol/L HCl 提取，样品中的 AOZ、SEM、AHD、AMOZ 残留物与衍生化试剂 2-硝基苯甲醛（NBA）反应，分别生成 NP-AOZ、NP-SEM、NP-AHD、NP-AMOZ，衍生物经乙酸乙酯萃取，萃取液用氮气流挥干，残渣用乙腈-乙酸混合物溶解后用正己烷脱脂，用液相色谱-质谱/质谱仪测定，内标法峰面积定量。

AOZ、SEM、AHD、AMOZ 测定低限均为 0.5μg/kg。

（2）样品处理

① 提取　称取经肉类组织粉碎机粉碎的试样 5g（精确至 0.01g）于 50mL 离心管中，加入 150μL 内标混合工作液（20ng/mL），10mL 0.125mol/L 盐酸溶液在匀浆机上以 14000r/min 速度匀浆 30s，用 10mL 0.125mol/L 盐酸溶液洗涤匀浆刀，合并提取液。

② 水解与衍生化　离心管中加入 500μL 新鲜配制的 2-硝基苯甲醛（NBA）衍生试剂（50mmol/L 二甲亚砜），旋涡振荡器上混旋 30s，放在 37℃ 摇床中反应 14~16h（放置过夜）。反应完毕后取出离心管冷却至室温。衍生化过程要注意避光操作。

③ 净化　离心管在 4000r/min 下离心 10min，上清液转入另一离心管中，残渣弃去。将上清液用 0.125mol/L 盐酸溶液定容至 25mL，旋涡振荡器上混旋 30s，将定容好的溶液取 10mL 于另一离心管中，加入 5mL 0.1mol/L K₂HPO₄ 溶液、0.6mL 1mol/L KOH 溶液，摇匀，调节 pH 值在 7～7.5，30s 后重复测定一次 pH 值，如 pH 值有变动，重新调节 pH 值。离心管中加入 8mL 乙酸乙酯，振摇 2min，以 4000r/min 速度离心 5min，上层清液移至吹氮浓缩仪的吹氮管中，重复用 8mL 乙酸乙酯抽提一次，离心后的上清液合并至吹氮浓缩仪的吹氮管中，在 50℃ 下用氮气将溶剂挥干，残渣用 2.0mL 乙腈-0.1％乙酸水溶液（1＋9，体积比）溶解，旋涡振荡器上混旋 30s，加入 3mL 正己烷，旋涡振荡器上混旋 30s，弃去上层正己烷溶液，加入 3mL 正己烷重复脱脂，下层样品溶液在 12000r/min 下离心 10min 后经 0.2μm 滤膜过滤后上机测定。操作过程要注意避光。

（3）测定

① 仪器条件

a. 液相色谱条件　色谱柱：NUCLEODUR 100-3C₁₈ ec 柱，100mm×2.0mm（i.d.），粒度 5μm。柱温：35℃。流动相：乙腈＋0.1％乙酸水溶液。梯度洗脱模式，梯度洗脱表见表 3-9，流速 0.2mL/min。进样量：10μL。

表 3-9　流动相梯度洗脱表

时间/min	乙腈/％	0.1％乙酸/％	时间/min	乙腈/％	0.1％乙酸/％
0.00	10	90	9.01	10	90
7.00	50	50	25.00	10	90
9.00	50	50			

b. 质谱条件。离子源为电喷雾离子源（ESI），离子源温度 650℃，正离子模式检测，电离电压 4500V。质谱仪的雾化气、辅助加热气、碰撞气均为高纯氮气。参考质谱参数见表 3-10、表 3-11（仪器型号为 API4000QTRAP）。

表 3-10　参考质谱参数

质谱参数	参数值	质谱参数	参数值
雾化气	65	碰撞气	中
气帘气	20	辅助加热气温度/℃	650
辅助加热气/(L/min)	75	喷雾电压/V	5000

表 3-11　硝基呋喃类药物代谢物的监测离子对及其质谱参数

目标分析物	监测离子对	去簇电压/V	碰撞电压/V
NP-AHD	249.2→134.2[①]	55	17
	249.2→104.1		35
内标 NP-AHD-¹³C	252.0→134.0	55	17
NP-AOZ	236.0→104.0	68	28
	236.0→133.9[①]		19
内标 NP-AOZ-D₄	240.0→134.0	44	18

目标分析物	监测离子对	去簇电压/V	碰撞电压/V
NP-SEM	209.0→166.0[①]	42	15
	209.0→192.0		17
内标 NP-SEM-$^{13}C^{15}N_2$	212.0→168.0	42	17
NP-AMOZ	335.0→262.0[①]	42	10
	335.0→291.0		18
内标 NP-AMOZ-D_5	340.0→296.0	42	18

① 定量离子对。

② 工作曲线　按表 3-12 分别准确吸取一定量的浓度为 20ng/mL 的 AOZ、SEM、AHD、AMOZ 标准混合工作液至 50mL 离心管中，加入 60μL 内标混合工作液（20ng/mL）、15mL 0.125mol/L 盐酸溶液，摇匀，按（2）步骤②处理，样品净化时加入 5mL 0.1mol/L K_2HPO_4 溶液，1.6mL 1mol/L KOH 溶液，其余同（2）步骤①处理方法。

表 3-12　标准曲线溶液配制表

标准曲线溶液浓度/(ng/mL)	标准混合工作液/μL	标准曲线溶液浓度/(ng/mL)	标准混合工作液/μL
0	0	2	100
0.5	25	5	250
1	50	10	500

③ 样品测定　按（3）所述的仪器条件，按标准溶液、试剂空白、样品空白、样品加标、样品空白、待测样品、样品加标的进样次序进样。采用内标法峰面积定量。

以标准溶液分析物峰面积与标准溶液内标物峰面积的比值对标准溶液分析物浓度与标准溶液内标物溶度的比值作线性回归曲线。将样液中分析物峰面积与样液中内标物峰面积的比值和样液中内标浓度代入线性回归方程得到样液中分析物浓度。按内标法计算公式计算样品中分析物含量。图 3-7 是 4 种硝基呋喃类药物代谢物的萃取离子流图［仪器条件见（3）节］。

当样品中检出硝基呋喃类药物残留物时，除考虑保留时间是否相近，还应比较样品中待确证的残留物的两个特征离子的相对丰度比与同批检测的浓度接近的标准溶液中对应的分析物的两个特征离子的相对丰度比是否一致，相对偏差不超过第 6 章表 6-7 规定的范围。图 3-8 是一个检出呋喃唑酮代谢物残留的实例，样品及同批检测的标准溶液的离子比（峰高比）列于表 3-13。

表 3-13　呋喃唑酮代谢物残留样品的离子比

样品名称	离子比
标准溶液(1.0μg/L)	0.52
标准添加样品(添加水平 0.5μg/kg)	0.57
呋喃唑酮代谢物残留样品(检测值 0.6μg/kg)	0.54

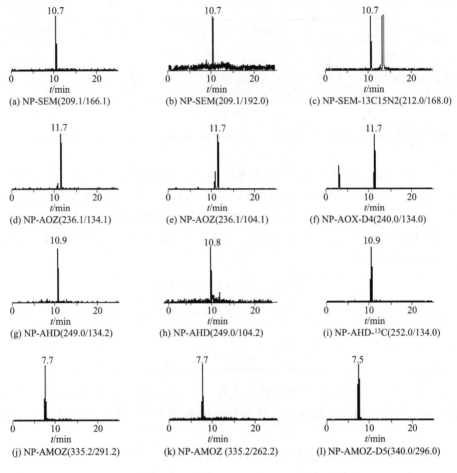

图 3-7　硝基呋喃类标准溶液萃取离子流图

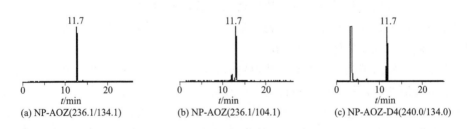

图 3-8　呋喃唑酮代谢物残留样品的萃取离子流图

（4）关键控制点及注意事项

① 建议衍生化试剂 2-NBA 溶液现用现配，以确保衍生化试剂的有效。

② 衍生化过程要注意避光操作，整个净化操作过程注意避免强光照射。

③ 步骤（2）中调节样液 pH 步骤，对提取效率有重大影响，对于经常检测的样品基质，可通过实验摸索缩小 pH 调节范围，减少二次测定 pH 的间歇时间，加

快提取步骤的速度。

④ 乙酸乙酯提取步骤对回收率有直接影响,须严格按照标准方法要求的振荡频率和振荡时间进行,以确保提取效果。

3.4 染料类药物残留的检测

3.4.1 染料类药物的基本信息

染料类药物主要用于水生动物养殖中,包括:孔雀石绿、结晶紫、亚甲基蓝等,主要是作为水体消毒剂、抗寄生虫药物[34]。本节介绍的是目前残留检测中较常见的孔雀石绿和结晶紫两种染料类药物的残留检测技术。

3.4.1.1 毒副作用及残留管理

在水产养殖过程中,人们经常使用各种药物进行水体消毒和防止鱼病害,孔雀石绿就是其中的一种染料类杀菌剂[1],孔雀石绿又称为苯胺绿、维多利亚绿或中国绿,是一种具有金属光泽的绿色晶体,溶于水、乙醇和甲醇,水溶液的颜色为蓝绿色(最大吸收波长为618nm)。孔雀石绿的抗菌杀虫机理是:孔雀石绿在细胞分裂时阻碍蛋白肽的形成,使细胞内的氨基酸无法转化为蛋白肽,细胞分裂受到抑制,从而产生抗菌杀虫作用。近年来发现孔雀石绿特别是其代谢物在水产体内有明显的残留现象,其残留时间也较长,由于其化学官能团三苯甲烷是一种致癌物质,所以国外一些发达国家已宣布禁止其在经济鱼类(观赏鱼除外)养殖过程中使用。结晶紫与孔雀石绿同属于三苯甲烷类染料,化学结构见图 3-9。

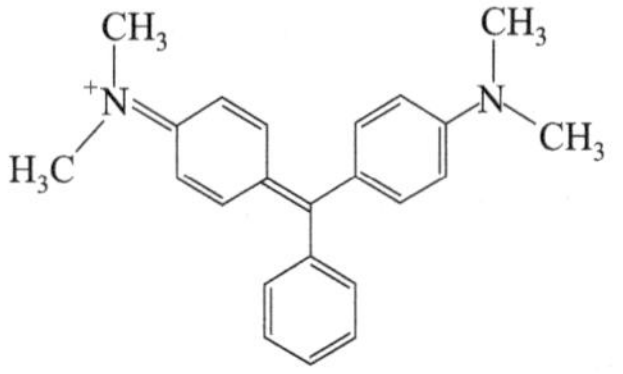

孔雀石绿 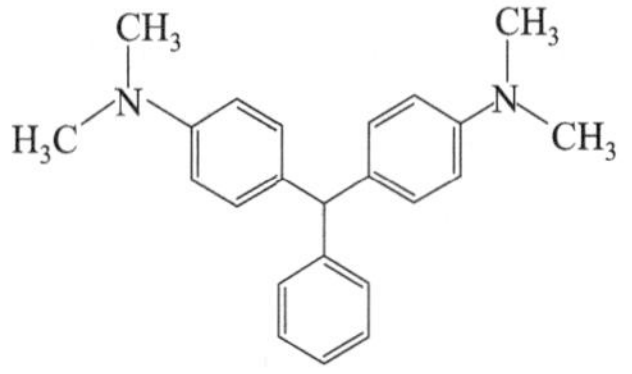　　　　　　　　　　隐色孔雀石绿

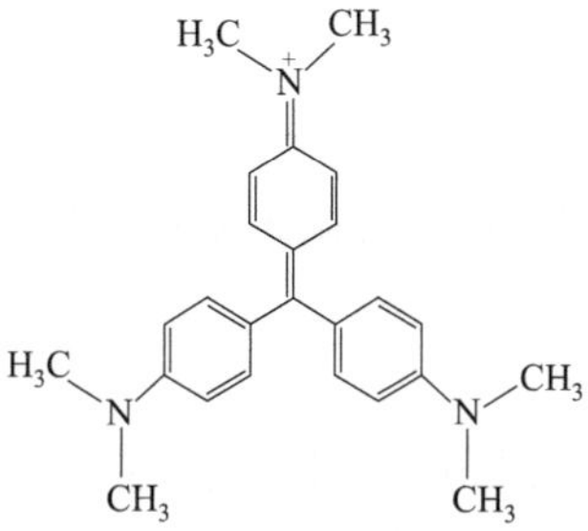

结晶紫 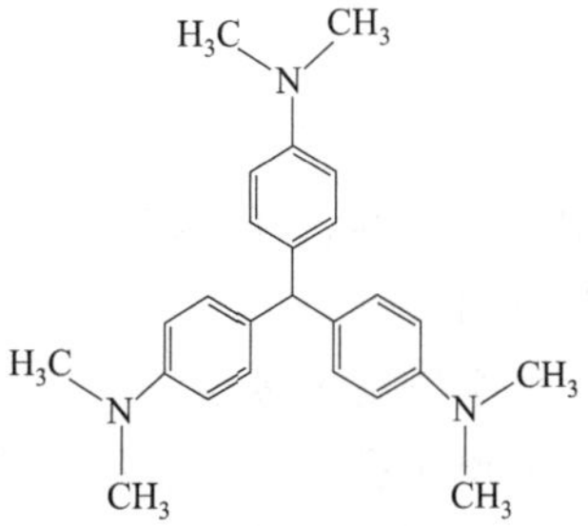　　　　　　　　　　隐色结晶紫

图 3-9 孔雀石绿、结晶紫及其代谢产物化学结构

国外研究人员用含有 0.8mg/L 同位素^{14}C 标记孔雀石绿水溶液放养鳟鱼，通过液相色谱分离收集组分后用液体闪烁仪对^{14}C 进行计数，实验结果表明：隐色孔雀石绿（孔雀石绿的代谢物）在鱼体内的残留时间远远大于其母体孔雀石绿，药浴 2 周后，鱼的肌肉中仍可检出高达 310μg/kg 的隐色孔雀石绿，而孔雀石绿已降低至 6μg/kg。孔雀石绿和隐色孔雀石绿非常容易相互转化，一旦人们食用了含有隐色孔雀石绿的水产品后，就存在被氧化为孔雀石绿的潜在危害性，结晶紫也具有类似情况。国际上规定计算孔雀石绿残留量时应将隐色孔雀石绿一同计入，也就是说隐色孔雀石绿是孔雀石绿的标志残留物之一，结晶紫的情况也是一样。

3.4.1.2 理化性质

孔雀石绿和结晶紫两种药物都属于三苯甲烷染料，结构特点是中心碳原子周围连接三个苯环（见图 3-9），是一种碱性染料。孔雀石绿、结晶紫两种药物的代谢物有一个共同特点，代谢物是原药的还原态，与原药的化学极性差异很大，且隐色孔雀石绿容易氧化为孔雀石绿，这一点在隐色孔雀石绿标准品验收及标准溶液储存时要加以注意。

3.4.2 检测方案的设计

染料类残留检测方案的设计主要考虑是测定药物残留总量抑或是测定各个残留物的具体数值。

3.4.2.1 如何选择样品处理方法

提取方式大都采用有机溶剂（如乙腈）体系，必要时加缓冲盐（如乙酸铵）。

由于隐色孔雀石绿和隐色结晶紫的极性较低，在正己烷中有较大的溶解度，若样品溶液采用常规的正己烷脱脂法，可能引起分析物的损失，因此多采用 SPE 柱净化方式吸附去除样液中的脂肪，如采用氧化铝柱，样液（介质为乙腈）上柱，再用适量的乙腈洗柱（收集全部流出液），没有 SPE 柱通常的淋洗步骤。

当样品本底较复杂或采用液相色谱法检测时，单纯的吸附脱脂不能保证检测的顺利进行，还需对样液作更进一步的净化处理，如采用 PRS 柱（强阳离子交换 SPE 柱，键合官能团为丙基磺酸，酸性略低于以苯磺酸为功能团的 SCX 柱），或 C_{18} 柱。

对于样品本底相对干净一点的鱼肉、虾肉，采用液相色谱-串联质谱法时，样品净化可相对简单一些，样品提取液经中性氧化铝柱吸附除脂后，挥干溶剂以流动相复溶解残渣即可。

3.4.2.2 如何选择测定方法

目前能同时测定孔雀石绿、结晶紫及其代谢物的分析方法主要是液相色谱-荧光检测法、液相色谱-串联质谱法，二者的检测低限均可实现 0.5μg/kg，而早期的个别检测标准方法采用液相色谱-可见光检测法，检测低限只能做到 2μg/kg，目前国际贸易中大都要求实验室采用 $0.5\mu g/kg$ 的检测低限，从控制检测风险的角度看实验室要根据样品检测要求（官方管理要求、贸易双方约定等因素），选择合适的检测方法。

采用液相色谱作为检测仪器时，无论是用紫外-可见光检测器，抑或是荧光检测器，测定的只是孔雀石绿（或结晶紫）的残留总量，当采用紫外-可见光检测器时，利用的是孔雀石绿最大吸收波长在可见光区（620nm），干扰较少，而隐色孔雀石绿最大吸收波长在紫外光区（267nm），干扰较多，因此测定时是通过一根氧化铅柱将色谱柱流出液中的隐色孔雀石绿（或隐色结晶紫）在线还原为孔雀石绿（或结晶紫），再经可见光检测器检测。

采用液相色谱-荧光检测法时，由于只有隐色孔雀石绿、隐色结晶紫有荧光效应，而孔雀石绿、结晶紫没有，因此需要加入还原剂（如硼氢化钾、硫代硫酸钠）在酸性环境下将孔雀石绿（或结晶紫）还原为隐色孔雀石绿（或隐色结晶紫），还原剂在样品提取时一起加入。

对于液相色谱-串联质谱法，现多采用直接测定，即一次进样同时完成孔雀石绿、隐色孔雀石绿、结晶紫、隐色结晶紫残留量的测定，无需任何的化学衍生化，色谱体系采用反相色谱，流动相可采用乙腈-乙酸铵（pH4.5），等度洗脱。图 3-10 是同时测定孔雀石绿、隐色孔雀石绿、结晶紫、隐色结晶紫残留量的萃取离子流图 [仪器条件见 3.4.3（3）]。

酶联免疫法也已有商品化的试剂盒出售[35]（目前多见的是测孔雀石绿残留），酶联免疫法操作相对简单，不需要高端仪器设备，但存在几个问题，一是只能测定孔雀石绿总量，测定时需通过前处理将隐色孔雀石绿氧化为孔雀石绿进行测定；二是结果的准确性、稳定性不如仪器法；三是试剂盒价格不便宜，当样品量不大时，单个样品的检测成本有点高。

3.4.2.3　如何判读测试结果

染料类药物残留检测中，常出现样品本底高，检测结果不稳定等异常情况，究其原因，实验室内使用的一些实验用具会带入目标分析物是其中的影响因素[36]，解决此问题可采用三个手段，一是确保实验室所用的记号笔等实验用具不会引入结晶紫污染，可对实验室内的记号笔等实验用具进行测试；二是每批样品检测时必须同时进行溶剂空白试验，能有效地反映该检测批是否受到实验室环境的污染；三是有条件的话，对某些不能用洗液（酸液）浸泡的实验器皿（如塑料离心管），采用全新的实验器皿。

3.4.3　测定方法示例　液相色谱-串联质谱法

本节介绍的孔雀石绿及其代谢物隐色孔雀石绿、结晶紫及其代谢物隐色结晶紫的液相色谱-串联质谱检测方法是以 GB/T 19857—2005《水产品中孔雀石绿、隐色孔雀石绿、结晶紫、隐色结晶紫残留量检验方法》为基础。

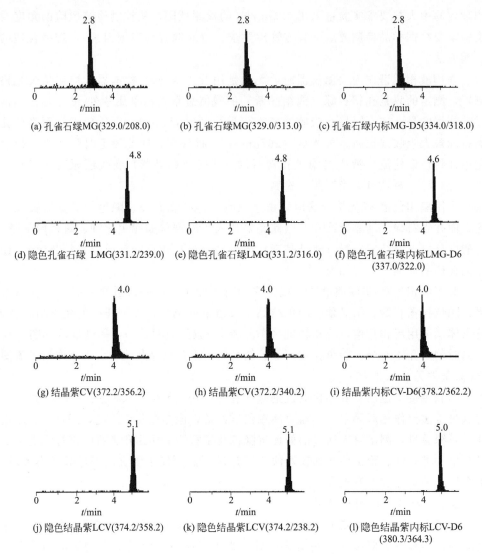

(a) 孔雀石绿MG(329.0/208.0)　　(b) 孔雀石绿MG(329.0/313.0)　　(c) 孔雀石绿内标MG-D5(334.0/318.0)

(d) 隐色孔雀石绿 LMG(331.2/239.0)　(e) 隐色孔雀石绿LMG(331.2/316.0)　(f) 隐色孔雀石绿内标LMG-D6
(337.0/322.0)

(g) 结晶紫CV(372.2/356.2)　　(h) 结晶紫CV(372.2/340.2)　　(i) 结晶紫内标CV-D6(378.2/362.2)

(j) 隐色结晶紫LCV(374.2/358.2)　　(k) 隐色结晶紫LCV(374.2/238.2)　　(l) 隐色结晶紫内标LCV-D6
(380.3/364.3)

图 3-10　染料类药物标准溶液的萃取离子流图

（1）方法提要

样品用乙腈提取，中性氧化铝固相萃取小柱净化，浓缩，用 2mL 乙腈-5mmol/L 乙酸胺（1＋1）溶液复溶解并定容，用液相色谱-质谱/质谱仪测定，内标法峰面积定量。孔雀石绿、隐色孔雀石绿、结晶紫、隐色结晶紫测定低限为：0.50μg/kg。

（2）试样提取与净化

称取 5.0g（精确至 0.01g）均匀样品于 50mL 离心管中，加入 100μL 内标混合溶液（200μg/L），加入 10mL 乙腈，在匀浆机上以 10000r/min 匀浆 30s，提取液以 4000r/min 离心 5min。上清液转移至 25mL 具塞比色管中。另取一 50mL 离心管，加入 10mL 乙腈以洗涤匀浆刀 10s。洗涤液转入前一离心管中，用玻棒捣碎下层残渣，在涡旋振荡器上振荡 30s，超声波振荡 5min，提取液以 4000r/min 离心 5min，上清液合并至 25mL 具塞比色管中。用乙腈定容至 25.0mL，摇匀备用。

取 5.00mL 样品提取液上柱加至已活化的中性氧化铝（使用前用 3mL 乙腈活化）上。用试管接收流出液，2.5mL 乙腈洗涤中性氧化铝，收集全部流出液。45℃吹氮浓缩至约 1mL，乙腈定容至 1.0mL，涡旋振荡 1min，加入 1.0mL 5mmol/L 乙酸铵，涡旋振荡 1min。样液经 0.2μm 滤膜过滤后供液相色谱-串联质谱测定。

（3）测定

① 仪器条件

a. 液相色谱条件　色谱柱：CLOVERSIL C$_{18}$柱，100mm×2.1mm（i.d.），3μm。柱温：35℃。流动相：乙腈＋5mmol/L 乙酸铵缓冲溶液（pH4.5）＝80＋20（体积比）。流速：0.2mL/min。进样量：10μL。

b. 质谱条件　离子源为电喷雾离子源（ESI），离子源温度 500℃。正离子模式检测，电离电压 5500V。雾化气、加热辅助气、碰撞气均为高纯氮气。监测模式：采用多反应选择离子监测方式。质谱参数见表 3-14（仪器型号为 API 3000）。

表 3-14　孔雀石绿、结晶紫及代谢物残留检测质谱参数

分析物名称	监测离子对（m/z）	去簇电压/V	碰撞能量/V
孔雀石绿	329.0/208.0	68	65
	329.0/313.0①	60	51
孔雀石绿-D$_6$	337.0/322.0	60	51
隐色孔雀石绿	331.2/239.0①	57	40
	331.2/316.0	57	35
隐色孔雀石绿-D$_5$	334.3/318.0	57	35
结晶紫	372.0/251.0	54	74
	372.0/356.0①	54	52
结晶紫-D$_6$	378.2/362.2	54	56
隐色结晶紫	374.0/238.0①	51	39
	374.0/358.0	51	42
隐色结晶紫-D$_6$	380.3/364.3	51	44

① 定量离子对。

② 工作曲线　按表 3-15 分别准确吸取一定量的浓度为 20ng/mL 标准混合工作液至液相色谱进样瓶中，准确加入 100μL 内标混合工作液（20ng/mL），最后加入溶剂［乙腈＋5mmol/L 乙酸铵缓冲溶液（pH4.5），1＋1］，充分摇匀。

表 3-15　标准曲线溶液配制表

标准曲线溶液浓度/（μg/L）	标准混合工作液体积/μL	内标混合工作体积/μL	溶剂体积/μL
0	0	100	900
0.5	25	100	875

续表

标准曲线溶液浓度/(μg/L)	标准混合工作液体积/μL	内标混合工作体积/μL	溶剂体积/μL
1.0	50	100	850
2.0	100	100	800
5.0	250	100	650

③ 样品测定　按以上的仪器条件，按标准溶液、试剂空白、样品空白、样品加标、样品空白、待测样品、样品加标的进样次序进样。内标法峰面积定量。

以标准溶液分析物峰面积与标准溶液内标物峰面积的比值对标准溶液分析物浓度与标准溶液内标物浓度的比值作线性回归曲线。将样液中分析物峰面积与样液中内标物峰面积的比值和样液中内标浓度代入线性回归方程得到样液中分析物浓度。以内标法峰面积计算样品中分析物含量。

当样品中检出染料类药物残留物时，应同时考虑保留时间并计算样品中待确证的残留物其两对特征离子的相对丰度比，图 3-11 是一个检出隐色孔雀石绿残留的实例（仪器条件见 3.3.1），样品及同批检测的标准溶液的离子比（峰高比）列于表 3-16。

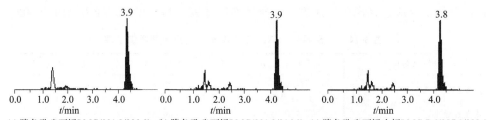

(a) 隐色孔雀石绿LMG(331.2/239.0)　(b) 隐色孔雀石绿LMG(331.2/316.0)　(c) 隐色孔雀石绿内标LMG-D6(337.0/322.0)

图 3-11　隐色孔雀石绿残留样品的萃取离子流图

表 3-16　隐色孔雀石绿残留样品的离子比

样品名称	离子比
标准溶液(2.0μg/L)	0.26
标准添加样品(添加水平 0.5μg/kg)	0.21
隐色孔雀石绿残留样品(检测值 4.2μg/kg)	0.28

（4）关键控制点及注意事项

标准溶液以及内标溶液使用前（包括配置成下一级浓度溶液、添加至样品中做添加回收或添加内标以及做标准曲线），一定要恢复至室温后并充分振摇 20s 左右以确保标准溶液不会出现浓度分布不均匀现象。

因隐色孔雀石绿与孔雀石绿相互间较易转化，要严格执行标准品验收及标准品/标准溶液期间核查制度，确保标准品（标准溶液）的有效性。

样品提取液吹氮浓缩不宜过干，加入流动相后要充分涡旋溶解残渣。

3.5 β_2-受体激动剂类药物残留的检测

3.5.1 β_2-受体激动剂类药物的基本信息

3.5.1.1 理化性质

β_2-受体激动剂类药物在化学结构上属于苯乙胺类药物，因其具有苯乙醇胺结构母核，故又称为苯乙醇胺类药物，人们熟知的盐酸克伦特罗、沙丁胺醇、莱克多巴胺等俗称为“瘦肉精”的药物即是其中的代表者，从化学结构上可细分为苯酚型（如沙丁胺醇、莱克多巴胺）、苯胺型（如克伦特罗）、雷索酚型（如特布它林），几种较为常见的 β_2-受体激动剂类药物化学结构见图 3-12。

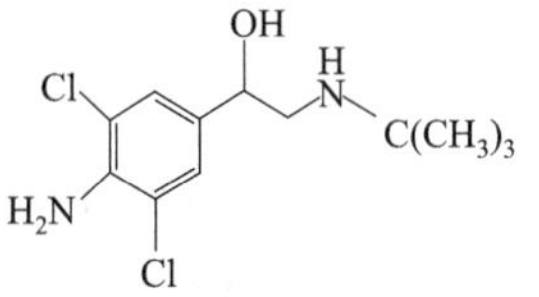

克伦特罗

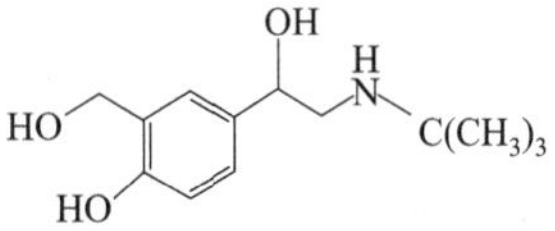

沙丁胺醇

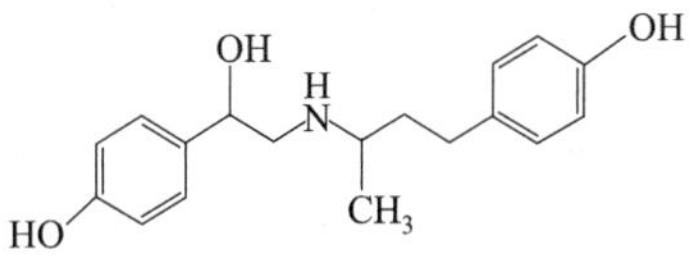

莱克多巴胺

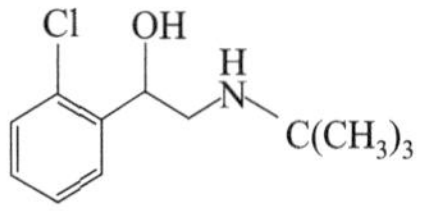

妥布特罗

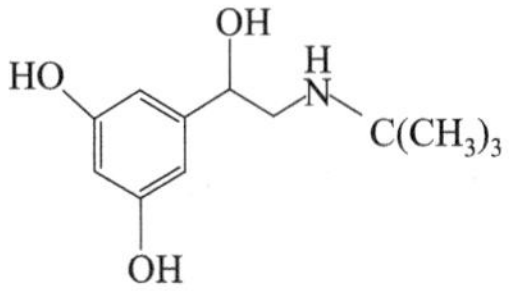

特布它林

图 3-12 几种 β_2-受体激动剂类药物的化学结构

β_2-受体激动剂类药物为白色晶体，游离碱溶于多数极性溶剂或中等极性溶剂，如稀酸（苯胺型、苯酚型）、稀碱（苯酚型）、甲醇、乙酸乙酯、乙醚、氯仿等。临床上多用盐酸盐形式，β_2-受体激动剂类药物的盐酸盐易溶于水和甲醇、乙醇等极性大的溶剂[37]。

3.5.1.2 毒副作用及残留管理

β_2-受体激动剂类药物在医学或动物临床治疗上主要用于松弛气管平滑肌、增加肺通气量，可治疗支气管哮喘等症，20 世纪 80 年代，有报道称，在动物试验中，β_2-受体激动剂类药物用量超过推荐用药量的 5～10 倍时，动物体内会产生“再分配效应”，动物体内营养成分会由脂肪组织向肌肉组织转移，直接的效果就是显著提高饲料转化率、提高动物酮体的瘦肉率并增重。

β_2-受体激动剂类药物在动物体内的蓄积以眼组织、肺组织、毛发为最多，在食用组织中以肝、肾中残留为最高，当人体摄入过量的 β_2-受体激动剂类药物残留物时，会出现肌肉震颤、心动过速、心律失常等中毒症状，严重者会有生命危险。有鉴于此，世界大部分国家将 β_2-受体激动剂类药物列入食用动物禁用药物清单中，但与其他禁用药物如氯霉素、硝基呋喃类不同的是，部分国家仍允许个别的 β_2-受体激动剂类药物用于食用动物的饲养中，如美国批准了莱克多巴胺用于猪和牛的饲养[38]，我国明确禁止 β_2-受体激动剂类药物用于动物饲养和饮用水中。

3.5.2 检测方案的设计

3.5.2.1 如何选择样品处理方法

在选择 β_2-受体激动剂残留检测样品处理方法时主要考虑样品的水解、提取、净化三步。

（1）水解

苯酚型的 β_2-受体激动剂如莱克多巴胺、沙丁胺醇等的轭合代谢过程较强，导致在动物组织中其残留多以轭合物形式存在，如沙丁胺醇在动物组织和排泄物中主要是硫酸轭合物，其次是葡萄糖醛酸轭合物，因此苯酚型号 β_2-受体激动剂残留分析中第一步是需要水解，将残留物从轭合物形态转化为游离形式再行后续的处理[37]，而对于克伦特罗，没有证据证明其残留物是以轭合物形式存在[39]。

水解方法主要有酸解与酶解二种，目的都是将 β_2-受体激动剂的各种轭合物水解，使目标化合物游离释出，以便后续的提取。目前最常见的水解方法是酶解法，使用葡萄糖苷酸酶、芳基硫酸酯酶或二者的混合酶。

酶的用量使用应按照检测标准执行，当酶的种类或检测的样品基质有变化时，应重新校核酶解条件，如使用已检测过的不合格样品进行条件试验，通常酶的用量减少时要适当延长水解时间。

（2）提取、净化

大部分 β_2-受体激动剂呈中等极性，部分呈弱碱性（苯胺型）或酸碱两性（苯酚型），考虑到其后的酶解，β_2-受体激动剂残留物的提取液多是采用缓冲液（如乙酸铵缓冲液）。

提取液中加入一定比例的有机溶剂（如甲醇、乙腈）可提高回收率，但同时会带入较多的杂质影响后续处理。

β_2-受体激动剂在酸性条件下溶于水，碱性条件下溶于有机溶剂（如乙酸乙酯），设计提取方案时可利用此特点，如在酸性条件下提取及酶解，而后调节样液至碱性，再用有机溶剂萃取（如乙酸乙酯），对于动物组织样品，这样的提取-反萃还同时兼备净化功能。

孙雷[40]等提出了一个较为复杂的提取-净化方法，对于动物组织样品带入的蛋白质，可在酶解后的样液中加入高氯酸来去除，然后再进行乙酸乙酯、叔丁基甲醚二次反萃，萃取后的样液现 MCX 小柱作进一步的净化，对 9 种 β_2-受体激动剂均获得了很好的提取、净化效果。

3.5.2.2　如何选择测定方法

β_2-受体激动剂类药物较常见的检测方法包括酶联免疫法、气相色谱-质谱法、液相色谱-串联质谱法，每种方法各有特点。

酶联免疫法操作简单，设备要求不高，适合大批样品的高通量检测，但一种盒子只适合检测一个药物，如克伦特罗或莱克多巴胺，当需要同时检测 2 个以上的 β_2-受体激动剂类药物时，酶联免疫法就不那么合适。

气相色谱-质谱联用法[39,41~43]，可以同时完成多个 β_2-受体激动剂类药物的测定，由于 β_2-受体激动剂类化合物沸点高难以气化，需要进行化学衍生化处理方可采用气相色谱-质谱检测，常见的衍生化试剂有 N,O-双三甲基硅基三氟乙酰胺或 N,O-双三甲基硅基三氟乙酰胺与三甲基氯硅烷的混合液。

β_2-受体激动剂类药物的化学结构决定了其更适合采用液相色谱进行分离，随着液相色谱-串联质谱技术的发展和推广，动物组织中 β_2-受体激动剂类药物残留的测定更多的是采用液相色谱-串联质谱联用技术，可获得更高的检测灵敏度和更好的选择性，且无需任何的化学衍生化操作[40,44,45]。

3.5.2.3　如何判读测试结果

对于酶联免疫法等生物检测方法检出的怀疑不合格样品需要再采用色谱-质谱联用技术进行确证。

个别进口国对部分 β_2-受体激动剂（如克伦特罗）残留要求非常严格，其官方要求检测低限低至 $0.05\mu g/kg$，对于如此低含量的检测，单纯依靠多选择监测模式（MRM 模式）下选取 2 个子离子作为定性依据会存在一定的风险，建议有条件的实验室增加采集二级质谱全谱，多观察、匹配一些子离子碎片，以增加定性判别能力；采用三级质谱碎片作为定量离子也有助于提高定量结果的准确性。

3.5.3　测定方法示例

本节介绍的莱克多巴胺、盐酸克伦特罗、沙丁胺醇、特布他林和妥布特罗液相色谱-串联质谱检测方法是以农业部 1025 号公告-18-2008《动物源性食品中 β-受体激动剂残留检测液相色谱-串联质谱法》为基础。

（1）方法提要

样品用乙酸铵提取，经 β-葡萄糖醛苷酶-硫酸酯酶酶解，在碱性条件下用乙酸乙酯反萃取，萃取液氮气下挥干，用乙腈-5mmol/L 甲酸溶液复溶解定容，样液再用正己烷脱脂，用液相色谱-质谱/质谱仪测定，内标法峰面积定量。

莱克多巴胺、盐酸克伦特罗、沙丁胺醇、特布他林和妥布特罗的测定低限为：$0.50\mu g/kg$。

（2）试样提取与净化

称取 5.0g（精确至 0.01g）均匀样品于 50mL 塑料离心管中，加入 100μL 内标混合工作液（100μg/L），静置 10min。加入 10mL 提取液（2mmol/L 乙酸铵，用乙酸调酸碱度至 pH5.2），匀质 30s，另取一 50mL 离心管，加入 15mL 提取液清洗刀头，合并两次提取液。加入 50μL β-葡萄糖醛苷酶-硫酸酯酶，混匀，置 37℃温箱摇床中避光振摇酶解 14～16h（酶解过夜）。酶解后样品以 4500r/min 离心 5min，移取 5.0mL 上清液于 50mL 离心管中，加入 2mL 氢氧化钠溶液（4mol/L），振匀。加入 8mL 乙酸乙酯，涡旋振荡 3min 或水平振荡 10min 后以 4500r/min 离心 5min 以分层，上层澄清液移取至 20mL 吹氮管中，下层液用 8mL 乙酸乙酯再萃取一次，合并上层澄清液于吹氮管中 43℃下吹氮浓缩至干。

残渣用 1.0mL 乙腈-5mmol/L 甲酸水溶液（1＋9，体积比）溶解。涡旋振荡 2min，加入 3mL 正己烷，涡旋振荡 1min，静置分层。下层样品溶液在 12000r/min 下离心 10min 后经 0.2μm 滤膜过滤后上机测定。

（3）测定

① 仪器条件

a. 液相色谱条件　色谱柱：Waters Atlantis T_3 Column 柱，100mm × 2.1mm，5μm。柱温：35℃。流动相：乙腈＋5mmol/L 甲酸溶液。梯度洗脱模式，梯度洗脱条件见表 3-17。流速：0.35mL/min；进样量：20μL。

表 3-17　流动相梯度洗脱表

时间/min	乙腈/%	5mmol/L 甲酸/%	时间/min	乙腈/%	5mmol/L 甲酸/%
0.00	15	85	10.10	15	85
8.00	85	15	18.00	15	85
10.00	85	15			

b. 质谱条件　离子源为电喷雾离子源，离子源温度 550℃。正离子模式检测，电离电压 4000V。雾化气、加热辅助气、碰撞气均为高纯氮气。监测模式：采用多反应选择离子监测方式。质谱参数见表 3-18（仪器型号为 API 3000）。

表 3-18　β-兴奋剂类检测质谱参数

分析物名称	监测离子对(m/z)	去簇电压/V	碰撞能量/V
莱克多巴胺	302.2/164.1[①]	28	23
	302.2/284.2	28	18
莱克多巴胺-D_3	305.3/167.1	30	24
盐酸克伦特罗	277.1/203.0[①]	28	23
	277.1/259.1	28	16
盐酸克伦特罗-D_9	286.2/204.1	30	25
沙丁胺醇	240.2/148.1[①]	28	27
	240.2/222.2	28	16
沙丁胺醇-D_3	243.2/151.1	30	28

分析物名称	监测离子对（m/z)	去簇电压/V	碰撞能量/V
特布他林	226.2/152.1①	28	23
	226.2/170.1	28	18
特布他林-D_9	235.1/153.2	30	24
妥布特罗	228.2/154.1①	28	24
	228.1/172.1	28	18
妥布特罗-D_9	237.1/155.1	30	25

①为定量离子对。

② **工作曲线** 按表3-19分别准确吸取一定量的浓度为10ng/mL标准混合工作液至2.0mL进样瓶中，分别准确吸取20μL内标混合工作液（100ng/mL），最后加入溶剂［乙腈-5mmol/L甲酸水溶液（1+9，体积比）］，摇匀。

表 3-19 标准曲线溶液配制表

标准曲线溶液浓度/（μg/L)	标准混合工作液体积/μL	内标混合工作体积/μL	溶剂体积/μL
0	0	20	980
0.2	20	20	960
0.5	50	20	930
1.0	100	20	880
2.0	200	20	780
5.0	500	20	480

③ **样品测定** 按（3）的仪器条件，将标准溶液、试剂空白、样品空白、样品加标、样品空白、待测样品、样品加标的进样次序进样。内标法峰面积定量。

以标准溶液分析物峰面积与标准溶液内标物峰面积的比值对标准溶液分析物浓度与标准溶液内标物溶度的比值作线性回归曲线。将样液中分析物峰面积与样液中内标物峰面积的比值和样液中内标浓度代入线性回归方程得到样液中分析物浓度。按内标法计算公式计算样品中分析物含量。

当样品中检出β-兴奋剂类药物残留物时，应在考虑保留时间的同时要计算和比较样品中待确证的残留物其两对特征离子的相对丰度比应与同时检测的浓度接近的标准溶液的两对特征离子的相对丰度比是否一致，相对偏差不超过表6-7规定的范围。图3-13为β-兴奋剂类标准溶液1.0μg/L质谱图。图3-14是一个检出莱克多巴胺的实例，样品及同批检测的标准溶液的离子比（峰高比）列于表3-20。

表 3-20 莱克多巴胺残留样品的离子比

样品名称	离子比
标准溶液（1.0μg/L)	0.95
标准添加样品（添加水平0.5μg/kg)	0.92
莱克多巴胺残留样品（检测值1.0μg/kg)	0.91

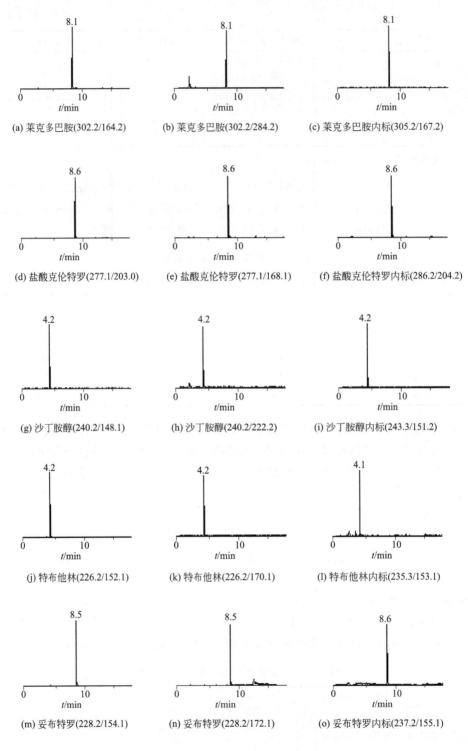

(a) 莱克多巴胺(302.2/164.2)　　(b) 莱克多巴胺(302.2/284.2)　　(c) 莱克多巴胺内标(305.2/167.2)

(d) 盐酸克伦特罗(277.1/203.0)　　(e) 盐酸克伦特罗(277.1/168.1)　　(f) 盐酸克伦特罗内标(286.2/204.2)

(g) 沙丁胺醇(240.2/148.1)　　(h) 沙丁胺醇(240.2/222.2)　　(i) 沙丁胺醇内标(243.3/151.2)

(j) 特布他林(226.2/152.1)　　(k) 特布他林(226.2/170.1)　　(l) 特布他林内标(235.3/153.1)

(m) 妥布特罗(228.2/154.1)　　(n) 妥布特罗(228.2/172.1)　　(o) 妥布特罗内标(237.2/155.1)

图 3-13　β-兴奋剂类标准溶液 1.0μg/L 质谱图

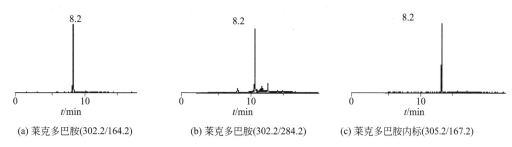

(a) 莱克多巴胺(302.2/164.2)　　　(b) 莱克多巴胺(302.2/284.2)　　　(c) 莱克多巴胺内标(305.2/167.2)

图 3-14　莱克多巴胺阳性样品（μg/kg）质谱图

（4）关键控制点及注意事项

乙酸乙酯反萃过程可能形成凝胶层，水平振荡有助于减免形成凝胶层。如若形成凝胶层，可吸取澄清层，再适当增加反萃次数可以达到更充分的提取。

样品提取液吹氮浓缩不宜过干，加入流动相后要充分涡旋溶解残渣。

3.6　激素类药物残留的检测

3.6.1　激素类药物的基本信息

3.6.1.1　理化性质

激素（Hormone）音译为荷尔蒙，是由内分泌腺（如脑垂体、甲状腺、甲状旁腺、胰岛和性腺等）或内分泌细胞分泌的高效生物活性物质，通过血液循环或组织液循环起到传递信息，对机体生理过程起调节作用的物质。

各种激素的作用都有一定的特异性，即某一种激素只能对某些组织细胞或某些代谢过程，甚至只能对某一种酶的活性发生调节作用，虽然激素在动物体内含量很低，但是对机体的作用很大，在对各种生理机能和代谢过程中起到了很关键的协调作用。

激素按化学结构主要分为四大类。第一类为类固醇，如肾上腺皮质激素（皮质醇、醛固酮等），性激素（孕激素、雌激素及雄激素等）。第二类为氨基酸衍生物，有甲状腺素、肾上腺髓质激素、松果体激素等。第三类为肽与蛋白质，如下丘脑激素、垂体激素、胃肠激素、胰岛素、降钙素等。第四类为脂肪酸衍生物，如前列腺素。

激素按照来源可以分为内源性激素和外源性激素。内源性激素是由自身体内腺体或细胞分泌的激素，如睾酮、雌二醇、孕酮等。内源性激素的水平受动物种类、年龄、生理变化，包括气候、季节的影响而不断地变化。外源性激素是人工合成的激素，又称同化激素，通常分为以下几类：雄激素（睾酮、甲睾酮、美雄酮等），雌激素（雌二醇、雌三醇、雌酮等），孕激素（孕酮、甲羟孕酮、美仑孕酮等），糖皮质激素（泼尼松、地塞米松、氢化可的松等），二苯乙烯类（己烯雌酚、己烷雌酚等），合成类固醇类（大力补、康力龙、苯丙酸诺龙等）。常见的激素类药物的化学信息见表 3-21。

表 3-21　常见的激素类药物的化学信息

名称	结构式	分子式	相对分子质量	CAS 号
己烯雌酚		$C_{18}H_{20}O_2$	268.34	56-53-1
己二烯雌酚		$C_{18}H_{18}O_2$	266.32	84-17-3
己烷雌酚		$C_{18}H_{22}O_2$	270.37	5635-50-7
雌二醇		$C_{18}H_{24}O_2$	272.37	50-28-2
雌三醇		$C_{18}H_{24}O_3$	288.37	50-27-1
孕酮		$C_{21}H_{30}O_2$	314.45	57-83-0
甲地孕酮		$C_{22}H_{30}O_3$	342.46	3562-63-8
睾酮		$C_{19}H_{28}O_2$	288.41	58-22-0

续表

名称	结构式	分子式	相对分子质量	CAS 号
群勃龙		$C_{18}H_{22}O_2$	270.38	10161-33-8
康力龙		$C_{21}H_{32}N_2O$	328.49	10418-03-8
诺龙		$C_{18}H_{26}O_2$	274.39	434-22-0
可的松		$C_{21}H_{28}O_5$	360.19	53-06-5
泼尼松		$C_{21}H_{26}O_5$	358.18	53-03-2
地塞米松		$C_{22}H_{29}FO_5$	392.20	50-02-2
氢化可的松		$C_{21}H_{30}O_5$	362.21	50-23-7
泼尼松龙		$C_{21}H_{28}O_5$	360.19	50-24-8
倍他米松		$C_{22}H_{29}FO_5$	392.20	378-44-9

3.6.1.2 毒副作用及残留管理

激素类药物最初常用于养殖业,向饲料中添加激素或直接给动物注射激素,能够促进动物生长,提高饲料转化率,能够促进奶牛的生长、泌乳增加产奶量。动物用药后药物的原型或代谢物会在动物体内蓄积,造成了药物在动物源性食品中残留,即使含量甚微,但由于激素作用极强,也会影响人体内的正常激素功能[46]。长期摄入同化激素会导致机体代谢紊乱,儿童早熟、儿童异性趋向、发育异常或肿瘤。

雄性激素主要表现在刺激体内蛋白质合成增加、氨基酸的分解代谢减弱,对运动后肌糖原的超量恢复起部分调节作用,并能维持雄性进攻意识等。由于雄激素具有上述生理作用,特别是具有促进蛋白质合成作用,因此在运动领域,经常出现运动员服用合成代谢类固醇,用以促进体内蛋白质的合成、增加体重、提高肌力等。如果滥用这类药品会可使体内分泌失调,代谢失常,最终严重危害运动员的身心健康。同时雄激素在畜牧生产中主要发挥其同化作用,如去甲睾酮、苯丙酸诺龙、癸酸诺龙等,用于促进蛋白质合成,增加体重。雄激素和同化激素在食用动物体内会造成残留,被人食用后会引起雄性化作用,并对肝脏有一定的损害[47]。

糖皮质激素具有很好的抗炎作用,可对抗各种原因所致炎症,但长期食用还会引起部分机体代谢紊乱,会抑制免疫反应能力,抑制生长素分泌,引起一系列的并发症[48]。过多摄入糖皮质激素还会引起肥胖、高血压、骨质疏松等疾病,还会对肾脏本身造成一定损害,如肺结核、再生障碍性贫血等。现在我国、美国和欧盟都对一些动物源性食品中的糖皮质激素规定了最大残留量,而且我国还将部分糖皮质激素规定为违禁药物。

有研究表明,人类常见的癌症、畸形、抗药性、青少年早熟、中老年心血管疾病等问题均与畜禽产品中的抗生素、激素类药物的残留有关,滥用激素会造成其在组织中不同程度的残留,导致机体代谢紊乱、发育异常或潜在致癌效应。因此,欧盟等西方发达国家对同化激素类药物残留进行了严格的限制,我国农业部176公告已经明确将炔诺酮、群勃龙等甾类同化激素列入禁止使用的药物名录。

我国规定牛、猪、马的肌肉、肝脏和肾脏中的地塞米松最大残留限量(MRL)为 $0.75\mu g/kg$。欧盟规定地塞米松与倍他米松在牛、猪的肌肉、肾脏中的最大残留限量为 $0.75\mu g/kg$,在肝脏中的最大残留限量为 $2.0\mu g/kg$,甲基氢化泼尼松在牛的肌肉、肝脏和肾脏中的最大残留限量均为 $10\mu g/kg$,氢化泼尼松在牛的肌肉、脂肪中的最大残留限量为 $4\mu g/kg$,肝脏和肾脏最大残留限量为 $10\mu g/kg$。日本规定牛肉中雌三醇、孕酮的 MRL 为 $10\mu g/kg$。美国规定牛肉、羊肉中孕酮 MRL 为 $3\mu g/kg$,韩国规定牛肉中孕酮的 MRL 也为 $3\mu g/kg$,我国规定禁止性激素类如甲基睾丸酮、丙酸睾酮、苯丙酸诺龙、苯甲酸雌二醇及其盐、酯及制剂作为动物生长促进素使用[49]。欧盟性激素类兽药规定:雌酮、雌二醇及雌三醇 MRL$\leqslant 1.0\mu g/$ kg,炔雌醇 MRL$\leqslant 0.7\mu g/kg$,己烯雌酚、己烯雌酚及其盐、酯及制剂在所有动组织中不得检出。

欧盟 Commission Regulation（EU）No37/2010 规定了皮质激素类、孕激素类和雌激素类等 10 余类共 25 种激素禁止用于奶牛，最大残留限量见表 3-22。对于未制定残留限量且可能会对人体产生健康危害的激素类药物，日本和欧盟都制定了一律标准来限定。日本肯定列表中确定的限量值为 0.01mg/kg，欧盟在 EC149/2008 号法规中也对现有标准不能覆盖的药物在农产品中的残留限量实行统一标准，即要求残留限量小于 0.01mg/kg。

表 3-22　各国牛奶中激素类药物的最大残留限量[50]　　　　　/（µg/kg）

药物名称	中国	欧盟	食品法典委员会（CAC）	日本
倍他米松	0.3	0.3	0.05	0.3
地塞米松	0.3	0.3	0.3	20
氢化可的松	10			10
泼尼松龙		6		0.7
甲基泼尼松龙				10
烯丙孕素				3
氯地孕酮		2.5		3
诺孕美特				0.1
醋酸甲孕酮及制剂	不得检出			
氯睾酮				0.5
甲基睾酮	不得检出			
丙酸睾酮	不得检出			
去甲雄三烯醇酮（群勃龙）	不得检出			
乙酸去甲雄三烯醇酮				不得检出
苯丙酸诺龙出	不得检出			
己烯雌酚及其盐、酯及制剂	不得检出			不得检出
苯甲酸雌二醇	不得检出			

3.6.2　检测方案的设计

3.6.2.1　如何选择样品处理方法

大多数激素类化合物属于弱极性或中等极性，易溶于乙酸乙酯、丙酮、甲醇、乙腈等，激素类药物的水溶性小，常用具有一定极性的有机溶剂提取，甲醇和乙腈为应用广泛的溶剂，其优点是溶解作用强，提取的同时兼有脱蛋白和脱脂的作用[51]。

激素在动物体内以原型药物残留为主，动物组织中的激素类药物残留都以游离或轭合物两种形式存在，通常检测需要加入蛋白酶将轭合物水解释放出待测激素。常用的水解酶主要有枯草杆菌蛋白酶、葡糖醛酸酶、硫酸酯酶、芳基硫酸酯酶及蛋白酶。其中，葡糖醛酸酶、硫酸酯酶或它们的混合酶系是最常用的水解酶。酶解作用条件温和，可避免激素在强酸或高温等条件下被破坏，而且由于酶的催化活性，水解效率高，被广泛使用。但是也有部分专家的质疑这种酶解的做法，特别是对于动物肌肉组织中的合成代谢类孕激素、雄性激素和雌性激素等，有实验证明通过酶解检测到的睾酮含量最高只占到了肌肉组织的 17％，雌性激素和孕激素只占总量的约 5％，对于肌肉组织来说合成代谢类激素大部分以游离态的形式存在。因此，通常如果只是检测游离态部分可以不用酶解，但是如果检测激素总量时建议还是需要进行酶解。

在样品的提取过程中，如果待测组分存在于体液或细胞外时，可采用各种萃取方法将待测组分提取后制备成适合于检测分析的样品，也可将干扰组分（如蛋白质多糖等）沉淀除去，然后再将待测组分制成适合于液-质分析的样品。如果待测组分（如生长激素）存在于细胞内或多细胞生物组织中时，需在分析测定之前将细胞和组织破碎，使这些待测组分充分释放到溶液中去。不同的生物体，或同一生物体的不同组织，其细胞破碎的难易程度都不一样，使用的方法也不相同，如动物胰脏、肝脏、一般比较柔软，用普通的匀浆器打碎即可。肌肉及心脏组织较韧，需预先绞碎再用均质器进行匀浆，总之破碎细胞的目的就是为了破坏细胞的外壳，使细胞内含物有效地释放出来，获得最有效的提取，再采用萃取或沉淀等方法净化制备成适合于检测分析的样品[52]。在简单预处理后，通常会用缓冲溶液和酶来离解共轭的激素类物质。由于酶解反应速度一般较慢，所以一般会提高温度来加快反应的速率，样品通常在 37℃恒温酶解过夜。

对于动物源性食品样品基质复杂，含有大量的蛋白质和脂肪的干扰杂质，虽然在前处理过程中有机溶剂如甲醇、乙腈等去除了部分蛋白质，用正己烷进行液-液萃取也去除了部分脂肪，但净化效果并不理想，还需要通过固相萃取柱进行净化，如使用反相固相萃取柱 HLB、C_{18}、C_8 等进行样品净化，再利用正相固相萃取柱如氨基、硅胶、氧化铝等固相萃取柱联合使用进行净化。如果净化不好会抑制目标分析物的离子化效率，降低分析物的检测灵敏度。通过对石墨化炭黑固相萃取柱的实验研究，发现该萃取柱适合于极性较弱的激素，如孕酮、睾酮、甲基睾酮、雌二醇、雌三醇等的净化，但是对于带有酚羟基强极性的化合物，如己烯雌酚、己烷雌酚、己二烯雌酚、康力龙等的回收率会偏低，这可能是由于石墨化炭黑对极性化合物的强吸附没有完全洗脱下来。

3.6.2.2 如何选择测定方法

对于激素类药物残留的检测主要标志残留物是药物的原型，测试方案的选择主要考虑：测定的目标药物需求，是单残留还是多残留；样品性质，是动物组织（肌肉、肝等）抑或是一些特殊样品；实验室具备的仪器设备条件；待检测样品的数量，是否需要高通量检测；检测需求，是筛选检测，抑或是确证检测。食品中激素类残留测定方法较多，实验室应根据检测要求和实验室资源，确定采用的测定方法。

针对动物源性食品中激素残留的检测，主要有有生物化学法、理化方法。

生物化学法包括放射受体分析法、酶联免疫法[53,54]。酶联免疫法是以抗原抗体的特异性结合及酶与底物的显色反应为基础的检测方法，操作简单、特异性强、灵敏度高，适于大量样品的快速测定，但是易出现假阳性结果，并且仅能测定少数几种激素。李瑞园[9]等利用抗原与抗体间免疫反应原理，建立高灵敏度的饲料中己烯雌酚的酶联免疫吸附测定方法。方法线性范围 $0\sim4.5\mu g/kg$，样品加标平均回收率分别为 76.0%，82.7%，94.2%。方法适用于饲料中己烯雌酚大批量样品筛选检测。孙俐[10]建立了对动物源性食品中二苯乙烯类激素残留量酶联免疫定量检测方法，己烷雌酚回收率 90.1%～94%，己烯雌酚回收率达 80.1%～86.3%，精密度己烷雌酚为 5.4%～8.0%，己烯雌酚为 7.2%～10.6%，目前欧盟和美国等国家将酶免疫法作为筛选法。

激素类药物残留测定的理化方法主要有液相色谱法[12,13]、气相色谱-质谱联用法[14,15]、液相色谱-质谱联用法[16～19]等。

液相色谱法可分析热稳定性差、沸点高的有机物，具有选择性高、操作相对比较简单等特点，姚浔平[55]等用 HPLC 测定动物组织中己烯雌酚，灵敏度为 0.15mg/kg；王炼[56]采用酶水解-HPLC 法测定肉类食品中 11 种甾体激素，采用二极管阵列检测器检测，11 种激素的检出限为 9～20μg/kg；罗晓燕[57]等用固相萃取高效液相色谱法同时测定畜禽组织中雌雄性激素残留，己烯雌酚的检出限为 9.5μg/kg，丙酸睾酮的检出限为 8.4μg/kg。高效液相色谱法的灵敏度相对较低，选择性和特异性较差，不能适应监管要求，用于动物源性食品中激素残留的检测有很大的局限性。

气相色谱-质谱联用法（GC-MS）具有气相色谱的高分离能力同时又具备了质谱法的高鉴别、高选择性能力，在动物源性食品中激素残留量的检测有不少的应用。刘思洁[58]等用 GC-MS 法测定畜禽肉中及动物内脏中雌二醇、己烯雌酚和睾酮的残留量，检测限可低于 0.1μg/kg。林维宣[51]等建立了不同动物基质（肌肉、肝脏、肾脏）中己烷雌酚、己烯雌酚、己二烯雌酚、还原尿睾酮、表睾酮、雌酮、雌二醇、炔雌醇和雌三醇激素残留量的气相色谱-质谱联用检测方法，以乙腈为提取溶剂，固相萃取柱净化，用双（三甲基硅烷基）三氟乙酰胺（BSTFA）与甲基氯硅烷（TMCS）的硅烷化试剂在吡啶存在下进行衍生化反应，9 种激素的检出限为 0.1～1.0μg/kg，3 种动物基质中 9 种激素的平均回收率为 68.8%～93.1%。气相色谱-质谱联用法的灵敏度和特异性都较高，可以满足残留分析的要求，但部分激素是高沸点、低挥发性，一般不能采用气相色谱法来直接测定，如合成类固醇激素和糖皮质激素都需要先经化学衍生化再检测，衍生物通常是激素的乙酸酯、三氟乙酸酯、三甲基硅烷醚和三甲基醚，样品的前处理过程相对烦琐，而且衍生化产物不稳定，易分解。

液相色谱-质谱联用技术不受目标分析物沸点的限制，并能对热稳定性差、难以气化的目标分析物可直接进行分离和分析而无需任何化学衍生化，分析速度大为提高，利用液相色谱质谱联用分析技术已逐渐成为了目前激素类药物残留检测发展的趋势。牛晋阳[59]等用 LC-MS 法测定猪肉中 10 种类固醇类激素残留，这些激素物质的线性范围均为 $0.5\sim100\mu g/kg$，加标回收率为 $71\%\sim89\%$。检出限为 $0.2\sim2\mu g/kg$。高文惠[60]等采用 UHPLC-MS-MS 技术建立肌肉组织中糖皮质类激素残留的检测方法，糖皮质激素的检出限为 $0.5\sim2.0\mu g/kg$，在空白试样中的添加浓度为 $2.0\mu g/kg$ 和 $5.0\mu g/kg$ 时，平均回收率达到 $82.75\%\sim91.87\%$，相对标准偏差 RSD 为 $2.15\%\sim4.43\%$。祝伟霞[61]等建立了液相色谱-串联四极杆质谱同时测定婴幼儿配方奶粉中 17 种糖皮质激素、11 种孕激素、3 种雄性激素和 8 种雌激素残留的快速确证方法，方法回收率为 $59.5\%\sim117.9\%$，RSD 为 $6.4\%\sim16.3\%$。方法操作简便可用于婴幼儿配方奶粉中多种内源性与化学合成类激素残留的快速测定。

食品中激素类药物残留量检测方法丰富，生物法、气相色谱-质谱联用法、液相色谱-串联质谱法都有可满足相关的检测要求，分析者在设计实验方案时可根据实验室的仪器配置情况，并考虑样品量、经济成本等其他因素来选择具体的测定仪器方法。

3.6.2.3 如何判读测试结果

酶联免疫法、气相色谱法均是筛选方法，一旦出现怀疑不合格结果，需采用理化方法（如液相色谱-质谱联用法、气相色谱-质谱联用法）进行确证，有关确证检测要求详见第 6 章。

由于部分激素存在内源性和外源性，如睾酮、双氢睾酮、去氢表雄酮、促红细胞成素、人体生长激素、绒毛膜促性腺激素等，目前的色谱-质谱技术还难以区分检测出来的激素是内源性还是外源性，分析者在报告结果时应十分慎重；其他的一些仪器设备（如同位素质谱仪等）可区分是内源性还是外源性激素，但目前的灵敏度还不是十分理想。

3.6.3 测定方法示例 液相色谱-质谱法

此处介绍的液相色谱-串联质谱法是以 GB/T 21981—2008《动物源食品中激素多残留检测方法液相色谱-质谱-质谱法》为基础。方法适用于猪肉、猪肝、鸡蛋、牛奶、牛肉、鸡肉和虾等动物源性食品中 50 种激素残留的检测。

（1）方法提要

样品经过均质，酶解，用甲醇水溶液超声提取，样液经固相萃取柱富集和净化，用液相色谱-串联质谱仪检测，采用内标法峰面积定量。

（2）提取与净化

称取 5g 试样（精确至 0.01g）至 50mL 塑料离心管中，加入 $100\mu g/L$ 激素内标溶液 $100\mu L$，加入 8mL 乙酸铵缓冲溶液 pH＝3.0，匀质提取 30s，再另取一 50mL 离心管，用 8mL 乙酸铵缓冲溶液洗涤匀质刀头 10s，加入 $20\mu L$ 水解蛋白酶，液体混匀器上涡旋提取 1min，在 37℃±1℃ 下摇床振荡 12h。取出离心管冷却至室温，加入 25mL 甲醇，涡旋混匀，超声提取 30min，以 4500r/min 离心 5min，上清液转移到烧杯中，加入 100mL 水，混匀后待净化。

提取液以 2mL/min 的速度上样于已活化的 ENVI-Carb 固相萃取柱（500mg，6mL）[使用前依次用 6mL 二氯甲烷＋甲醇溶液（7＋3）、6mL 甲醇、6mL 水活化]，将小柱减压抽干。再将活化好的氨基柱（500mg，6mL）[使用前用 6mL 二氯甲烷＋甲醇溶液（7＋3）活化]，串接在 ENVI-Carb 固相萃取柱下方。用 6mL 二氯甲烷＋甲醇溶液（7＋3）洗脱并收集洗脱液，取下 ENVI-Carb 小柱（弃去），再用 2mL 二氯甲烷＋甲醇溶液（7＋3）洗脱氨基柱，洗脱液在氮气流下吹干，用 1mL 50%甲醇水溶液溶解残渣，加入 0.5mL 正己烷涡旋振荡混合 30s，全部转移至 1.5mL 的聚丙烯离心管，12000r/min 离心 5min，过 0.20μm 滤膜后，供液相色谱-串联质谱测定。

（3）测定条件

① 雄激素、糖皮质激素

a. 液相色谱条件　色谱柱：Sunfire C_{18} 柱，100mm×2.1mm（i.d.），5μm。柱温：35℃。流动相：乙腈＋0.1%甲酸水溶液。梯度洗脱模式，梯度洗脱表见表 3-23。流速：0.3mL/min。进样量：10μL。

表 3-23　流动相梯度洗脱表

时间/min	乙腈的体积分数/%	0.1%甲酸的体积分数/%	时间/min	乙腈的体积分数/%	0.1%甲酸的体积分数/%
0.00	15	85	8.01	15	85
5.00	90	10	13.0	15	85
8.00	90	10			

b. 质谱条件　离子源：ESI，正负离子模式。扫描方式：多反应监测 MRM。质谱仪的雾化气、加热辅助气、碰撞气均为高纯氮气。

参考质谱参数见表 3-24，雄激素、糖皮质激素的特征离子参见表 3-27。

表 3-24　参考质谱参数

质谱参数	参数值	质谱参数	参数值
雾化气	60	碰撞气	中
气帘气	35	辅助加热气温度/℃	650
辅助加热气/(L/min)	70	喷雾电压/V	＋5500，－4500

② 雌激素的测定

a. 液相色谱条件　谱柱：Sunfire C_{18} 柱，100mm×2.1mm（i.d.），5μm。柱温：35℃。流动相：乙腈＋水。梯度洗脱模式，梯度洗脱表见表 3-25。流速 0.3mL/min。进样量：10μL。

b. 雌激素测定质谱条件　离子源：电喷雾 ESI，负离子监测模式。扫描方式：

多反应监测 MRM。质谱仪的雾化气、加热辅助气、碰撞气均为高纯氮气。参考质谱参数见表 3-26，雌激素的特征离子参见表 3-27。

表 3-25　流动相梯度洗脱表

时间/min	乙腈/%	水/%	时间/min	乙腈/%	水/%
0.00	60	40	4.51	60	40
3.50	90	10	10.0	60	40
4.50	90	10			

表 3-26　参考质谱参数

质谱参数	参数值	质谱参数	参数值
雾化气	60	碰撞气	中
气帘气	35	辅助加热气温度/℃	650
辅助加热气/(L/min)	75	喷雾电压/V	−4500

表 3-27　激素类药物及内标物的质谱检测参数

分析物名称	定性离子对 (m/z)	定量离子对 (m/z)	去簇电压 /V	碰撞能量 /V
己烯雌酚	267.0/222.1 267.0/237.0	267.0/237.0	−84	−45 −38
己二烯雌酚	265.0/221.1 265.0/235.0	265.0/235.0	−86	−35 −40
己烷雌酚	269.1/119.0 269.1/134.0	269.1/119.0	−68	−56 −22
雌二醇	271.0/145.0 271.0/183.1	271.0/183.1	−80	−55 −55
雌二醇-D$_4$	275.0/187.0	275.0/187.0	−45	−55
己烯雌酚-D$_8$	275.1/245.0	275.1/245.0	−100	−39
己烷雌酚-D$_6$	275.1/122.0	275.1/122.0	−50	−57
地塞米松	437.2/361.2 437.2/391.1	437.2/361.2	−70	−24 −16
氢化泼尼松	405.1/329.3 405.1/359.3	405.1/329.3	−57	−25 −17
甲基氢化泼尼松	419.3/343.3 419.3/373.4	419.3/343.3	−53	−26 −16
氢化可的松-D$_2$	409.1/333.3	409.1/333.3	−58	−25
泼尼松龙-D$_6$	411.1/333.2	411.1/333.2	−56	−24
地塞米松-D$_4$	441.2/363.2	441.2/363.2	−59	−26
去甲雄三烯醇酮	271.2/199.1 271.2/253.0	271.2/199.1	110	32 30
去氢睾酮	287.2/121.1 287.2/135.1	287.2/121.1	52	35 22
甲基睾酮	303.4/97.2 303.4/109.2	303.4/109.2	53	62 39
19-去甲睾酮	275.1/109.1 275.1/257.3	275.1/109.1	56	41 25
孕酮-D$_9$	324.3/100.0	324.3/100.0	50	40

③ 工作曲线　按表 3-28 准确吸取一定量的激素类药物混合标准工作液（100μg/L）和内标工作液（100μg/L），该标准曲线溶液使用前配制。

表 3-28　标准曲线溶液配制表

分析物浓度/(μg/L)	标准工作液体积/μL	内标工作液体积/μL	流动相体积/μL
0	0	100	900
1.0	10	100	890
2.0	20	100	880
5.0	50	100	850
10	100	100	800
50	500	100	400

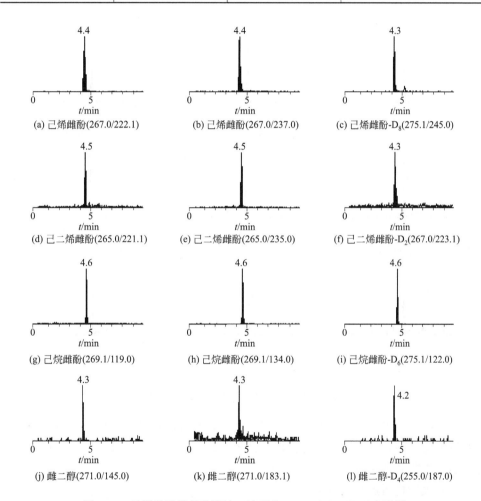

图 3-15　己烯雌酚类标准溶液（浓度为 0.5μg/L）MRM 色谱图

④ 样品测定　按上述仪器测定条件，按标准溶液、试剂空白、样品空白、加标样品、样品空白、待测样品、加标样品的进样次序进样。内标法峰面积定量。

以标准溶液分析物峰面积与标准溶液内标物峰面积的比值对标准溶液分析物浓

度与标准溶液内标物浓度的比值作线性回归曲线。将样液中分析物峰面积与样液中内标物峰面积的比值和样液中内标浓度代入线性回归方程得到样液中分析物浓度。按内标法计算公式计算样品中分析物含量。图 3-15～图 3-18 是激素类药物的萃取离子流图。

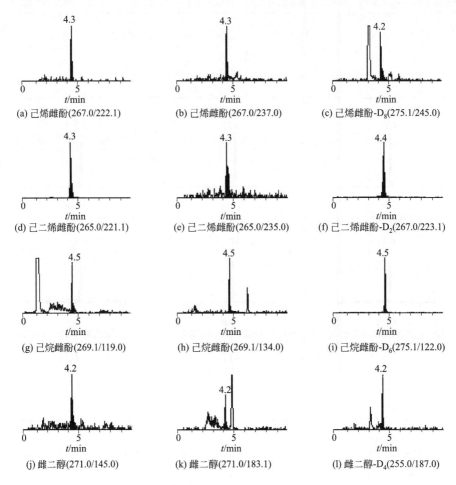

图 3-16　己烯雌酚类添加回收水平为 $0.5\mu g/L$ 的 MRM 色谱图

当样品中检出激素残留时，应同时考虑保留时间计算样品中待确证的残留物其两对特征离子的相对丰度比应与同时检测的浓度接近的标准溶液一致，相对偏差不超过表 6-7 规定的范围。

（4）关键控制点及注意事项

① 提取液加入水后要摇匀，如果混合液浑浊，需要进行高速离心，取上清液过固相萃取柱，否则容易堵塞固相萃取柱。

② 样液过完 ENVI-Carb 固相萃取柱后，一定要将小柱减压抽干。

③ 样品提取液旋转蒸发至干后，加入水复溶解时要充分涡旋以溶解残渣。

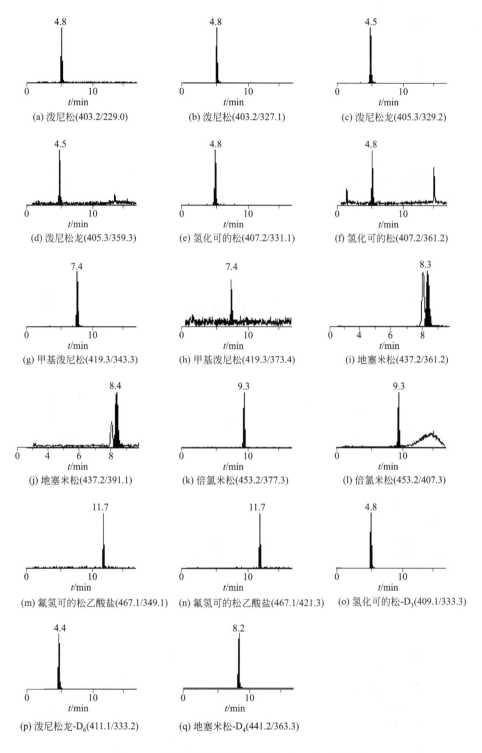

图 3-17 糖皮质激素类标准溶液 0.5μg/L 质谱图

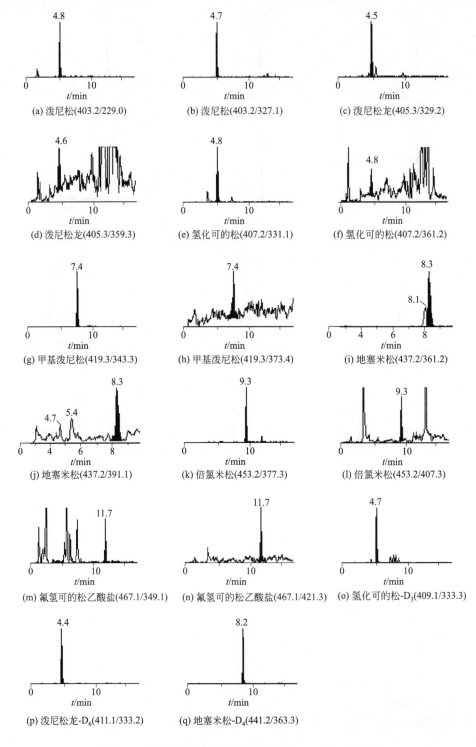

图 3-18　糖皮质激素类添加回收水平 1.0μg/L 质谱图

3.7 氨基糖苷类药物残留的检测

3.7.1 氨基糖苷类药物的基本信息

氨基糖苷类药物（aminoglycosides）是由链霉胍、链霉糖和 N-甲基-L-葡萄糖胺组成的一类抗生素，主要用于畜牧和水产养殖中，包括：链霉素、双氢链霉素、庆大霉素、新霉素、大观霉素和卡那霉素等，不仅用于防治各种动物性疾病，还常被添加到饲料中，用于促进动物生长发育[62]。本节介绍的是目前药物残留检测中较常见的链霉素和双氢链霉素两种药物的残留检测技术。

3.7.1.1 理化性质

链霉素（streptomycin），常用其硫酸盐，为白色或类白色粉末，无臭或几乎无臭，味微苦，有引湿性。易溶于水，不溶于乙醇和氯仿。双氢链霉素（dihydrostreptomycin），白色或类白色结晶性粉末，易溶于水，几乎不溶于丙酮，乙醇和甲醇。两者的区别在于，链霉素分子中链霉糖部分是醛基，双氢链霉素则是伯醇基，化学结构见图 3-19。

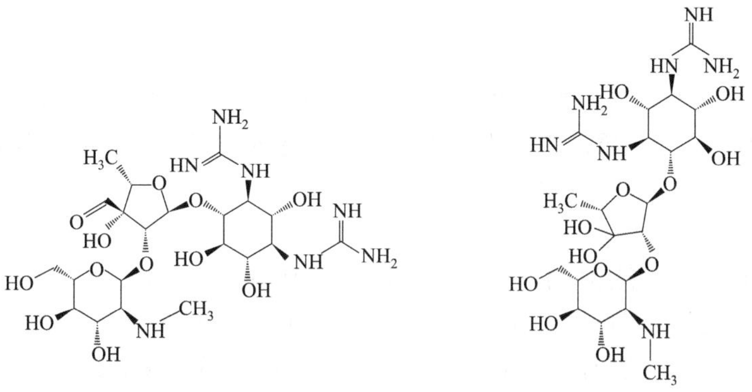

链霉素   双氢链霉素

图 3-19 链霉素和双氢链霉素的化学结构

3.7.1.2 毒副作用及残留管理

链霉素和双氢链霉素属广谱抗生素，在畜牧和水产养殖中常用于动物性疾病的防治，其作用机制为阻碍结核菌蛋白质的合成的多个环节，主要通过干扰氨酰基-tRNA 和核蛋白体 30s 亚单位结合，抑制 70s 复合物形成，因而抑制肽链的延长而影响合成蛋白质致细菌死亡。由于其有严重的耳毒性及肾毒性且易引发过敏反应，许多国家和地区如欧盟、美国、日本和中国等都规定了其最大残留限量。我国农业部公告第 235 号附件中动物性食品中兽药最高残留限量规定计算链霉素残留量时应将双氢链霉素一同计入，因此在残留检测中应同时检测二者。

3.7.2 检测方案的设计

检测方案的选择设计主要从样品的数量和样品的种类进行考虑。当进行大批量样品检测，而基质又相对简单的可考虑采用快速筛查方法；当检测的样品数量较少，且基质复杂，则直接采用确证方法。

3.7.2.1 如何选择样品处理方法

链霉素和双氢链霉素这两种药物难溶于甲醇、乙腈等有机溶剂，易溶于水，前处理常采用缓冲液进行提取[63,64]。对于蜂蜜、奶粉和牛奶等较样品，可考虑用缓冲液直接涡旋振荡提取；例如，对于水产品、动物肌肉、肝脏等，则采用匀浆机匀浆提取，可提高提取效率。

采用磷酸盐缓冲液作为提取溶剂，样品提取液再经过固相萃取柱进一步进行净化，已有报道[63~65]采用 C_{18} 柱、羧基柱和阳离子交换柱进行链霉素和双氢链霉素的净化处理。采用阳离子交换柱对样品进行进一步净化，避免了前处理过程中引入离子对试剂。吴映璇等[62]分别比较了强碱性阳离子交换柱（SCX）、混合型阳离子交换柱（MCX）和弱阳离子交换柱（WCX）三种固相萃取柱，试验结果发现，弱阳离子交换柱（WCX）的对链霉素和双氢链霉素的选择性更强，净化效果更好[62]。

3.7.2.2 如何选择测定方法

关于链霉素和双氢链霉素的测定方法有生物法（微生物法、免疫分析法）、液相色谱法和液相色谱-质谱联用法。测定方法的选择同样需从样品的数量和样品的种类进行综合考虑。

（1）微生物法

微生物法主要是利用抗生素在琼脂培养基内的扩散，比较接种的试验菌产生抑菌圈的大小，该法简单易于操作，不需要特殊设备，因此应用十分广泛。但该类方法普遍在检测时间、灵敏度、稳定性等方面存在缺陷，难以满足当前高效快速检测要求。

（2）免疫分析法

免疫分析法主要是利用抗原抗体的特异性、以可逆性结合反应为基础的分析方法。该法主要分为酶联免疫法、放射免疫法、免疫胶体金等方法。该类方法具有快速、灵敏的特点，适用于大批量的样品检测，但容易产生假阳性，一般用于样品的初筛检测。

（3）液相色谱法

HPLC 法是 20 世纪 70 年代发展起来的一种高效、快速的分离分析技术。由于链霉素和双氢链霉素没有特征的紫外光和可见光吸收，要采用柱前或者柱后衍生荧光分析，但采用衍生荧光分析方法，影响因素较多，难以获得稳定的回收率，并且在同时检测链霉素和双氢链霉素时，两种药物在液相色谱上难以达到基线分离，因此不能作为确证方法。

（4）液相色谱-质谱联用法

近年液相色谱-串联质谱（LC-MS/MS）技术在链霉素和双氢链霉素药物的分析得到极为广泛的应用，并取得了很好的效果，逐渐成为链霉素和双氢链霉素药物残留确证分析的主要方法。

链霉素和双氢链霉素属于碱性化合物，易溶于水、极性强，在传统的反相色谱柱上没有保留。已公开的文献大多采用离子对色谱分析方法，即在流动相中加入离子对试剂以增加被测化合物的保留以获得满意的色谱分离（见图 3-20）。与常规液相色谱中的离子对试剂选择不同的是，当采用液相色谱-质谱法时，离子对试剂必须是易挥发的，如七氟丁酸；需要注意离子对试剂在质谱系统里的残留会产生离子抑制作用，特别是对负离子检测模式的影响更加严重，使用完离子对试剂后需要进行长时间的清洗方可使质谱仪回复正常（有时甚至要不间断清洗 24h 或更长），在使用的便捷性上有较大的局限性。吴映璇等尝试引入亲水作用色谱同时检测链霉素和双氢链霉素的残留物，利用亲水作用色谱的特性[5~6,10]，采用高乙腈-低水含量的流动相与极性固定相，按亲水性极性的递增顺序梯度洗脱分析物，大大改善了对极性非常大的分析物的保留。实验证明，链霉素和双氢链霉素在亲水色谱柱上有很好的保留，避免使用离子对试剂而带来的一系列问题。

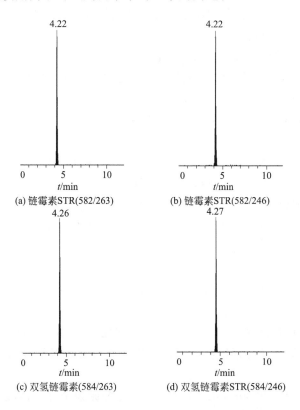

图 3-20　链霉素和双氢链霉素标准的萃取离子流图

3.7.2.3 如何判读测试结果

微生物法和免疫分析法容易产生假阳性或假阴性，一般仅用于普通筛查；而液相色谱法不能有效分离链霉素和双氢链霉素，且灵敏度较低。微生物法、免疫分析法、液相色谱法均是筛选方法，一旦出现阳性结果，需采用液相色谱-质谱联用法进行确证。

3.7.3 测定方法示例1 放射免疫检测法

本节介绍的放射免疫法是以 SN/T 2315—2009《进出口动物源性食品中氨基糖苷类药物残留测定方法放射受体分析法》为基础，侧重链霉素和双氢链霉素的残留检测。该法采用的组织中链霉素族测试试剂盒可适用于猪肉、牛肉、鸡肉、鱼肉中链霉素和双氢链霉素残留量的测定。

（1）方法提要

检测的基础是竞争性受体免疫反应。样品中的链霉素和双氢链霉素药物残留经提取、稀释后与［³H］标记的药物相互竞争结合位点，样品中的链霉素和双氢链霉素药物含量越高，竞争结合的位点越多，［³H］标记的药物结合的位点则越。用液体闪烁计数仪测定［³H］衰变发出的 β 粒子放射性计数 cpm（count per minute，即每分钟脉冲数）值，该值与样品中链霉素和双氢链霉素药物残留量成反比。

（2）试样提取与净化

称取 10.0g 试样至 50mL 具塞离心管中，加入 30mL MSU 萃取缓冲液，均质 1min，涡旋混匀 3min，于 80℃恒温加热器中温育 30min，取出后放置冰水浴中冷却 10min，于 3300r/min 离心 10min，转移全部上清液于另一 50mL 离心管中，用 M2 缓冲液调节 pH 值 7.5，此样液待测定。

（3）测定

① 阴性对照液的配制　取 6.0mL MSU 萃取缓冲液与 2.0mL 阴性浓缩液混匀，取出 2.0mL 作为阴性对照液，使用前配制。

② 阳性对照液的配制　取 0.30mL MSU 多抗生素标准品溶液，加至 6.0mL 阴性浓缩液中，混匀后取出 2.0mL，用 6.0mL MSU 萃取缓冲液稀释，取出 2.0mL 作为阳性对照液，使用前配制。

③ 测定步骤

a. 用药片压杆的平端，将白色受体试剂药片压入 8mL 离心管中，加入 0.3mL 水，涡旋混匀 10s。

b. 向离心管中加入 2.0mL 样品提取液，涡旋混匀 10s，35℃±1℃温育 2min。

c. 取出后将绿色链霉素氚标记物药片压入离心管，涡旋混匀 10s，35℃±1℃温育 2min。

d. 温育后取出于 3300r/min 离心 5min，立即倾去全部上清液，将试管内的脂肪环和壁上残留水溶液用棉签擦拭干净。

e. 加入 0.3mL 水，涡旋混匀 10s，将试管中的沉淀物溶解。加入 3mL 闪烁液，加盖，涡旋混匀放入 Charm Ⅱ 7600 分析仪内，[³H] 频道进行 60s 计数，测定 cpm。

④ 结果判定

a. 控制点的确定　称取 10.0g 同类空白样品，添加 0.5mL MSU 多抗生素标准品溶液，充分混匀，按 6.3.2 和 6.3.3 进行提取与测定，测定 6 个非重复加标样品的 cpm 计数值，取结果平均值，该平均值乘以系数 1.3 即为控制点。

b. 结果判定

样品的 cpm 计数值大于控制点时，则判断为阴性；样品的 cpm 计数值小于或等于控制点时，应重新测定样品；已知阴性样品测定结果一般在零点基准值左右波动，幅度约±25%；已知阴性样品的筛选水平加标样测定结果小于控制点；当重新测定样品的计数值大于控制点时，判定为"阴性"；小于或等于控制点时，则判定为"初筛阳性"。

（4）检出限

链霉素和双氢链霉素的检出限（LOD）均为 $500\mu g/kg$。实验室可以根据工作需要和方法验证结果确定具体的检测限。

（5）关键控制点及注意事项

每一批新购试剂盒应首先检测阳性对照液和阴性对照液的比值，若比值小于 0.6，表明试剂有效，可以进行检测；若比值大于 0.6，表明试剂失效。每一批检测试剂盒需建立一个零点基准值。零点基准值，是 3 个阴性控制液测定结果的平均值。当遇到"初筛怀疑阳性"样品时，通过测定阴性控制液和阳性控制液的 cpm 值，与零点基准值比较，可确定试剂和仪器是否工作正常。判定原则是：

① 阴性控制液测定结果一般在零点基准值左右波动，幅度约±20%；

② 阳性控制液测定结果小于控制点。

放射免疫法是采用专用的试剂盒进行具体的测定，不同公司生产的试剂盒在操作步骤上可能有所差异，即便是同一生产厂家的产品也有可能修改其操作说明，分析者在使用一个新开启的试剂盒前应认真阅读试剂盒随附的操作说明书。不同批次试剂盒内的试剂的效能有可能不一致，未经充分的试验和评估，不要混批使用。

3.7.4　测定方法示例 2　液相色谱-串联质谱法

本节介绍的链霉素和双氢链霉素的液相色谱-串联质谱检测方法是以《亲水作用色谱-质谱法同时检测鱼肉中链霉素和双氢链霉素残留》[62]为基础。

（1）方法提要

试样用磷酸盐缓冲液提取，经过 WCX 固相萃取柱净化，高效液相色谱-质谱/质谱法测定，峰面积外标法定量。链霉素和双氢链霉素的测定低限为 $10\mu g/kg$。

（2）试样提取与净化

准确称取试样 2.0g（精确至 0.01g）于 50mL 离心管中，加入 10mL 提取液（0.02mol/L 磷酸氢二钠溶液 pH7.4），于匀浆机上匀浆 30s，在离心机上以 10000r/min 离心 10min。移出上清液至另一离心管中，重复提取 1 次，合并上清液，用提取液定容至 20mL 后，混匀备用。

将弱阳离子交换柱 WCX 依次用 3mL 甲醇、3mL 水活化，准确移取上述 10mL 样液上柱，依次用 3mL 水、3mL 甲醇淋洗固相萃取小柱，弃去所有流出液，抽干 5min，用 3mL 乙腈-2％乙酸溶液（1：4，体积比）洗脱，收集洗脱液，用乙腈定容至 3mL，混匀，取上述溶液 1.5mL 移入微型离心管在 12000r/min 下离心 10min，吸取清液上机测定。

（3）测定

① 仪器条件

a. 液相色谱条件。色谱柱：Atlantis™ HILIC Sillica 柱（100mm×3.0mm，3μm）。流动相：A 相为乙腈溶液，B 相为 0.1mol/L 甲酸铵水溶液（用甲酸调至 pH 3.5）。梯度洗脱条件见表 3-29。柱温：40℃。进样量：10μL。以外标法峰面积定量。

表 3-29　梯度洗脱条件

序号	时间/min	流速/(mL/min)	A 相/％	B 相/％
1	0.00	0.3	90.0	10.0
2	2.00	0.3	50.0	50.0
3	6.00	0.3	50.0	50.0
4	6.01	0.3	90.0	10.0
5	12.00	0.3	90.0	10.0

b. 质谱条件。离子化模式：ESI（＋）。检测方式为多反应选择监测（MRM）。雾化气压力 345kPa，气帘气 172kPa，辅助加热气 517kPa，碰撞气 MEDIA（5）。辅助加热气温度 650℃。电离电压：5.5kV。去簇电压（DP）、碰撞能（CE）见表 3-30。Q1 和 Q3 均为单位分辨率（仪器型号为 4000QTRAP）。

表 3-30　链霉素和双氢链霉素的保留时间和优化的质谱条件

目标化合物	保留时间/min	母离子（m/z）	子离子（m/z）	驻留时间/ms	去簇电压/V	碰撞能/V
链霉素	8.02	582	263[①]	50	140	47
		582	246	50	140	58
双氢链霉素	8.09	584	263[①]	50	114	47
		584	246	50	114	55

① 定量离子。

② 工作曲线　按表 3-31 准确吸取一定量的标准混合中间液（1mg/L）和空白样品基质溶液于液相色谱进样瓶中，摇匀备用。该标准曲线溶液即配即用。

表 3-31 标准曲线溶液配制表

标准曲线溶液浓度/(μg/L)	标准混合工作液(1mg/L)/μL	空白样品基质溶液/μL	标准曲线溶液浓度/(μg/L)	标准混合工作液(1mg/L)/μL	空白样品基质溶液/μL
0	0	1000	20	20	980
2.0	2	998	50	50	950
5.0	5	995	100	100	900
10	10	990			

③ 样品测定 按以上的仪器条件，按标准溶液、试剂空白、样品空白、样品加标、样品空白、待测样品、样品加标的进样次序进样。外标法峰面积定量。

以标准溶液分析物峰面积对标准溶液分析物浓度作线性回归曲线。将样液中分析物峰面积代入线性回归方程得到样液中分析物浓度。将样液中分析物峰面积代入线性回归方程得到样液中分析物浓度。以外标法峰面积计算样品中分析物含量。

当样品中检出链霉素和或双氢链霉素药物残留物时，应同时考虑计算样品中待确证的残留物其两对特征离子的相对丰度比，图 3-21 是一个标准添加样品的实例［仪器条件见（1）］，加标样品及同批检测的标准溶液的离子比（峰高比）列于表 3-32。

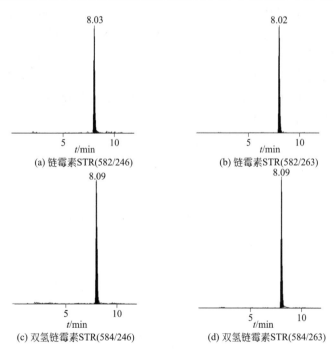

(a) 链霉素STR(582/246)   (b) 链霉素STR(582/263)

(c) 双氢链霉素STR(584/246)   (d) 双氢链霉素STR(584/263)

图 3-21 链霉素和双氢链霉素样品标准添加的萃取离子流图

表 3-32 链霉素和双氢链霉素的质谱碎片相对丰度比

目标化合物	离子丰度比(加标样品)	离子丰度比(基质标准)	相对标准偏差/%
链霉素	0.535	0.517	3.5
双氢链霉素	0.418	0.445	6.1

（4）关键控制点及注意事项

玻璃容器、滤纸、过滤膜等对链霉素和双氢链霉素均有吸附，因此，前处理过程中应尽量避免使用；尽可能使用聚丙烯或聚四氟乙烯实验器皿；标准储备溶液须储存于聚丙烯或聚四氟乙烯容器中。

样品洗脱液收集定容后要充分涡旋混匀。

3.8 磺胺类抗生素药物残留的检测

3.8.1 磺胺类药物的基本信息

3.8.1.1 理化性质

磺胺类药物是一类传统的人工合成抗菌药物，磺胺嘧啶、磺胺甲基嘧啶、磺胺二甲基嘧啶、磺胺甲噁唑、磺胺甲氧嗪、磺胺氯哒嗪、磺胺间甲氧嘧啶、磺胺间二甲氧嘧啶和磺胺喹噁啉等，化学结构见图 3-22。它们具有对氨基苯磺酰胺结构（化学结构见图 3-23，为图 3-22 中的 R），与对氨基苯甲酸相似，二者竞争二氢叶酸合成酶，抑制细菌二氢叶酸的合成，影响细菌核酸生成，进而阻止了细菌的生长繁殖。磺胺类药物一般为白色或微黄色结晶性粉末，无臭，味微苦，遇光易变质，色渐变深，大多数药物在水中溶解度极低，较易溶于稀碱，但形成钠盐后则易溶于水，其水溶液呈强碱性。易溶于沸水、甘油、盐酸、氢氧化钾及氢氧化钠溶液，不溶于氯仿、乙醚、苯、石油醚。

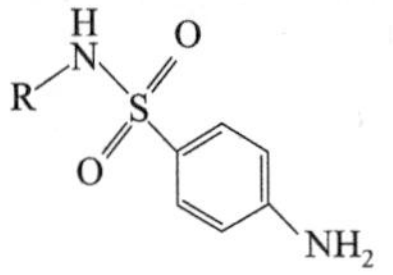

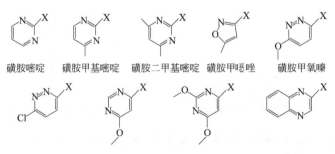

图 3-22　磺胺类抗生素的母核化学结构

磺胺嘧啶　磺胺甲基嘧啶　磺胺二甲基嘧啶　磺胺甲噁唑　　磺胺甲氧嗪

磺胺氯哒嗪　　磺胺间甲氧嘧啶　　磺胺间二甲氧嘧啶　　磺胺喹噁啉

图 3-23　磺胺类抗生素的化学结构

3.8.1.2 毒副作用及残留管理

磺胺类药物抗菌谱广，价格低廉，主要与二氨基嘧啶类抗菌增效剂合用，也可单独使用。在畜牧业和兽医临床被广泛用于预防和治疗食源性动物疾病。然而，过量使用这些药物会导致在食用动物产品中残留，给人类健康带来潜在威胁。磺胺类药物的毒副作用：引起过敏反应，影响泌尿系统功能，引起结晶尿，血尿等反应及致癌性。磺胺类药物吸收后分布于全身各组织中，以血、肝、肾含量最高。且与血浆蛋白结合率高，所以在体内维持时间长。还能透入脑膜积液和其他积液，以及通过胎盘进入胎循环，对孕妇及婴儿极其不利，还易在尿中析出结晶，导致结石而损害肾脏。为了保障人类饮食安全，欧盟和包括中国在内的其他国家建立了药物最大残留量规定，即总量不能超过 $100\mu g/kg$。

3.8.2　检测方案的设计

对于磺胺类药物残留测定，测试方案的选择主要考虑：测定的目标药物需求，是单残留（只测定其中的一种磺胺类药物）抑或是多残留（针对磺胺类）；样品性质，是动物组织（肌肉、肝等）抑或是一些特殊样品（鸡肉粉等）；实验室具备的仪器设备条件；待检测样品的数量，是否需要高通量检测；检测需求，是筛选检测，抑或是确证检测。

3.8.2.1　如何选择样品处理方法

食品基质复杂，样品处理方法的选择对检测的精度等至关重要。样品处理方法主要从提取溶剂、提取方法和净化方式等方面进行考察。

（1）提取溶剂的选择

磺胺类药物呈酸碱两性，可溶解于酸、碱溶液中，大部分的磺胺类药物pK_a在5～8范围内，具有较高的极性，易溶于乙腈、二氯甲烷等有机溶剂中，常用的提取溶剂主要有乙腈[66~68]、二氯甲烷[69,70]及混合溶剂[71,72]等。

在日常工作中，提取溶剂的选择不但要考虑提取效率，还要考虑提取后的样液中杂质问题以及后续的净化等情况。选择乙腈作为提取溶剂，乙腈极性大，容易将样品中的极性物质全部提取出来，会对后续的测定造成明显的影响，需要通过固相萃取等净化方式去除杂质；选择二氯甲烷作为提取溶剂，由于二氯甲烷极性中等，提取后样液中杂质较乙腈少，可用正己烷脱除样液中的脂肪后直接上机，但当被分析物中有磺胺醋酰时，二氯甲烷难以将其提取出来，需改用极性较大的提取溶剂，如乙腈；选择混合溶剂作为提取溶剂，由于混合溶剂中既有极性大的溶剂也有非极性溶剂，因此，提取后样液中不但有极性杂质也有非极性性杂质，必须采用适当的净化方式去除杂质。所以，提取溶剂的选择应遵循相似相溶的原则；对被分析物溶解度大；对于干扰物质溶解度小；易于净化等。

对于一些蛋白质含量较高的样品，如鸡肉粉、蜂王浆等，可减少称样量或加入三氯乙酸沉淀蛋白，再行后续的净化、测定步骤。

（2）提取方法的选择

样品的提取方法一般有匀浆提取法、振荡法、索氏提取法、超声波辅助提取、超临界流体萃取和微波辅助萃取等，通常使用的是匀浆提取法、振荡法、和超声波辅助提取，或三种提取方法交替使用。对于较均匀的样品如蜂蜜、牛奶等，可考虑采用振荡提取法；对于较复杂的动物肌肉、肝脏等则大多采用匀浆提取法，同时结合超声波辅助提取，可提高提取效率。

（3）净化方式的选择

样品提取过程中许多与被分析物溶解性相似的杂质被一起转移出来，杂质的存在将直接影响定性和定量的质量，使检测限和变异系数增高，因此必须将被分析物与杂质分离。净化方式有液液萃取法、固相萃取法、基质固相分散技术、免疫亲和色谱、凝胶渗透色谱和 QuEChERS 等，但使用较频繁的为液液萃取法和固相萃取法，QuEChERS 作为一种新兴的兽药残留净化方式正已开始应用于为大家所接受。

液液萃取法是利用被分析物与样品杂质在互不相溶的两相中溶解度或分配系数的差异进行的净化方法，是一种较为传统的方法，例如用正己烷去除提取液中的脂肪等，但液液萃取法有机试剂用量较多，易产生乳化现象。

固相萃取法，是基于液相色谱的分离原理，从复杂样品中提取出微量的被分析物，同时对提取液进行浓缩与富集，便于定量分析及提高回收率，不易发生乳化。因其具有良好的稳定性，且重现性较高，也便于实验室标准化操作，SPE 成为目前应用最为广泛的净化手段。根据样品性质的不同，常采用不同的萃取柱进行净化，一般常用的 SPE 柱有 HLB 柱、C_{18}柱、碱性氧化铝柱及各种阳离子柱等。林海丹等[70]采用 MCX 阳离子固相萃取与高效液相色谱结合的方式，建立了鳗鱼及其制品中磺胺嘧啶、磺胺甲基嘧啶、磺胺二甲基嘧啶、磺胺甲氧哒嗪、磺胺甲基异噁唑、磺胺间甲氧嘧啶、磺胺间二甲氧嘧啶、磺胺喹噁啉 8 种磺胺类药物残留量的液相色谱检测方法，8 种磺胺类药物残留物用二氯甲烷匀质提取，回收率达到 80%～93%。刘莉治等[72]提出了超高效液相色谱测定鸡蛋中 11 种磺胺类药物残留的分析方法，样品经氨水乙腈溶液超声提取，HLB 固相萃取柱进行净化，回收率达到 80.3%～96.2%。

董静等[66]建立一种动物组织中兽药残留量的 QuEChERS-HPLC 检测方法，样品以乙腈提取，混合型分散固相萃取净化，磺胺类药物检测限为 0.05mg/kg，在添加浓度为 0.10～1.0mg/kg 范围内，回收率均可在 65%～100%，相对标准偏差 1%～10%。

需要注意磺胺类药物对热不稳定，样液浓缩时温度不宜超过 40℃。

3.8.2.2 如何选择测定方法

食品中磺胺类药物残留测定方法较多，实验室应根据检测要求和实验室资源，选择合适的测定方法。

（1）单残留测定法与多残留测定法

磺胺类残留测定包括单残留测定、多残留和总量测定三大类，单残留测定法主要是针对一种磺胺类药物，包括生物化学法和理化方法均可作为单残留检测方法。

目前工艺成熟且已得到大批量应用的生物化学法（如酶联免疫法、放射受体分析法）均只适用于单个磺胺药物残留测定（酶联免疫法）或磺胺类药物残留总量测定（放射受体分析法），当需要同时测定多个磺胺类药物的残留时只能采用理化方法。

（2）生物化学法与理化方法

从测定方法的原理来看，磺胺类药物测定方法有生物方法（免疫分析法）和理化方法。

免疫分析法是筛选过程中较为实用的一种方法，可以实现批量同时筛选，快速筛选的理想方法，逐渐成为一种成熟的兽药残留分析方法，其特点是：不需要昂贵复杂的仪器，费用低、速度快和效率高，可以适用于大量样本的快速分析，灵敏度高，成本低。主要有酶联免疫吸附法、胶体金免疫层析法、生物传感器法与放射性免疫法等。技术标准[73,74]是有关猪肉、鸡肉、猪肝、鸡蛋、鱼、牛奶中7种磺胺类药物残留量的酶联免疫吸附法检测标准方法；文献[74]介绍了牛奶中磺胺类抗生素残留检测的放射免疫方法，完成了磺胺嘧啶、磺胺甲基嘧啶、磺胺二甲基嘧啶、磺胺甲氧哒嗪、磺胺甲基异噁唑、磺胺间甲氧嘧啶、磺胺间二甲氧嘧啶和磺胺喹噁啉8种磺胺类药物在空白牛奶样品中的加标试验，试验结果表明采用放射免疫法检测牛奶中的磺胺类抗生素，筛选水平可达到10μg/L，变异系数在1.79%～5.56%之间，方法简便、快速，灵敏度和精确度能够达到检测要求。

磺胺类药物残留测定的理化方法包括液相色谱法和液相色谱-质谱联用法。

林海丹[70]等采用高效液相色谱法同时测定鳗鱼及其制品中8种磺胺类药物；董静[66]等建立了高效液相色谱法检测动物组织中的磺胺类药物残留量；刘莉治[72]等建立了超高效液相色谱测定鸡蛋中11种磺胺类药物残留的分析方法。

联用技术在磺胺类药物残留分析中，不但能提供结构信息，而且灵敏度高，选择性好，特异性强，因此越来越用于磺胺类药物残留的确证分析。特别是电喷雾电离适合于极性和弱极性药物的检测，电离的一级质谱能获得目标物的准分子离子峰，且含有较少的碎片离子，根据药物的分子量，能快速确定待测药物，同时，采用的多级反应监测（MRM）能更有效地提高分析的灵敏度和选择性，发挥质谱检测的专属性。

液相色谱-质谱法的样品处理步骤与HPLC法相似，样品中的磺胺类药物经提取溶剂提取，提取液旋转蒸干后，残渣溶解后，经正己烷液液分配脱脂净化后即可过滤上机分析。

3.8.2.3　如何判读测试结果

免疫分析法、液相色谱法均是筛选方法，一旦出现阳性结果，需采用液相色谱-质谱联用法进行确证。个别磺胺类药物是同分异构体，如磺胺甲氧哒嗪与磺胺间甲氧嘧啶，其两对监测离子对相同，保留时间相近，需要通过优化色谱分离条件改善二者的色谱分离以确保定性准确。

采用液相色谱-二极管阵列检测器可实时同步获得目标分析物的紫外-可见光光谱（如图 3-27 所示），但由于紫外光谱的解析化学结构特性的能力不强，对流动相里的其他共存物质带来的谱图干扰去除能力不足，对于那些处于检测低限浓度附近的怀疑不合格样品建议采用其他定性工具（如液相色谱-质谱联用仪）作进一步的更为可靠、准确的定性判别。

3.8.3 测定方法示例1 放射受体分析法

此处介绍的液相色谱法是以 GB/T 21173—2007《动物源性食品中磺胺类药物残留测定方法 放射受体分析法》为基础。

（1）方法提要

样品经 MSU 萃取缓冲液提取、孵育、离心后取一定量样液，加入到有受体试剂的试管中，混匀后加入 $[^3H]$ 标记的磺胺二甲嘧啶片剂，混匀孵育后离心，残渣加入闪烁液经 Charm Ⅱ 液体闪烁计数仪测定。同时做控制点、阴性对照液和阳性对照液。通过比较控制点和对照液的计数做出初筛结果判定。

（2）分析步骤

① 样品的提取 称取经肉类组织粉碎机粉碎的试样 10g（精确至 0.1g）于 50mL 离心管中，加入 15mL MSU 萃取缓冲液（MSU 萃取缓冲液浓缩干粉，按说明使用前用 1000mL 水稀释），在匀浆机上以 14000r/min 速度匀浆 30s。另取一 50mL 离心管，加入 15mL MSU 萃取缓冲液以洗涤匀浆刀 20s。洗涤液合并入前一离心管中，在涡旋振荡器上振荡 2min，置于 80℃ 孵育器或水浴中孵育 45min。再将离心管置于冰水中 10min 后 3300r/min 离心 10min。上层清液恢复至室温后用 M2 缓冲液（M2 缓冲液浓缩干粉，使用前按标签说明用 50mL 水溶解）或 1mol/L 盐酸溶液调至 pH7.5。样液为样品测试液备用。

② 阴性对照液的配制 取 2mL 阴性组织液（阴性对照浓缩干粉，使用前按标签说明用 10mL 水溶解）加入 6mL MSU 萃取缓冲液，混匀，作为阴性对照液备用。

③ 阳性对照液的配制 取 6mL 阴性组织液，加入 300μL MSU 多抗生素标准溶液（MSU 多抗生素标准品，使用前按标签说明用 10mL 水溶解，或磺胺二甲嘧啶，浓度为 1000μg/kg），混匀。然后从中取 2mL 该混合溶液，加入 6mL MSU 萃取缓冲液，混匀，作为阳性对照液备用。

（3）测定

① 样品、对照液的测定 准确移取 4mL 样品测试液（或阴性对照液或阳性对照液）至试管中（试管预先压入受体试剂片和 300μL 水，振碎均匀溶解），压入 $[^3H]$ 标记的磺胺二甲嘧啶药物片剂，上下来回涡旋振荡 15s，置 65℃ 孵育 3min。3300r/min 离心 3min，立即倒去上层清液，并用吸水材料如棉签吸干管壁和管口边缘的污渍。加入 300μL 水振荡均匀，再加入 3mL 闪烁液，塞盖涡旋混匀。将试

管放入 Charm Ⅱ 液体闪烁计数仪内，读取［³H］项的计数值。

② 控制点确定　控制点是判断样品阴性与初筛阳性一个界定值，可根据筛选水平自行设定，应对每一批新的试剂盒设定一个控制点。如筛选水平为 $20\mu g/kg$，控制点设定为 6 个非重复的加标样品（添加水平为 $20\mu g/kg$ 的磺胺二甲嘧啶）的计数值，求出平均值乘以系数 1.2，该数值即为筛选水平 $20\mu g/kg$ 的控制点。分析步骤和测定同上。当筛选水平大于 $20\mu g/kg$ 时，可将样品测试液适当进行稀释后测定。

③ 结果判定　当样品的计数值大于控制点时，判定为"阴性"。当样品的计数值小于或等于控制点时，应重新测定样品。同时需要考虑阳性对照液和阴性对照液的计数值应在正常波动范围内。当重新测定样品的计数值大于控制点时，判定为"阴性"。当重新测定样品的计数值小于或等于控制点时，判定为"初筛阳性"。

"初筛阳性"样品应当使用其他检测方法进行确证。

（4）关键控制点及注意事项

① 本实验样品、控制点以及对照液应尽可能平行操作，确保在同一孵育温度、时间，同一离心转速、时间等条件下进行。

② 本实验结果为初筛结果，存在假阳性可能，必须另选检测方法以确证。

③ 样品的选取必须有代表性，尽可能去除脂肪，取可食用部分进行实验。样品制备过程应防止受到二次污染或交叉污染或发生残留含量的变化，样品的细菌数不能超过 10^6 个/g。样品应在 $-18℃$ 以下保存，新鲜或冷冻的组织样品只能在 $2\sim 6℃$ 下保存72h。

④ 药片压入试管的操作应做到片剂完全压入，杜绝部分片剂被残留在试管外或片剂包装中。建议用药片压杆的平端将片剂压入试管。

⑤ 涡旋振荡必须确保样液混匀以及片剂完全被振碎溶解。

⑥ 用吸水材料擦拭试管管壁时应注意不要触及管底残渣以免造成结果错误。

⑦ 本实验结果为磺胺类药物残留结果，不能单独代表某种特定磺胺药品残留的结果。

⑧ Charm Ⅱ 液体闪烁计数仪和试剂应进行日常监测，必要时进行 Charm Ⅱ 液体闪烁计数仪零点校准、［³H］通道校准以及试剂监测。

3.8.4　测定方法示例 2　液相色谱法

此处介绍的液相色谱法是以 SN/T 1965—2007《鳗鱼及其制品中磺胺类药物残留量测定方法高效液相色谱法》为基础。

（1）方法提要

样品经二氯甲烷试样提取、挥干以 1% 乙酸-乙腈（50＋50）溶解，正己烷脱脂后用液相色谱法紫外检测器测定，外标法定量。烤鳗样品脱脂后经固相萃取柱净化、富集，碱性甲醇洗脱后浓缩，以 1% 乙酸-乙腈（50＋50）溶解用液相色谱法紫外检测器测定，外标法定量。

磺胺类药物测定低限为：$10\mu g/kg$。

（2）试样提取与净化

称取经肉类组织粉碎机粉碎的试样5g（精确至0.01g）于50mL离心管中，加入15mL二氯甲烷（色谱纯）在匀浆机上以14000r/min速度匀浆30s，提取液以4000r/min离心5min。上清液经无水硫酸钠过滤到100mL茄形瓶中。另取一50mL离心管，加入15mL二氯甲烷（色谱纯）以洗涤匀浆刀10s。洗涤液转入前一离心管中，用玻棒捣碎下层残渣，在涡旋振荡器上振荡2min，4000r/min离心5min，上清液经无水硫酸钠过滤合并至茄形瓶中。35℃减压旋转蒸发至干。

残渣用1.0mL乙腈溶解，涡旋振荡1min。加入1.0mL 5%乙酸，涡旋振荡1min。加入3mL乙腈饱和正己烷，涡旋振荡1min，转移至5mL离心管中，3500r/min离心5min分层。弃去上层正己烷，再按上法加入3mL乙腈饱和正己烷脱脂一次，下层澄清液经$0.2\mu m$滤膜过滤后用液相色谱仪测定。

烤鳗样品减压旋转蒸发后加入1.0mL甲醇-1.0%乙酸水溶液（35+65，体积比），涡旋振荡2min。加入3mL正己烷，涡旋振荡1min，转移至5mL离心管中，3500r/min离心5min分层。弃去上层正己烷，加3mL正己烷，再按上法再脱脂一次。脱脂后下层澄清液加入1.0mL水，移至已活化的MCX柱（6mL，150mg，依次用3mL甲醇、3mL 0.1mol/L盐酸溶液活化）中，流速维持在1mL/min。然后用5mL淋洗液（5%乙酸＋甲醇，65＋35）淋洗，流速1mL/min，真空抽干。用10mL洗脱液（20%氨甲醇）洗脱，流速1mL/min，真空抽干，收集洗脱液。38℃下氮气吹干洗脱液。残渣用2.0mL 5.0%乙酸溶液＋乙腈（50+50，体积比）溶解定容，旋涡振荡器上振荡2min，经$0.2\mu m$滤膜过滤后用液相色谱仪测定。

（3）测定

① 仪器条件

色谱柱：Welch Ultimate TM AQ-C_{18}柱，250mm×4.6mm（i.d.）。柱温：35℃。流动相：甲醇＋1.0%乙酸水溶液。梯度洗脱模式，梯度洗脱表见表3-33。流速：1.0mL/min。检测波长：265nm。AUFS：0.002。进样量：$30\mu L$。

表3-33 流动相梯度洗脱表

时间/min	甲醇/%	1.0%乙酸/%	时间/min	甲醇/%	1.0%乙酸/%
0.00	20	80	27.00	50	50
26.00	50	50	40.00	20	80

② 工作曲线 按表3-34分别准确吸取一定量的浓度为1.0mg/L标准混合工作液至2mL进样瓶中，加入一定量的乙腈＋5%乙酸＝50+50（体积比）溶液，摇匀。

表 3-34　标准曲线溶液配制表

标准曲线溶液浓度/(ng/mL)	标准混合工作液/μL	乙腈＋5％乙酸＝50＋50(体积比)/μL
0	0	100
10	10	990
20	20	980
50	50	950
100	100	900
200	200	800

③ 样品测定　按以上的仪器条件，按标准溶液、试剂空白、样品空白、样品加标、样品空白、待测样品、样品加标的进样次序进样。以标准溶液分析物峰面积与标准溶液分析物浓度作线性回归曲线。将样液中分析物峰面积代入线性回归方程得到样液中分析物浓度。外标法峰面积定量。

当样品中检出磺胺类药物残留物时，应同时考虑样品中待检测物质与同时检测的标准品具有相同的保留时间，偏差在±2.5％之内。色谱图中靠待测物峰最近的最大峰与待测物峰的分离度是待测物峰高 10％处峰宽。在光谱图中，待测物应与标准品有相同的最大吸收波长，两者的偏差在±2nm 之内。在 220nm 以上，待测物和标准品的相对吸光度大于 10％时，两者的光谱图不应有明显的差别。同时还应通过对比峰尖和前后峰肩的二极管阵列光谱图最大吸收波长及吸收强度考虑待确证残留物色谱峰的纯度。磺胺类添加回收加标水平为 10μg/L 同批检测的标准溶液 20μg/L 的色谱图（图 3-24、图 3-25）和光谱图（图 3-26）如下。

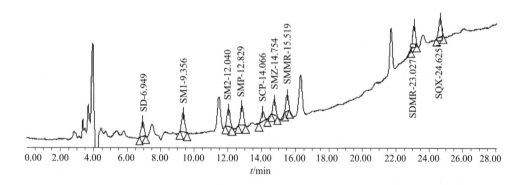

图 3-24　磺胺类加标水平为 10μg/L 的色谱图

（4）关键控制点及注意事项

① 样品浓缩时减压旋转蒸发温度＜45℃。

② 固相萃取时注意控制样液上柱和最后洗脱的柱流速，柱流速应≤0.5mL/min。

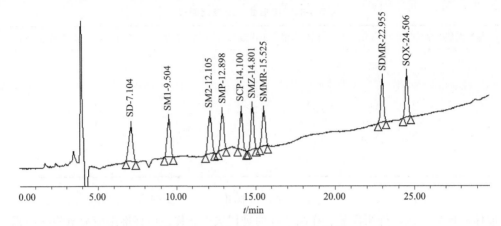

图 3-25　标准溶液 20μg/L 的色谱图

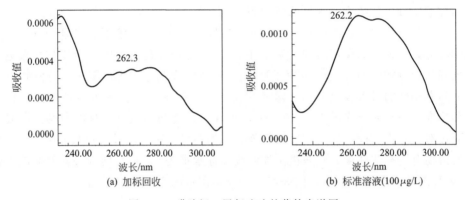

图 3-26　磺胺间二甲氧嘧啶的紫外光谱图

3.8.5　测定方法示例 3　液相色谱-串联质谱检测法

此处介绍的液相色谱-串联质谱检测法是以 GB/T 21316—2007《动物源性食品中磺胺类药物残留量的测定　液相色谱-质谱/质谱法》为基础。

（1）方法提要

样品经二氯甲烷试样提取、挥干以 1‰乙酸-乙腈（50＋50）溶解，正己烷脱脂后用液相色谱法紫外检测器测定，外标法定量。或用液相色谱-质谱/质谱仪测定，内标法峰面积定量。肝脏样品脱脂后经固相萃取柱净化、富集，碱性甲醇洗脱后浓缩，以 1‰乙酸-乙腈（50＋50）溶解用液相色谱法紫外检测器测定，外标法定量。或用液相色谱-质谱/质谱仪测定，内标法峰面积定量。

磺胺类药物测定低限为：10μg/kg。

（2）试样提取与净化

称取经肉类组织粉碎机粉碎的试样 5g（精确至 0.01g）于 50mL 离心管中（当采用液相色谱-串联质谱法测定时，加入 50μL 1.0mg/L 内标混合工作液），加入

15mL 二氯甲烷（色谱纯）在匀浆机上以 14000r/min 速度匀浆 30s，提取液以 4000r/min 离心 5min。上清液经无水硫酸钠过滤到 100mL 茄形瓶中。另取一 50mL 离心管，加入 15mL 二氯甲烷（色谱纯）以洗涤匀浆刀 10s。洗涤液转入前一离心管中，用玻棒捣碎下层残渣，在涡旋振荡器上振荡 2min，4000r/min 离心 5min，上清液经无水硫酸钠过滤合并至茄形瓶中。35℃减压旋转蒸发至干。

残渣用 1.0mL 乙腈溶解，涡旋振荡 1min。加入 1.0mL 5%乙酸，涡旋振荡 1min。加入 3mL 乙腈饱和正己烷，涡旋振荡 1min，转移至 5mL 离心管中，3500r/min 离心 5min 分层。弃去上层正己烷，再按上法加入 3mL 乙腈饱和正己烷脱脂一次，下层澄清液经 0.2μm 滤膜过滤后用液相色谱仪测定。当采用液相色谱-串联质谱法测定时，吸取 200μL 液相色谱测定用样液，加入 800μL 水混匀后过 0.2μm 滤膜，供液相色谱-串联质谱测定。

肝脏样品减压旋转蒸发后加入 1.0mL 甲醇-1.0%乙酸水溶液（35＋65，体积比），涡旋振荡 2min。加入 3mL 正己烷，涡旋振荡 1min，转移至 5mL 离心管中，3500r/min 离心 5min 分层。弃去上层正己烷，加 3mL 正己烷，再按上法再脱脂一次。脱脂后下层澄清液加入 1.0mL 水，移至已活化的 MCX 柱（6mL，150mg，依次用 3mL 甲醇、3mL 0.1mol/L 盐酸溶液活化）中，流速维持在 1mL/min。然后用 5mL 淋洗液（5%乙酸＋甲醇，65＋35）淋洗，流速 1mL/min，真空抽干。用 10mL 洗脱液（20%氨甲醇）洗脱，流速 1mL/min，真空抽干，收集洗脱液。38℃下氮气吹干洗脱液。残渣用 2.0mL 5.0%乙酸溶液＋乙腈（50＋50，体积比）溶解定容，漩涡振荡器上振荡 2min，经 0.2μm 滤膜过滤后用液相色谱仪测定。当采用液相色谱-串联质谱法测定时，吸取 200μL 液相色谱测定用样液，加入 800μL 水混匀后过 0.2μm 滤膜，供液相色谱-串联质谱测定。

（3）测定

① 仪器条件

a. 液相色谱条件　色谱柱：CLOVERSIL C$_{18}$柱，100mm×2.1mm（i.d.），3μm。柱温：35℃。流动相：甲醇＋5mmol/L 甲酸溶液，梯度洗脱模式。梯度表分别表 3-35。流速：0.3mL/min。进样量：10μL。

表 3-35　流动相梯度洗脱表

时间/min	甲醇/%	5mmol/L 甲酸/%	时间/min	甲醇/%	5mmol/L 甲酸/%
0.00	15	85	8.00	50	50
0.50	15	85	8.01	15	85
7.00	50	50	15.00	15	85

b. 质谱条件　离子源：电喷雾离子源。扫描方式：正离子扫描。检测方式：多反应监测模式（MRM）。雾化气、气帘气、辅助加热气、碰撞气均为高纯氮气或其他合适气体。使用前应调节各气体流量以使质谱灵敏度达到检测要求，喷雾电

压等电压值应优化至最佳灵敏度，参考质谱参数见表 3-36（仪器型号为 API 3000）。

表 3-36　磺胺类药物的监测离子对及其质谱参数

目标分析物	离子对(m/z)	DP/V	CE/V
磺胺嘧啶 SDZ	251.3/92.2 251.3/156①	40	40 25
SDZ-^{13}C$_6$	257.3/161.4	43	23
磺胺甲基嘧啶 SMR	265/107.9① 265/156.1	40	40 25
SMR-^{13}C$_6$	271.2/161.1	40	25
磺胺二甲基嘧啶 SM2	279.2/124.3① 279.2/186.1	40	35 25
SDM-D$_6$	285.4/184.9	44	26
磺胺甲氧哒嗪 SMP	281.1/92.2① 281.1/156.1	40	42 25
SMP-D$_3$	284.4/156	46	26
磺胺氯哒嗪 SCP	285.1/92.2 285.1/156.1①	40	40 22
SCP-^{13}C$_6$	291.2/161.4	39	23
磺胺甲基异噁唑 SMZ	254.1/92.2 254.1/156.1①	40	25 30
SMZ-^{13}C$_6$	260.1/161	43	23
磺胺间甲氧嘧啶 SMM	281.1/92.2① 281.1/156.1	40	42 25
SMP-D$_3$	284.4/156	46	26
磺胺间二甲氧嘧啶 SDM′	311/107.9 311/156.1①	40 45	35 35
磺胺多辛 SDX-D$_3$	314.1/155.6	43	26
磺胺喹噁啉 SQX	301.2/92.2 301.2/156.1①	40	42 25
SQX-^{13}C$_6$	307.2/161.3	44	24

① 定量离子对。

②　工作曲线　按表 3-37 分别准确吸取浓度为 50μL 100ng/mL 内标混合工作液、一定量的浓度为 100ng/mL 标准混合工作液至 2mL 进样瓶中，加入一定量的乙腈＋5mmol/L 甲酸＝15＋85（体积比）溶液，摇匀。

表 3-37　标准曲线溶液配制表

标准曲线溶液浓度 /(ng/mL)	内标混合工作液 /μL	标准混合工作液/μL	乙腈＋5mmol/L 甲酸 ＝15＋85(体积比)/μL
0	50	0	950
2.0	50	20	970
5.0	50	50	900
10	50	100	850
20	50	200	750
50	50	500	450

③ 样品测定 按以上的仪器条件，按标准溶液、试剂空白、样品空白、样品加标、样品空白、待测样品、样品加标的进样次序进样。内标法峰面积定量。图 3-27 是磺胺类药物的标准溶液萃取离子流图。

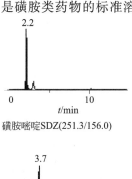
磺胺嘧啶SDZ(251.3/156.0)

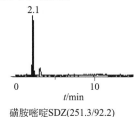
磺胺嘧啶SDZ(251.3/92.2)

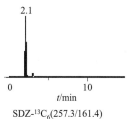
SDZ-$^{13}C_6$(257.3/161.4)

(a)

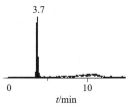
磺胺甲基嘧啶SMR(265.0/156.1)

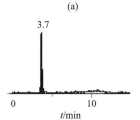
磺胺甲基嘧啶SMR(265.0/107.9)

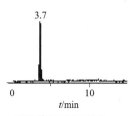
SMR-$^{13}C_6$(271.2/161.1)

(b)

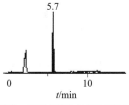
磺胺二甲基嘧啶SM2(279.2/186.1)

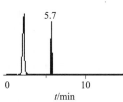
磺胺二甲基嘧啶SM2(279.2/124.3)

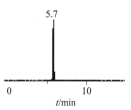
SDM-D_6(285.4/184.9)

(c)

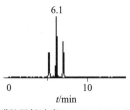
磺胺甲氧哒嗪SMP(281.1/156.1)

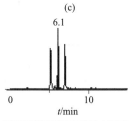
磺胺甲氧哒嗪SMP(281.1/92.2)

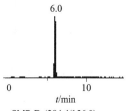
SMP-D_3(284.4/156.0)

(d)

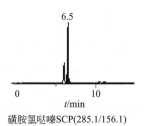
磺胺氯哒嗪SCP(285.1/156.1)

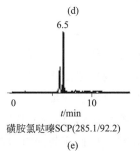
磺胺氯哒嗪SCP(285.1/92.2)

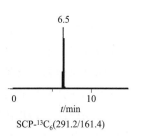
SCP-$^{13}C_6$(291.2/161.4)

(e)

图 3-27

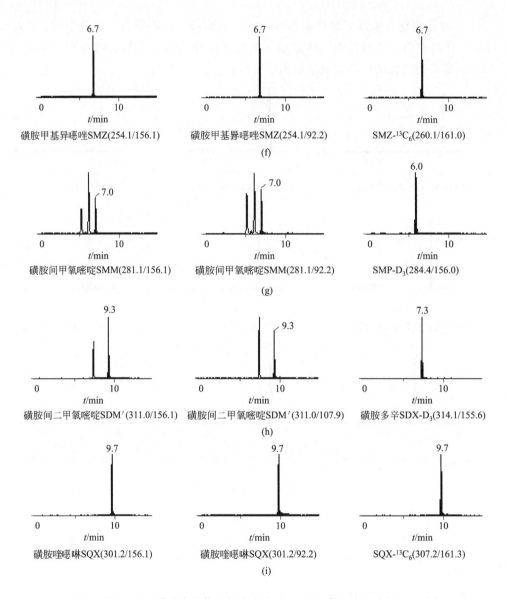

图 3-27　磺胺类药物的标准溶液（5μg/L）萃取离子流图

以标准溶液分析物峰面积与标准溶液内标物峰面积的比值对标准溶液分析物浓度与标准溶液内标物溶度的比值作线性回归曲线。将样液中分析物峰面积与样液中内标物峰面积的比值和样液中内标浓度代入线性回归方程得到样液中分析物浓度。按内标法计算公式计算样品中分析物含量。

当样品中检出磺胺类药物残留物时，应同时考虑保留时间计算样品中待确证的残留物其两对特征离子的相对丰度比应与同时检测的浓度接近的标准溶液一致。磺胺嘧啶加标及同批检测的标准溶液的离子比（峰高比）列于表 3-38。

表 3-38　磺胺嘧啶的离子比

样品名称	离子比
标准溶液(5.0μg/L)	0.74
标准添加样品(添加水平 10μg/kg)	0.73

（4）关键控制点及注意事项

① 样品浓缩时减压旋转蒸发温度＜45℃。

② 固相萃取时注意控制样液上柱和最后洗脱的柱流速，柱流速应≤0.5mL/min。

3.9　抗病毒类药物金刚烷胺和利巴韦林残留的检测

3.9.1　金刚烷胺和利巴韦林的基本信息

3.9.1.1　理化性质

金刚烷胺（Amantadine）和利巴韦林（Ribavirin）属于抗病毒类药物，其化学结构见图 3-28。金刚烷胺微溶于水，溶于氯仿，在常温下稳定。利巴韦林又名病毒唑，易溶于水，微溶于乙醇、氯仿和醚等，在常温下比较稳定。

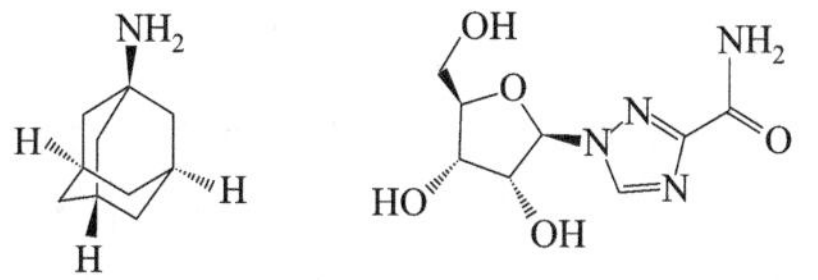

(a) 金刚烷胺　　(b) 利巴韦林

图 3-28　金刚烷胺和利巴韦林的化学结构

3.9.1.2　毒副作用及残留管理

金刚烷胺是最早用于抑制流感病毒的抗病毒药，利巴韦林是广谱强效的抗病毒药物，均是人类常用的抗病毒类药物，但两者均有较强的毒副作用，易引起免疫系统损伤和致畸，该类药物的滥用不但会给动物疫病控制带来不良后果，也会通过食物链影响人类健康和破坏生态平衡。早在 2005 年农业部就明确规定禁止金刚烷胺、利巴韦林等抗病毒兽药的生产、销售和使用（农业部公告第 560 号）。美国食品药物管理局也禁止将人类抗病毒药物用于畜禽类。但是仍有某些家禽养殖企业，为了提高家禽抵抗力，缩短养殖周期，在养殖过程中喂食金刚烷胺和利巴韦林等抗病毒药品，如 2012 年底曝光的"速生鸡"事件，食品安全问题再次引起关注。鉴于国内出现的这种情况，日本厚生劳动省医药食品局食品安全部 2013 年 2 月发布通知，在进口食品监控计划中加入对中国产鸡肉中金刚烷胺的检查。

3.9.2　检测方案的设计

目前动物源性食品中金刚烷胺、利巴韦林残留量检测的相关研究报道较少，更未曾制定任何国家标准和行业标准。金刚烷胺和利巴韦林均为禁用药，要确保在 10^{-9} 的超痕量水平检测，通常都采用液相色谱-串联质谱法[75~78]。金刚烷胺在生物体内以原形药物代谢，而利巴韦林易代谢形成磷酸酯[5]，在生物体内经磷酸化，成为其单磷酸酯、二磷酸酯和三磷酸酯，需用磷酸酯酶解成利巴韦林原形后检测总残留量，同时检测金刚烷胺和利巴韦林在动物组织中的残留量有一定的难度，不光要兼顾两者的提取净化方法，还要考虑利巴韦林代谢物的酶解以及酶解会不会影响金刚烷胺的检测，另外建立合适的液相色谱和质谱条件也非常关键。

3.9.2.1　如何选择样品处理方法

（1）提取和酶解

金刚烷胺在结构上属于有机碱，在酸性溶液中易溶于水，在碱性溶液中易溶于有机溶剂。测定血浆等液态基质时，可考虑将溶液调至碱性后，采用乙酸乙酯、正己烷-二氯甲烷-异丙醇等有机溶剂作为萃取溶剂[79,80]；测定动物组织样品时，基质较复杂，多采用三氯乙酸溶液与甲醇、乙腈的混合溶液提取[75~77]，既可以沉淀蛋白，又有利于进一步净化。利巴韦林及其代谢物的水溶性好，提取溶剂多为酸性水溶液，有甲酸溶液、高氯酸溶液等，提取液中利巴韦林代谢物需先经磷酸酯酶酶解成利巴韦林。要同时测定金刚烷胺和利巴韦林，综合考虑两化合物的溶解特性，另外也考虑到提取液中含有机溶剂可能会影响磷酸酯酶的活性，最终选择三氯乙酸水溶液为提取溶剂，能将金刚烷胺、利巴韦林及其代谢物同时提取出来，提取溶液调节 pH 值后加酸性磷酸酯酶酶解，净化后便可同时检测金刚烷胺和利巴韦林。若要验证酶解是否对金刚烷胺的测定有影响，可选择含有金刚烷胺的不合格样品，采用酶解和不酶解两种方式测定，如果两者结果一致，则证明没有影响，经试验证明酶解并不影响金刚烷胺的测定。

（2）净化

酶解后的提取液中含有大量的缓冲盐，不适合直接进液相色谱-质谱联用仪分析，需选择合适的固相萃取柱净化处理。金刚烷胺和利巴韦林属于强极性化合物，C_{18} 和 HLB 小柱都不适合，有文献报道金刚烷胺采用 MCX 和 SCX 小柱[75~77]，利巴韦林采用 PBA、NH_2 柱和 C_{18} 与 PSA 填料分散固相萃取[78,81]。针对上述提取液，要使金刚烷胺和利巴韦林同时达到好的净化效果，采用 PBA 小柱比较理想，在活化、上样、淋洗和洗脱这四个步骤中，洗脱溶剂的选择比较关键，在碱性条件下，两目标化合物用 100%水或乙腈都不能洗脱下来，酸性条件下，100%乙腈也洗脱不下来，100%水可完全洗脱，但考虑到进样溶液与亲水相互作用液相色谱系统要相匹配，乙腈的比例要尽可能高，优化 0.1%甲酸水溶液与乙腈不同比例的洗脱溶液，最终选择乙腈-水溶液（体积比 80∶20，含 0.1%甲酸）为洗脱液。

3.9.2.2　如何选择液相色谱-质谱条件

由金刚烷胺和利巴韦林的化学结构式可以看出，两化合物极性很强，在反相色谱系统，色谱柱的选择上在 C_{18} 色谱柱上基本不保留，若选择能分离极性化合物的

AtlantisT₃色谱柱，必须采用高比例的水相作为流动相，导致质谱离子化效率低，质谱响应低，影响灵敏度。近期文献都采用亲水相互作用色谱柱（HILIC），金刚烷胺和利巴韦林均有较强的保留，且流动相含有50%以上的乙腈，能获得较强的灵敏度。

选用HILIC柱，选择合适的流动相也较为关键。HILIC柱流动相适用范围为50%～97%乙腈，为了利巴韦林能在色谱柱上有较好的保留，需要以95%以上的乙腈作为起始流动相，金刚烷胺的保留较强，采用95%乙腈至50%乙腈梯度洗脱，两者均能获得满意的色谱保留。水相中缓冲液的选择对色谱峰形和质谱响应都有显著影响。分别采用乙酸铵水溶液和甲酸水溶液与乙腈梯度洗脱，金刚烷胺和利巴韦林不能同时获得较高的灵敏度和良好的峰形，在甲酸水溶液中加入乙酸铵，利巴韦林的灵敏度显著提高，且不影响金刚烷胺的灵敏度，因而最后选择乙酸铵水溶液（含0.1%甲酸）和乙腈作为流动相，两者均获得满意效果。

3.9.2.3 如何判读测试结果

虽然样品经提取净化后为无色透明的液体，肝脏样品略有淡黄色，但是样品基质中仍存在干扰目标化合物测定的物质。两个内标均无干扰，但是金刚烷胺和利巴韦林都有不同程度的干扰，特别是利巴韦林，内源性物质尿苷就是干扰物之一，而且含量非常高，是利巴韦林测定低限的几百倍、几千倍甚至更高，必须通过液相色谱的分离来排除干扰。金刚烷胺能与干扰物完全分离，不影响测定，而利巴韦林即使改变液相色谱条件，还是不能与干扰物完全分离，但是利巴韦林测定低限的响应是干扰物响应的10倍以上，也就是信噪比（S/N）$\geqslant$10，并不影响利巴韦林的测定。在相同测试条件下，样品中待测物质与同时检测的标准品应具有相同的保留时间，偏差在±2.5%之内。样品中待确证的残留物其两对特征离子的相对丰度比应与同时检测的浓度接近的标准溶液一致，金刚烷胺和利巴韦林相对偏差分别不超过30%和50%。由于干扰物的色谱峰较多，给分析结果带来了麻烦，若配备二元流路切换阀，可以通过流路切换，仅将目标化合物出峰的时间段切入质谱检测，其余时间段切入废液，这样色谱图上就不会出现干扰物质的色谱峰，便于检测人员分析结果，而且大大减少了进质谱的污染物，有利于质谱的清洁和维护。

3.9.3 测定方法示例 液相色谱-串联质谱检测法

本节介绍的金刚烷胺、利巴韦林残留液相色谱-串联质谱检测方法是依参考文献［82］为基础。

（1）方法提要

样品中的金刚烷胺、利巴韦林以及利巴韦林代谢物残留采用20g/L三氯乙酸溶液提取，利巴韦林代谢物经磷酸酯酶水解成利巴韦林，酶解液经PBA小柱净化，用液相色谱-质谱/质谱仪测定，内标法峰面积定量。

金刚烷胺的LOQ（检测低限）为2.0μg/kg，利巴韦林的LOQ为5.0μg/kg。

（2）样品处理

① 提取　称取经肉类组织粉碎机粉碎的试样 5g（精确至 0.01g）于 50mL 离心管中，加入 250μL 内标混合工作液（100ng/mL），10mL 20g/L 三氯乙酸溶液在匀浆机上以 14000r/min 速度匀浆 30s，涡旋振荡 1min，以 10000r/min 高速离心5min，上清液转移至一个洁净的 25mL 比色管中，另取一 50mL 离心管，加入10mL 20g/L 三氯乙酸溶液，洗涤匀质刀头 10s，洗涤液移入第一支离心管中，用玻棒搅动残渣，涡旋振荡 3min，以 10000r/min 高速离心 5min，上清液合并至25mL 比色管中，用 20g/L 三氯乙酸溶液定容至 25.0mL，摇匀后移取 5.0mL 提取液于洁净的 50mL 离心管中。

② 酶解　用氨水调 pH 值至 4.8，加 2mL pH4.8 的 250mmol/L 乙酸铵缓冲液，混匀，加酸性磷酸酯酶 25μL，混匀，在 37℃ 水浴酶解 2h。取出后冷却至室温，用氨水调 pH 值至 8.5，10000r/min 离心 5min，上清液待净化。

③ 净化　用 3mL 乙腈、3mL pH8.5 的 250mmol/L 乙酸铵缓冲液活化 PBA小柱（100mg，3mL），加待净化样液，依次用 3mL pH8.5 的 250mmol/L 乙酸铵缓冲液淋洗，3mL 乙腈淋洗，真空抽干，再用 2mL 乙腈-水溶液（体积比 80∶20，含 0.1％甲酸）洗脱，收集，混匀，过 0.22μm 滤膜，供 LC-MS/MS 测定。

（3）测定

① 仪器条件

a. 液相色谱条件　色谱柱：HILIC Silica 柱，3.0mm×100mm，3μm。柱温：40℃。流动相：乙腈＋5mmol/L 乙酸铵水溶液（含 0.1％甲酸）。梯度洗脱模式，梯度洗脱表见表 3-39。流速：0.3mL/min。进样量：5μL。Valco：4～6min，13～15min 为 A 位，其余为 B 位，A 位进入质谱。

表 3-39　流动相梯度洗脱表

时间/min	乙腈/％	5mmol/L 乙酸铵水溶液 （含 0.1％甲酸）	时间/min	乙腈/％	5mmol/L 乙酸铵水溶液 （含 0.1％甲酸）
0.00	95	5	10.50	95	5
6.00	95	5	18.00	95	5
10.00	50	50			

b. 质谱条件　离子源为电喷雾离子源（ESI），离子源温度（TEM）600℃。正离子模式检测，喷雾电压 4000V。质谱仪的雾化气、加热辅助气、碰撞气均为高纯氮气。参考质谱参数见表 3-40、表 3-41（仪器型号为 API4000QTRAP）。

表 3-40　参考质谱参数

质谱参数	参数值	质谱参数	参数值
雾化气	75	碰撞气	中
气帘气	15	辅助加热气温度/℃	600
辅助加热气	65		

表 3-41 金刚烷胺和利巴韦林的监测离子对及其质谱参数

目标分析物	监测离子对	去簇电压/V	碰撞电压/V
金刚烷胺	152.2→135.2[①]	60	25
	152.2→93.1		39
内标金刚烷胺-D$_6$	158.2→141.2	60	25
利巴韦林	245.2→113.1[①]	30	14
	245.2→133.1		15
内标利巴韦林-^{13}C$_5$	250.2→113.1	30	14

①：定量离子对。

② 工作曲线 按表 3-42 准确吸取一定量的金刚烷胺和利巴韦林混合标准工作液（100ng/mL）、内标混合工作液（100ng/mL）及乙腈-水溶液（体积比 80：20，含 0.1%甲酸）于液相色谱进样瓶中，摇匀备用。该标准曲线溶液使用前配制。

表 3-42 标准曲线溶液配制表

分析物浓度 /(μg/L)	标准工作液体积 /μL	内标工作液体积 /μL	乙腈-水溶液(体积比 80：20，含 0.1%甲酸)体积/μL
0	0	25	975
0.5	5	25	970
1.0	10	25	965
2.0	20	25	955
5.0	50	25	925
10.0	100	25	875

③ 样品测定 按①所述的仪器条件，按标准溶液、试剂空白、样品空白、样品加标、样品空白、待测样品、样品加标的进样次序进样。内标法峰面积定量。

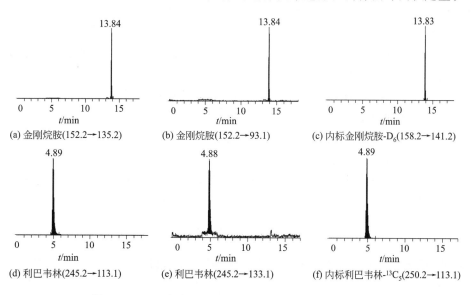

(a) 金刚烷胺(152.2→135.2)　(b) 金刚烷胺(152.2→93.1)　(c) 内标金刚烷胺-D$_6$(158.2→141.2)

(d) 利巴韦林(245.2→113.1)　(e) 利巴韦林(245.2→133.1)　(f) 内标利巴韦林-^{13}C$_5$(250.2→113.1)

图 3-29 金刚烷胺和利巴韦林标准溶液的萃取离子流图

以标准溶液分析物峰面积与标准溶液内标物峰面积的比值对标准溶液分析物浓度与标准溶液内标物溶度的比值作线性回归曲线。将样液中分析物峰面积与样液中内标物峰面积的比值和样液中内标浓度代入线性回归方程得到样液中分析物浓度。按内标法计算公式计算样品中分析物含量。图 3-29 是金刚烷胺和利巴韦林标准溶液的萃取离子流图。

当样品中检出金刚烷胺和利巴韦林药物残留物时，应同时考虑保留时间计算样品中待确证的残留物其两对特征离子的相对丰度比应与同时检测的浓度接近的标准溶液一致，相对偏差不超过表 6-7 规定的范围。图 3-30 是一个检出金刚烷胺残留的实例，样品及同批检测的标准溶液的离子比（峰高比）列于表 3-43。

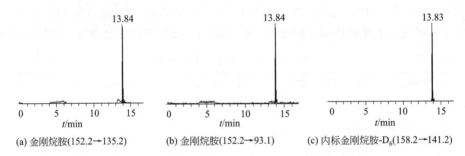

图 3-30　金刚烷胺残留样品的萃取离子流图

表 3-43　金刚烷胺残留样品的离子比

样品名称	离子比
标准溶液（2.0μg/L）	0.16
标准添加样品（添加水平 2.0μg/kg）	0.15
金刚烷胺残留样品（检测值 3.8μg/kg）	0.16

（4）关键控制点及注意事项

① 须用 10000r/min 高速离心，若以 4000r/min 离心，有时提取液中会有少量絮状物，过柱时易发生堵塞现象。

② 样品仅检测金刚烷胺时，不需要酶解；检测利巴韦林才需要酶解，酶解不影响金刚烷胺的检测。

③ 采用二元流路切换阀，通过 A/B 切换，仅将目标化合物出峰的时间段切入质谱检测，其余时间段切入废液，这样不仅减少了基质中大量的非目标化合物污染质谱，有利于质谱的维护，而且色谱图上不会出现干扰物质的色谱峰，便于检测人员分析结果。

参 考 文 献

[1]　中国兽药典委员会. 中华人民共和国兽药典兽药使用指南化学药品卷. 北京：中国农业出版社，2005.

[2]　徐力文，廖昌容，刘广锋. 中国水产科学，2005，12（4）：512-518.

［3］ SN/T 1604—2005.进出口动物源食品中氯霉素残留量的检验方法 酶联免疫法.

［4］ 农业部 781 号公告-2-2006.动物源食品中氯霉素残留量的测定.高效液相色谱-串联质谱法.

［5］ 农业部 781 号公告-1-2006.动物源食品中氯霉素残留量的测定.气相色谱-质谱法.

［6］ GB/T 21165—2007.肠衣中氯霉素残留量的测定 液相色谱-串联质谱法.

［7］ SN/T 1864—2007.进出口动物源食品中氯霉素残留量的检测方法 液相色谱-串联质谱法.

［8］ 农业部 1025 号公告-26-2008.动物源食品中氯霉素残留检测酶联免疫吸附法.

［9］ 农业部 1025 号公告-21-2008.动物源食品中氯霉素残留检测气相色谱法.

［10］ GB/T 22338—2008.动物源性食品中氯霉素类药物残留量测定.

［11］ GB/T 9695.32—2009.肉与肉制品.氯霉素含量的测定.

［12］ GB/T 22959—2008.河豚鱼、鳗鱼和烤鳗中氯霉素、甲砜霉素和氟苯尼考残留量的测定 液相色谱-串联质谱法.

［13］ SN/T 2058—2008.进出口蜂王浆中氯霉素残留量测定方法 酶联免疫法.

［14］ 秦燕,朱柳明,张美金,等.分析测试学报,2005,(4):17-20.

［15］ 谢孟峡,刘媛,邱月明,等.分析化学,2005,(1):1-4.

［16］ 李鹏,邱月明,蔡慧霞,等.色谱,2006,(1):14-18.

［17］ 洪振涛,张卫锋,聂建荣,等.中国兽药杂志,2006,(2):14-16.

［18］ 邹芸,王国民,李贤良,等.中国畜牧兽医,2009,36(4):32-35.

［19］ 陈小霞,岳振峰,吉彩霓,等.色谱,2005,(1):92-95.

［20］ 谢守新,林海丹,秦燕,等.中国卫生检验杂志,2006,(11):1298-1300.

［21］ 秦燕,朱柳明,张美金,等.分析测试学报,2005,(4):17-20.

［22］ 林海丹,秦燕,林峰,等.检验检疫科学,2005,44-45.

［23］ 蒋原,于文军,赵增连.美国农业部（USDA）实验室指南（上） 化学实验室检测指南.北京:中国农业科学技术出版社,2007.

［24］ 吴永宁,邵兵,沈建忠,等.兽药残留检测与监控技术.北京:化学工业出版社,2007.

［25］ 祝伟霞,刘亚风,梁炜.动物医学进展,2010,(2):99-102.

［26］ 佘永新,李宝海,曹维强,等.现代科学仪器,2010,(6):149-153.

［27］ 彭涛,邱月明,李淑娟,等.检验检疫科学,2003,(6):23-25.

［28］ 徐一平,胥传来.食品科学,2007,(10):590-593.

［29］ 王习达,陈辉,左健忠,等.现代农业科技,2007,(18):152-153,155.

［30］ 彭涛,储晓刚,杨强,等.分析化学,2005,(8):1073-1076.

［31］ 蒋宏伟.陕西农业科学,2006,(5):53-55.

［32］ 张睿,张晓燕,吴斌,等.环境化学,2012,(6):915-916.

［33］ 叶婧.偶氮甲酰胺、氨基脲检测方法及其在面制品中的变化规律研究［D］.河北农业大学,2011.

［34］ 周燕侠.科学养鱼,2003,(10):43.

［35］ 邢玮玮,王榕妹,王俊卿,等.化学研究与应用,2010,(1):42-46.

［36］ 高华鹏,李永夫,刘海山,等.中国兽药杂志,2008,(8):21-25.

［37］ 李俊锁,邱月明,王超.兽药残留分析.上海:上海科学技术出版社,2002.

［38］ 许志刚,练海贤,李攻科,等.分析测试学报,2011,(04):465-472.

[39] 朱坚，李波，方晓明，等. 质谱学报，2005，(03)：129-137.

[40] 孙雷，张骊，朱永林，等. 色谱，2008，(06)：709-713.

[41] 田苗. 分析测试学报，2010，(07)：712-716.

[42] 孔莹，邱月明，李鹏，等. 分析测试学报，2006，(02)：63-66.

[43] 朱坚，杨景贤，李波，等. 分析测试学报，2004，(9)：223-225.

[44] 刘畅，吴小虎，徐伟东，等. 药物分析杂志，2008，(12)：2085-2089.

[45] 李挥，张敬轩，宋合兴，等. 药物分析杂志，2011，(12)：2273-2277.

[46] 任雪冬，刘成雁，林雪征，等. 理化检验（化学分册），2011，(07)：872-876.

[47] 张昱，余德河，胥传来，等. 食品科学，2008，(08)：643-646.

[48] 崔晓亮，邵兵，涂晓明. 药物分析杂志，2007，27（9）：1492-1496.

[49] 陈溪，董伟峰，赵景红，等. 检验检疫科学，2007，增刊：93-98.

[50] 王加启，郑楠，许晓敏，等. 中国畜牧兽医，2012，(02)：1-5.

[51] 林维宣，董伟峰，陈溪，等. 色谱，2009，(03)：294-298.

[52] 王立，汪正范. 色谱分析样品处理. 北京：化学工业出版社，2006.

[53] 李瑞园，毛丽莎，刘红河，等. 职业与健康，2011，27（9）：990-991.

[54] 孙俐. 食品研究与开发，2008，29（6）：93-97.

[55] 姚浔平，金米聪，李小平. 中国卫生检验杂志，2005，(06)：722.

[56] 王炼，杨元，王林. 理化检验（化学分册），2007，(06)：482-484.

[57] 罗晓燕，林玉娜，刘莉治，等. 中国卫生检验杂志，2005，(04)：387-389.

[58] 刘思洁，李青，方赤光，等. 中国卫生工程学，2004，(01)：41-42.

[59] 牛晋阳，孙焕，李莹莹. 食品科学，2010，(04)：230-232.

[60] 高文惠，李挥，张敬轩. 食品科学，2010，(20)：382-385.

[61] 祝伟霞，刘亚风，袁萍，等. 色谱，2010，(11)：1031-1037.

[62] 吴映璇，林峰，姚仰勋. 食品安全质量检测学报，2013，4（05）：1467-1472.

[63] GB/T 22954—2008. 河豚鱼和鳗鱼中链霉素、双氢链霉素和卡那霉素残留量的测定 液相色谱-串联质谱法.

[64] GB/T 21323—2007. 动物组织中氨基糖苷类药物残留量的测定 高效液相色谱-质谱/质谱法.

[65] Oertel R，Neumeister V，Kirch W. Journal of Chromatography A，2004，1058（1-2）：197-201.

[66] 董静，宫小明，张立，等. 中国卫生检验杂志，2008，(01)：26-28.

[67] GB/T 22951—2008. 河豚鱼、鳗鱼中十八种磺胺类药物残留量的测定 液相色谱-串联质谱法.

[68] GB/T 20759—2006. 畜禽肉十六种磺胺类药物残留量的测定 液相色谱-串联质谱法.

[69] SN/T 1965—2007. 鳗鱼及其制品中磺胺类药物残留量测定方法 高效液相色谱法.

[70] 林海丹，谢守新，吴映璇. 食品科学，2005，26（01）：176-179.

[71] GB/T 21316—2007. 动物源性食品中磺胺类药物残留量的测定 液相色谱-质谱/质谱法.

[72] 刘莉治，林玉娜，罗晓燕，等. 中国卫生检验杂志，2008，18（12）：2509-2511.

[73] SN/T 1960—2007. 进出口动物源性食品中磺胺类药物残留量的检测方法酶联免疫吸附法.

［74］　陆勤，林峰，朱柳明.中国乳业，2006，(11)：51-53.

［75］　云环，张朝晖，罗生亮，等.现代仪器，2009，(06)：42-45.

［76］　刘正才，杨方，余孔捷，等.色谱，2012，30 (12)：1253-1259.

［77］　云环，崔凤云，严华，等.色谱，2013，31 (08)：724-728.

［78］　祝伟霞，杨冀州，袁萍，等.色谱，2013，31 (10)：934-938.

［79］　曲婷婷，刘晓燕，王本杰，等.中国医院药学杂志，2009，(07)：549-551.

［80］　DB32/T 1163—2007.鸡肝中金刚烷胺残留量的测定　液相色谱-串联质谱法.

［81］　DB32/T 1165—2007.鸡肝中利巴韦林及其代谢物残留总量的测定　液相色谱-串联质谱法.

［82］　邵琳智，姚仰勋，谢敏玲，等.分析测试学报，2013，32 (12)：1448-1452.

第4章 食品中食品添加剂的检测

4.1 概述

4.1.1 食品添加剂分类和使用情况

食品添加剂是指"为改善食品品质和色、香、味，以及为防腐、保鲜和加工工艺的需要而加入食品中的人工合成或者天然物质"。

食品添加剂有如下多种分类方法。

① 按来源分类：有天然食品添加剂和人工化学合成品两大类。天然食品添加剂又分为由动植物提取制得和由生物技术方法由发酵或酶法制得两种；化工合成法又可分为一般化学合成品与人工合成天然等同物，如天然等同香料、天然等同色素等。

② 按生产方法分类：有化学合成、生物合成（酶法和发酵法）、天然提取物三大类。

③ 按作用和功能分类：按照《食品添加剂使用标准》（GB 2760—2011）把食品添加剂分为23大类：酸度调节剂、抗结剂、消泡剂、抗氧化剂、漂白剂、膨松剂、胶基糖果中基础剂物质、着色剂、护色剂、乳化剂、酶制剂、增味剂、面粉处理剂、被膜剂、水分保持剂、营养强化剂、防腐剂、稳定和凝固剂、甜味剂、增稠剂、食品用香料、食品工业用加工助剂和其他。

我国食品添加剂行业虽起步较晚，但是随着现代食品工业的崛起，我国食品添加剂已由当初品种少、产量低、质量不稳定以及生产企业小而分散的状况发展成为初步标准化、国际化，并具有一定规模的工业体系，在国际市场上占有举足轻重的地位。在《食品添加剂使用标准》（GB 2760—2011）包括食品添加剂、食品用加工助剂、胶母糖基础剂和食品用香料共2314种。目前，我国食品添加剂按其主要功能特点分为23类，2010年我国食品添加剂总产量在710万吨左右，同比增长约11%，产品销售额约720亿元，同比增长12.5%，创汇约32亿美元。随着消费者对食品营养、质量及色、香、味的追求，食品产品中添加和使用食品添加剂成为现代食品加工生产的需要，目前食品添加剂的品种和功能正在不断发展，如绿色食品添加剂、复合型食品添加剂都在加速上市，食品添加剂行业已成为现代食品工业的重要组成部分。

与国际上一样，我国食品添加剂的管理实行允许使用名单制度，并针对允许使用的食品添加剂制定了具体使用范围和使用量的规定。尽管我国食品添加剂的监管体系不断发展，但是由于食品添加剂产业发展较快，仍有些管理机制尚未完善和健全，再加上一些企业盲目逐利等因素，使得围绕食品添加剂的安全问题时有发生，归纳起来主要有以下四类违法行为：

① 违法使用　为达到提高产量和感官增效等目的，一些企业非法使用未经国家批准或被国家禁用的添加剂品种及以非食用化学物质代替食品添加剂，如苏丹红、吊白块、三聚氰胺、柠檬黄等。该类食品安全恶性事件频频曝光，造成了极其恶劣的社会影响。食品非法添加已成为当前食品安全的一个突出问题。

② 超限量或超范围使用　一般来说，食品添加剂按照国家规定的范围和剂量使用是安全的，但是一些企业为了迎合市场需求或者缺乏安全使用常识、技术限制等原因，超限量或超范围使用防腐剂、甜味剂、着色剂、面粉处理剂和漂白剂等；另外，还有在混合工艺上因技术性问题而造成的"滥用"现象。食品添加剂的超标使用会对人体健康造成严重危害，如甜蜜素摄入过量会损害人体的肝脏和神经系统，对老人、孕妇、儿童的危害更加明显。

③ 违规使用　我国已建立了一套完善的食品添加剂监督管理和安全性评价制度，对列入国家标准的食品添加剂均进行了安全性评价，但是仍存在使用没有经过安全性评价合格的复合添加剂、营养素，未经出入境检验检疫局检验合格的食品添加剂或无生产许可证企业生产的食品添加物质，以及为隐藏食品本身或加工过程中的质量缺陷或以掺杂、掺假、伪造为目的而使用食品添加剂的现象，如在植物油中添加味道类似于香油的香精生产"香油"，这就违反了食品添加剂的使用原则。

④ 标识不符合规定　一些企业在实际食品添加剂和食品的生产经营过程中无视《食品安全法》、《预包装食品标签通则》等法律法规的要求，不正确或不真实地标识食品添加剂，存在误导和欺骗消费者的现象，严重侵犯了消费者的知情权。这些问题不仅使食品添加剂滥用成为媒体抨击的内容和关注的焦点，也加深了消费者对食品添加剂的疑惑。

4.1.2　食品添加剂的规管

《中华人民共和国食品卫生法》（以下简称《食品卫生法》）明确了食品添加剂的监督管理。卫生部根据《食品卫生法》制订实施了《食品添加剂卫生办法》、《食品添加剂生产企业卫生规范》、《卫生部食品添加剂申报与受理规定》等规章、规范和《食品添加剂使用卫生标准》等配套标准，形成了较为完善的食品添加剂法规和标准体系。《食品安全法》对食品添加剂的监督管理确立了分段监管的体制，明确了各部门的职责分工，卫生部承担综合协调的职责，并负责食品添加剂新品种许可、制定和公布标准，质检总局负责对食品添加剂生产企业、食品生产中使用食品添加剂和食品添加剂进出口的监管，工商部门负责加强流通环节食品添加剂的质量监管，食品药品监管局负责餐饮环节使用食品添加剂的监管，工信部门负责对食品添加剂生产企业进行行业管理、制订产业政策和指导生产企业诚信体系建设。

生产经营和使用食品添加剂，必须符合《食品添加剂使用卫生标准》和《食品添加剂卫生管理办法》的规定。

《食品添加剂使用卫生标准》和《食品营养强化剂使用卫生标准》以及历年卫生部关于食品添加剂增补品种的公告是食品添加剂和食品营养强化剂使用的依据，两个标准分别规定了我国批准使用的食品添加剂食品营养强化剂的种类、名称、使用范围和使用量等内容。

申请生产或者使用未列入《食品添加剂使用卫生标准》、《营养强化剂使用卫生标准》的品种时，申请单位应当按照《食品添加剂卫生管理办法》、《食品添加剂申报与受理规定》向评审机构提出申请，并提交有关资料后，经卫生部组织的专家委员会进行风险型评估，通过后由卫生部公告后，方可使用。

食品添加剂必须有包装标识和产品说明书。在包装标识或者产品说明书上根据不同产品分别按照规定标出品名、产地、厂名、生产日期、批号或者代号、规格、配方或者重要成分、保质期限、食用或者使用方法等，并明确标示"食品添加剂"字样，不得有夸大或者虚假的宣传内容。有适用禁忌与注意事项的，应有警示性标示。

本章将分别介绍食品中各类食品添加剂（如着色剂、防腐剂、抗气化剂、水分保持剂）的检测技术。

4.2　食品中着色剂的检测

4.2.1　概述

合成着色剂是指用人工化学合成方法所制得的化合物，包括食用色素及其他用途的非食用着色剂。食用合成色素多以苯、甲苯、萘等化工产品为原料，经过磺化、硝化、偶氮化等一系列有机反应化合而成。因此，食用合成色素多为含有 R—N＝N—R′键、苯环或氧杂蒽结构化合物，它们对人体存在一定的不安全性或者产生有害作用。食用色素具有着色力强、色泽鲜艳、不易褪色、稳定性好、易溶解、成本低等特点，目前在食品中得到广泛使用。目前市场上常用的食用色素可分为以下 5 大类。

① 偶氮化合物类　如柠檬黄、日落黄、苋菜红、胭脂红、偶氮玉红、红 2G 和诱惑红，结构式如下：

柠檬黄

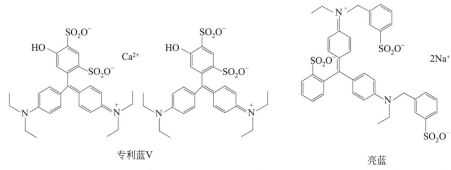

日落黄

胭脂红

苋菜红

② 三芳基甲烷类　如专利蓝 V、亮蓝、绿 S 等，结构式如下：

专利蓝V

亮蓝

③ 喹啉衍生物类　如喹啉黄，结构式如下：

n=2或3

④ 呫吨类　如赤藓红，结构式如下：

⑤ 靛蓝着色剂　如靛蓝，结构式如下：

　　GB 2760—2011《食品安全国家标准　食品添加剂使用标准》规定，我国许可使用的食品合成色素有苋菜红、胭脂红、赤藓红、新红、诱惑红、柠檬黄、日落黄、亮蓝、靛蓝和它们各自的铝色淀，以及酸性红、β-胡萝卜素、叶绿素铜钠盐和二氧化钛共 22 种。

近年来，研究发现在这些着色剂中，有些可能会引起人类一些不良反应，特别是在超剂量使用的情况下。其中日落黄、喹啉黄、偶氮玉红、诱惑红、柠檬黄、胭脂红，这 6 种色素被认为与儿童多动症可能有关联。红 2G、专利蓝 V、绿 S 在某些国家特定产品中限量使用，我国不允许添加。除了食用色素外，目前市场上还发现某些食品中非法添加非食用的着色剂，如酸性橙 I、酸性橙 II、酸性黄 36、酸性红 26、酸性红 52 等，这些为工业用途的化工产品，属于食品中的禁用添加物质。

目前有关食品着色剂检测的方法不少，有 TLC、导数伏安法、单扫描极谱法、导数分光光度法、毛细管电泳、高效液相色谱法和液相-质谱联用法等。

4.2.2 检测方法

4.2.2.1 测试方案的选择

对于合成色素测定，测试方案的选择主要考虑：测定的目标色素需求，是单组分还是多组分；样品性质，是动物组织（比如肉制品中胭脂红着色剂测定，用 GB/T 9695.6—2008）还是植物样品；实验室具备的仪器设备条件（如液相色谱仪和分光光度仪）；待检测样品的数量，是否需要高通量检测。

检测食品中合成色素的主选方法是 GB/T 5009.35—2003，如果遇到一些特殊基质，前处理方法上可以适当调整。比如当糖果样品含糖量高时，按国标方法处理，即用聚酰胺过滤特别难。可以用足量的蒸馏水冲洗至洗液澄清，糖分会明显减少。再进行过滤。对于杂质较多的样品（如奶糖），定容后放置冰箱冷藏 10min，6000r/min 离心 5min，上清液经 0.45μm 滤膜过滤，杂质会明显减少。

国标方法中对果冻、雪糕、饼干和果膏中色素的检测没有明确的前处理方法。果冻中其他成分会干扰色素的测定。可以将果冻样品加入 100～150mL 的水，在 70℃ 水浴中完全溶解后，加入 5g 聚酰胺（14～80 目），在 70℃ 水浴浸提 20min，期间每隔 5min 搅拌一次。提取完毕后，用 70℃ 热水冲洗聚酰胺至溶液澄清。这是因为果冻一般是含 0.5% 左右的琼脂凝固成的半固体，这种半固体用振荡和超声的方法是很难将其中的内容物完全提取出来，造成回收率偏低；而琼脂在 70℃ 时能完全溶解，经 10 倍稀释后即琼脂浓度在 0.05% 时不会再形成半固体状。

对于雪糕类样品，若有不溶于水的固体物质，应先过滤，冲洗滤渣，合并滤液至 150mL，60℃ 水浴 10min，加入适量聚酰胺，充分搅拌，提取 20min 后用热水冲洗即可上柱解吸附。饼干样品应过夜静提，因为其中的淀粉会遇热呈糊状，不利于色素的提取、净化。

高蛋白鱼肉制品，可以在去除油脂后，采用体积比为 1:1 的尿素（4mol/L）-甲醇溶液超声提取，在酸性条件下用聚酰胺粉吸附后，在碱性条件下解吸浓缩，经 C_{18}（反相键合硅胶）柱分离，用紫外检测器检测。

亚铁氰化钾、乙酸锌是食品检验中常用的蛋白沉淀剂，亚铁氰化钾和乙酸锌混合后生成的亚铁氰化锌与蛋白质共沉淀，对蔬菜、肉类和奶粉等多种基质的蛋白质沉淀效果均较好，但是，在使用此蛋白沉淀剂沉淀乳制品蛋白时，被测合成色素颜色发生变化，达不到检测的目的。国标薄层色谱法中钨酸钠作为奶糖中蛋白质的沉淀剂，用此液作为乳制品沉淀剂，色素最初是随着沉淀物一起沉淀下来，要经过不断的搅拌后合成色素才从沉淀物中脱离出来，当样品中含乳成分高时，要经过数小时候沉淀物才能达到无色。实验耗时过长，不利于检测工作。采取3％乙酸作为蛋白沉淀剂，可以达到预期效果。

国标 GB/T 5009.35—2003 方法采用同一波长测定不同种类色素，特异性不强，且食品中杂质成分会干扰色素的测定。可以利用二极管阵列检测器（DAD）特有的程序可变波长功能测定人工合成色素，根据各组分出峰顺序，在不同时间段分别用各组分的最佳检测波长进行检测，比用单一波长检测提高了检测灵敏度，同时还能克服254nm处的梯度洗脱时造成的基线漂移，减少共存物的干扰。该法大大地提高了各种色素的灵敏度和特异性，特别是亮蓝，灵敏度提高了5倍多。

4.2.2.2　测试方法

（1）层析法

根据天然红曲红色素与合成色素胭脂红各组分分配系数的不同，沈士秀等[1]利用纸层析法可以鉴别熟肉制品中红曲红天然色素掺杂胭脂红的情况。以丙酮∶异戊醇∶蒸馏水（6∶5∶4）作展开剂，采用上行法展开15cm，红曲红色素 R_f 值平均为0.68，胭脂红的 R_f 值平均为0.32，有较好的分离效果，当样品中胭脂红含量高于0.04％时可清晰地检出。严浩英等[2]用双波长薄层扫描法分离测定胭脂红、苋菜红、柠檬黄、日落黄和亮蓝5种人工合成食用色素。

（2）分光光度法

用分光光度法测定混合食用合成色素时，常采用最小二乘法的多波长线性回归光度法，但最小二乘法受异常点影响显著，且对测量波长的位置等条件要求严格。周彤等[3]利用偏最小二乘法的多变量校正的优良解析性能结合高灵敏度的导数光度法，对混合色素的四组分（柠檬黄、日落黄、胭脂红、苋菜红）进行了同时测定；冯江等[4]采用稳定回归-分光光度法同时测定三组食用合成色素，改变了最小二乘法的不足，对饮料中的柠檬黄、胭脂红、果绿混合色素进行分析。

（3）紫外分光光度法

紫外分光光度法利用特征吸收峰进行定量测定是目前应用最普遍的方法。根据物质对光的吸收具有选择性，应用紫外-可见分光光度计进行吸收光谱扫描，胭脂红、苋菜红、柠檬黄、日落黄和亮蓝等不同的食用合成色素具有不同的吸收谱图，与标准谱图对照，即可直观、快速地定性，且一定浓度下峰高与含量成正比，故可定量。但是，该法的抗干扰性不强，许多结构、性质相似的色素共生于同一生物体中，如类胡萝卜素的番茄红素、α-胡萝卜素、β-胡萝卜素，红曲红中红曲红色素、红曲黄色素、红曲蓝色素等，对色素的准确测定造成干扰。

（4）高效液相色谱法（HPLC法）

高效液相色谱法是目前被广泛应用的测定方法，由于食品的色素大多是两种组分或者两种以上组分混合使用，该方法准确度高，重现性好，现为国家标准方法。

在反相色谱中，固定相是微极性或非极性的，而流动相有很强的极性（比如四氢呋喃、乙腈、甲醇和水）在适宜的条件下可以分析大多数食品色素。离子化的样品必须有形成中性分子的可能。选择分离条件时待测色素最重要的特性是疏水性以及它们的分子是否存在酸性基团偶氮染料的疏水性比其他染料大，这一点与带萘环的染料比苯环的染料疏水性大相似。

为了促进分离和缩短分析时间，加一点无机电解质到流动相中去。这类修饰剂常常是醋酸铵，浓度大于 0.1mol/L，过高的浓度会引起保留时间的延长，这可能是盐析效应的结果，测试物质在固定相表面沉淀下来。

4.2.3　典型方法实例1　高蛋白鱼肉制品中色素的测定

此处介绍的方法源自文献[5]。

（1）前处理

① 色素提取　称取 2g 均匀鱼肉样品于小烧杯中，加入 20mL 石油醚，搅拌置片刻，重复三次，去油脂。待石油醚挥发干后，加入 20mL 提取液：尿素（4mol/L）-甲醇溶液（体积比 1∶1），超声处理 20min，以 12000r/min 离心 5min，倾出上清液。在下层固体中再加入 20mL 提取液，均质、超声、离心后倾出上层清液，重复以上步骤，至提取液无色为止，合并提取液。

② 色素净化　将提取液用盐酸调至 pH＝4，加入约 3g 聚酰胺粉吸附色素，60℃水浴保温 30min。将提取液和聚酰胺粉缓慢倾入聚酰胺柱中［聚酰胺柱：1g 聚酰胺粉用水调成糊状，倾入玻璃柱 19.5cm（长度）×2.6cm（内径）中，静置，用少量酸性水洗］，控制好流速，先用 60℃、pH＝6 的热水洗涤，再用体积比为 3∶2 的甲醇-甲酸洗涤，后用水洗至中性。最后用体积比为 1∶9 的 25％氨水-甲醇洗脱，使色素全部溶出，收集解吸液，用旋转蒸发仪蒸发至近干，定容至 5mL。以 10000r/min 离心 5min 后，用 0.45μm 针式微孔滤膜过滤，进入高效液相色谱系统检测，分离结果见图 4-1。

（2）色谱条件

色谱柱：SinoChrom ODS-BP（200mm×4.6mm，5μm）。柱温：室温。流动相：甲醇（A）-0.02mol/L 乙酸铵（B），流动相梯度见表 4-1。流速：0.8mL/min。进样量：20μL。检测波长：254nm。

（3）关键控制点和注意事项

吸附和解析的酸度是保证回收率的重要因素。在色谱图中，诱惑红与红色 2G 不易分开。因此在最初 4min 内，选用体积比 1∶3 的甲醇-0.02mol/L 乙酸铵溶液分离，4min 后，甲醇和乙酸铵溶液的比例要提高到 1∶1。

表 4-1　流动相梯度

时间/min	A/%	B/%	时间/min	A/%	B/%
0	25	75	12	60	40
4	50	50	28	60	40

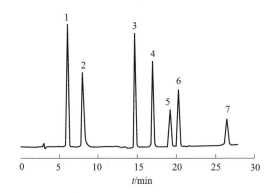

图 4-1　7 种色素标准溶液的色谱图

1—柠檬黄；2—苋菜红；3—胭脂红；4—日落黄；5—红色 2G；6—诱惑红；7—偶氮玉红

4.2.4　典型方法实例 2　固相萃取-HPLC 法同时测定葡萄酒中 8 种人工合成色素

此处介绍的方法源自文献 [6]。

（1）前处理

固相萃取柱（OASIS HLB Extraction Cartridge），用时先经 5mL 甲醇滤过活化，再加 5mL 水置换，保持萃取柱润湿状态，待用。

准确移取样品 2mL 用 1% 甲酸水溶液稀释至 25mL 容量瓶，充分混合摇匀后，取此溶液 10mL，用注射器缓慢推入萃取柱内，待样液完全流出后，再用 5mL 左右的 1% 甲酸水溶液冲洗盛样品液的容器后过柱，弃去全部流出液；用含 2% 氨水的甲醇洗脱萃取柱，收集洗脱液并定容至 5mL，氮吹至 1mL，再加入 1mL 1% 甲酸水溶液，混合摇匀，进样 20μL 进行色谱分析，色谱分离见图 4-2。

（2）色谱条件

色谱柱：ZORBAX Eclipse XDB-C_{18} 柱（250mm × 4.6mm，5μm）。柱温：30℃。流动相：20mmol/L 乙酸铵（A）-甲醇（B），洗脱梯度见表 4-2。流速：1.0mL/min。进样量：20μL。检测波长：柠檬黄 425nm；苋菜红、胭脂红、日落黄、偶氮玉红、赤藓红、诱惑红 515nm；亮蓝 630nm。

（3）关键控制点和注意事项

柠檬黄、苋菜红、胭脂红、日落黄、亮蓝、偶氮玉红、赤藓红、诱惑红 8 种合成色素必须在酸性条件上萃取柱，用 5mL 含 2% 氨水的甲醇溶液洗脱萃取柱，才能将吸附在萃取柱上的上述 8 种合成色素洗脱干净。

表 4-2　分离 8 种合成色素洗脱梯度

时间/min	A/%	B/%	时间/min	A/%	B/%
0	90	10	20	20	80
10	70	30	25	0	100
15	60	40			

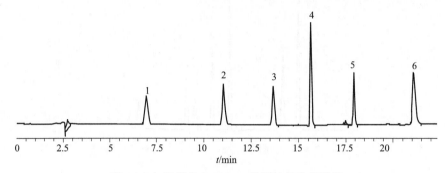

图 4-2　加标样品在 515nm 检测波长的色谱图

1—苋菜红；2—胭脂红；3—日落黄；4—诱惑红；5—偶氮玉红；6—赤藓红

4.2.5　典型方法实例 3　离子对高效液相色谱法测定果汁中的合成色素

此处介绍的方法源自文献 [7]。

（1）前处理

称取珍珠果饮料 30.0g 于 100mL 烧杯中，加热至 60℃，将适量聚酰胺粉加少许水调成粥状，倒入样品溶液中，搅拌片刻，以 G3 砂芯漏斗抽滤，用 60℃ pH4 的水洗涤 3~5 次，然后用甲醇：甲酸＝6：4 混合溶液（体积比）洗涤 3~5 次（5mL/次），再用水洗至中性，用无水乙醇：氨水：水＝7：2：1（体积比）混合溶液解吸 3~5 次，每次 5mL，收集解吸液，加乙酸中和，蒸发至近干，加水溶解，定容至 10.00mL。经 0.45μm 滤膜过滤，取 20μL 进样。采用标准曲线外标法定量，各色素分离结果见图 4-3。

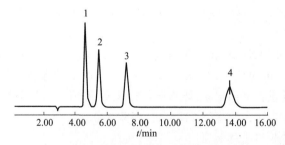

图 4-3　4 种色素标准溶液的色谱图

1—柠檬黄；2—苋菜红；3—日落黄；4—胭脂红

（2）色谱条件

色谱柱：Kromasil C$_{18}$柱（250mm×4.6mm，5μm）。流动相：甲醇∶水＝45∶55（体积比）（流动相含0.005mol/L四丁基溴化铵）。流速：0.8mL/min。检测波长：254nm。

（3）关键控制点和注意事项

在反相离子对色谱中，关键控制点是对离子浓度，因为分离度和保留时间均与对离子浓度有关，通过调节对离子浓度可改变被分离样品离子的保留时间。当对离子浓度增大到一定程度后，导致保留时间增大，峰形变宽。对离子浓度在0.004～0.007mol/L的范围为最佳。

4.2.6 典型方法实例4 高效液相色谱法测定奶酪和人造黄油中胭脂树橙

此处介绍的方法源自文献[8]。

胭脂树橙是从原产于中南美洲的胭脂树的种子假种皮中提取的一种食用天然黄橙色素，主要由红木素（Bixin）和降红木素（Norbixin）组成。胭脂树橙对乳蛋白有良好的亲和性，适用于奶酪和奶酪品的着色。在中国、欧盟、美国等多个国家和地区，胭脂树橙是一种被批准使用的乳制品着色剂。

（1）前处理

称取2g样品，于50mL刻度离心管中，加入冰醋酸＋乙腈（3＋7）溶液至约9mL，均质器上匀质提取30s，另取一离心管，加入10mL 30%冰醋酸乙腈溶液洗涤均质器刀头，合并洗涤液至第一支离心管，用冰醋酸＋乙腈（3＋7）溶液定容至20mL，在振水平荡器上振荡20min，放入－20℃冰箱中冷冻90min，取出，在0℃10000r/min离心30min，取出后上清液立即经0.22μm滤膜过滤，滤液供液相色谱测定，色谱分离情况见图4-4。

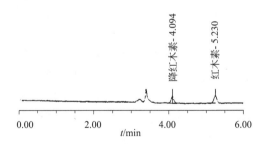

图4-4　降红木素和红木素的标准溶液液相色谱图（0.05mg/L）

与其他提取方法比较：

① 丙酮提取-减压浓缩法　由于丙酮提取出较多的脂肪及一些水分，浓缩较难，胭脂树橙稳定性较差，浓缩时间长导致回收率下降，采用氨基柱净化的方法，回收率较不稳定，特别是在加标含量较低时，由于分离柱填料的吸附作用及样品基体不同的影响，回收率很不稳定。

② 碱性溶液提取法　使油溶性红木素全部转化为水溶性降红木素后用高效液相色谱法测得的是降红木素总量，不能分别测定降红木素、红木素的含量。

（2）色谱条件

色谱柱：Agilent TC-C$_{18}$柱（250mm×4.6mm，5μm），柱温：35℃。流动相：乙腈＋0.1％甲酸水溶液（92＋8）。流速：1.0mL/min。进样量：10μL。检测波长：460nm。

奶酪、人造黄油中降红木素、红木素含量的测定下限，均为0.5mg/kg。

（3）关键控制点和注意事项

采用方法为样品用冰醋酸＋乙腈（3＋7）溶液提取，对蛋白质和脂肪有较好的沉淀作用，可大大减少提取液中的脂肪和蛋白质，而溶出的少量脂溶性物质，经冷冻后并在冷冻条件高速离心，使溶于提取液的蛋白质和脂肪析出，离心过滤除去。

4.3　食品中防腐剂的检测

4.3.1　概述

防腐剂是指能防止食品腐败、变质，抑制食品中微生物繁殖，延长食品保存期的物质。它是人类使用最悠久、最广泛的食品添加剂。

目前，我国允许使用的品种主要有：苯甲酸及其钠盐、山梨酸及其钾盐、对羟基苯甲酸乙酯和丙酯、丙酸钠、丙酸钙、脱氢乙酸等。

苯甲酸又名安息香酸。为白色有丝光的鳞片或针状结晶，微溶于水，使用不便，实际生产多用其钠盐易溶于乙醇、乙醚等有机溶剂。在酸性条件下可随水蒸气蒸馏。化学性质较稳定。苯甲酸及其钠盐主要用于：酸性食品的防腐，在pH 2.5～4其抑菌作用较强，当pH＞5.5时，抑菌效果明显减弱。对霉菌和酵母菌效果甚差。

苯甲酸进入人体后，大部分与甘氨酸结合形成无害的马尿酸，其余部分与葡萄糖醛酸结合生成苯甲酸葡萄糖醛酸苷从尿中排出，不在人体积累。苯甲酸的毒性较小。

山梨酸又名花楸酸，难溶于水，易溶于乙醇、乙醚、氯仿等有机溶剂，在酸性条件下可随水蒸气蒸馏，化学性质稳定。山梨酸及其钾盐也是用于酸性食品的防腐剂，适合在pH5～6以下使用。对酵母菌、霉菌、抑菌效果好。但对厌氧芽孢杆菌、乳酸菌无效。

山梨酸是一种直链不饱和脂肪酸，可参与体内正常代谢，并被同化而产生CO$_2$和水，几乎对人体没有毒性，是一种比苯甲酸更安全的防腐剂。

4.3.2　测试方案的选择

对于食品中防腐剂的测定，测试方法主要以国标方法为主（GB/T 5009.29—

2003 和 GB/T 23495—2009)，还应根据样品基质、实验室具备的仪器设备条件、是否需要高通量而定检测方法。

4.3.2.1 样品前处理方法

样品的前处理方法主要有有机溶剂萃取、固相萃取、固相微萃取、亚临界水萃取等。

（1）超声波提取和液液萃取法

超声波提取是通过空化作用使分子运动加快，同时将超声波的能量传递给样品，使组分溶解加快。液液萃取是利用溶液中各组分在所选用溶剂中溶解度的不同以达到分离的操作。

国标方法原理是，取样后先酸化，再用乙醚分两次提取，吸出提取液经洗涤脱水后于水浴上挥干，最后用乙醚-石油醚溶解定容后再检测。这种方法存在着费时费力、有机试剂消耗量大、工作强度高等缺点，而且在处理月饼等油脂含量较高的样品时，由于乙醚是油脂的良好溶剂，会把样品的油脂成分也同时提取出来，无法继续进行挥干等处理过程。利用碱性溶液浸泡样品，用亚铁氰化钾和乙酸锌对油脂成分进行沉淀，最后过滤样品液后可以直接在液相色谱仪上进行测定，可以大大简化前处理步骤，检测结果的精密度、准确度等都达到要求。

碱溶液反萃取法进行前处理，先将酱油样品用乙醚在酸性条件下提取，然后再酸化，采用反萃取处理方法，不仅省去了脱水步骤，而且避免了定量分析中的有机杂质的干扰。

（2）固相萃取

固相萃取是一个包括液相和固相的物理萃取过程。可以通过 C_{18} 固相萃取柱净化，样品中的蛋白质、脂肪等有机残留物被吸附在萃取柱上，而分析物对羟基苯甲酸酯在萃取柱上没有保留，直接流出萃取柱。

GB/T 5009.29—2003《食品中苯甲酸、山梨酸的测定》对肉制品中的苯甲酸、山梨酸前处理未作规定，由于脂肪、蛋白质含量较高，检测时按常规方法处理，不易提取完全，影响检测结果的准确性，同时，样品过滤也有一定的困难，使用 C_{18} SPE 小柱进行样品净化，可以有效去除样品中的杂质。

酱油成分十分复杂，含有大量紫外吸收的物质，如有机酸、氨基酸、醛类及酯类等，这些物质可能会与待测组分苯甲酸出峰时间相同而干扰苯甲酸的检测。酱油中苯甲酸含量低。采用固相萃取法直接固相萃取，能很好地预分离和富集分析物与其他有机物。苯甲酸极性很小，可以选择弱极性或非极性的溶剂将其溶出。苯甲酸在乙醚、丙酮等非极性溶剂中的溶解效果比在乙醇中好，但是这些溶剂在溶解苯甲酸的同时，不仅溶解了酱油中其他脂溶性物质，而且也易形成乳浊液，使分析工作复杂化。而乙醇的极性较大，脂溶性较差，它既能使苯甲酸溶解，又不至于引入脂溶性杂质。故选择乙醇作为第一步萃取剂，第二步再用含体积分数 15% 甲醇-乙酸铵缓冲弱酸溶液冲洗固相柱达到完全萃取。

（3）蒸汽蒸馏法

根据苯甲酸和山梨酸在酸性条件下能随水蒸气一起蒸出的特性，可以采用蒸汽蒸馏法对葡萄酒进行前处理，对复杂基质的食品样品蒸馏法也适合。

（4）搅拌棒吸附萃取法

搅拌棒吸附萃取（Stir bar sorptive extraction，SBSE）是一种自身搅拌吸附萃取的固相萃取技术。搅拌棒萃取技术具有富集倍数高、重复性好和操作简单等优点，可以将食品稀释一定的倍数以减少甚至消除食品的基质效应，并且能够保证较低的检出限。

由于固相萃相法具有溶剂使用量少、回收率高、重现性好、选择性高等特点，从而显示出良好的发展前景，是目前食品等样品中防腐剂最常用的提取净化方法。

4.3.2.2　检测方法

（1）气相色谱法

气相色谱是重要的快速分析技术之一，它有极好的灵敏度和很高的分离度。刘杨岷等[9]采用固相微萃取-气相色谱法分析了酱油中的对羟基苯甲酸乙酯，采用PDMS萃取头对羟基苯甲酸乙酯进行了测定，重复性好，干扰少，灵敏度高，可用于酱油中对羟基苯甲酸乙酯的快速监控分析。张建华等[10]对气相色谱的色谱柱填料进行改进，采用不锈钢柱，用乙二醇丁二酸酯填装，得到食品中苯甲酸和山梨酸的峰形好，检出限为 $5\mu g/kg$。迪丽努尔·马力克等[11]采用 10m 长，$100\mu m$ 内径的 HP-5 溶融石英毛细管柱，在快速程序升温条件下，用气相色谱同时测定 6 种常见防腐剂。赵娅鸿[12]采用了气相色谱法（毛细管柱）测定了食品中丙酸盐的含量，该方法可准确测定食品中的丙酸盐且有很好的线性关系，相关系数大于 99%，最低检出限为 0.02g/kg。

（2）液相色谱法

对羟基苯甲酸酯类防腐剂的 HPLC 检测大多数采用反相 C_{18} 柱，常用的流动相有甲醇-磷酸盐-水，甲醇-水，乙腈-水和甲醇-醋酸-水等。目前，对于 HLPC 法同时测定多种对羟基苯甲酸酯类防腐剂的研究，大量的工作集中在选用合适的检测器及提高方法的灵敏度。

4.3.3　典型方法实例 1　固相萃取-高效液相色谱法测定肉制品中山梨酸、苯甲酸含量

此处介绍的方法源自文献 [13]。

（1）前处理

① 提取　称取 2.0g 火腿肠，经研钵研碎后置于 25mL 比色管，加 5mL 水，经 80℃ 水浴加热 30min 后，超声提取 30min，以 10000r/min 高速离心 5min，取上清液至 25mL 容量瓶，定容至刻度。

② 净化　取 C_{18} SPE 固相萃取小柱依次用 5mL 甲醇和 3mL 水活化后，再通

过 5mL 样液，用 5mL 甲醇淋洗，弃去淋洗液，再用 5mL 水以约 1.0mL/min 速度洗脱，收集洗脱液于 25mL 容量瓶，经 0.45μm 滤膜过滤后，用于 HPLC 分析。

（2）液相色谱测定条件

色谱柱：VP-ODS（250mm×4.6mm，5μm）。流动相：0.02mol/L 乙酸铵＋甲醇＝95＋5，1.0mL/min。进样量：20μL。紫外检测器检测波长：230nm。灵敏度：0.02AUFS。

苯甲酸的检出限为 1.47μg/kg，山梨酸的检出限为 0.86μg/kg。

（3）关键控制点和注意事项

洗脱液流速对洗脱量有影响，减慢流速可增加洗脱量，控制在 1.0mL/min 左右为宜。

4.3.4 典型方法实例 2　蒸馏法检测葡萄酒中的防腐剂

此处介绍的方法源自文献［14］。

（1）前处理

在蒸汽发生瓶中加入中性蒸馏水，位置低于金属夹处的瓶口。准确吸取 10.0mL 酒样，加入水蒸气蒸馏装置的样品瓶中，同时加入 4g 无水硫酸钠和 1mL 磷酸，连接好装置（图 4-5），加热至沸，打开冷凝器的冷却水，关闭金属夹，用 100mL 的容量瓶收集馏出溶液，至接近刻度时取下，用水定容到刻度，经 0.45μm 滤膜过滤。

苯甲酸和山梨酸在酸性条件下能随水蒸气一起蒸出，尽管葡萄酒中含有一定量的酸，但在蒸馏过程中会有所损失，而磷酸沸点高，不易挥发，因此选用磷酸来调整样品的酸性环境；加入无水硫酸钠的目的是调整水汽两相的蒸气压，使得苯甲酸和山梨酸蒸馏更加完全。

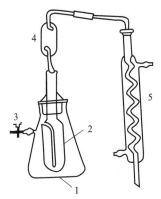

图 4-5　水蒸气蒸馏装置示意

1—蒸汽发生瓶；2—样品瓶；

3—金属夹；4—氮气球；5—冷凝器

（2）液相色谱测定条件

色谱柱：Hypersil ODS2 柱（200mm×5.0mm，5μm）。流动相：甲醇＋乙酸铵溶液（5＋95）。流速：1.0mL/min。进样量：10μL。紫外检测器检测波长：230nm。

（3）关键控制点和注意事项

保证磷酸和无水硫酸钠的合理加入量，对于苯甲酸和山梨酸的回收率至关重要。添加 1mL 磷酸和 4g 无水硫酸钠可以得到比较满意的结果。

与普通蒸馏法对比，在不添加磷酸和无水硫酸钠的情况下蒸馏，得到的苯甲酸和山梨酸的回收率很低。调整酸度和加入无水硫酸钠，回收率仍不够理想，从回收率及药品试剂的使用量上来看，普通蒸馏法远不及水蒸气蒸馏提取法优越。

4.3.5 典型方法实例3 碱溶液反萃取-高效液相色谱法测定酱油中苯甲酸、山梨酸的含量

此处介绍的方法源自文献 [15]。

（1）前处理

① 乙醚萃取 准确称取 2g 市售酱油样品于 10mL 的具塞玻璃离心瓶中加入 0.5mL 盐酸溶液（1+1）混匀，加乙醚至 10mL 于旋涡混匀器上旋涡萃取 1min，静置分层，将乙醚萃取液转移至另一 10mL 的试管中。

② 碱溶液反萃取 在乙醚萃取液试管中加入 2mL 0.1mol/L 氢氧化钠溶液，于旋涡混匀器上旋涡反萃取 1min，静置分层，乙醚层吸出弃去，将氢氧化钠萃取溶液试管放入 50℃ 的水浴中 10min 挥去残留乙醚溶剂，然后加入 0.1mol 的盐酸溶液定容至 5mL，过 0.45μm 滤膜，供液相色谱分析。

（2）液相色谱测定条件

色谱柱：ODS-C$_{18}$柱（150mm×4.6mm，5μm）。柱温：30℃。流动相：甲醇-乙酸按水溶液（0.02mol/L）＝15＋85。流速：1.0mL/min。紫外检测器波长：225nm。进样体积：20μL。

（3）关键控制点和注意事项

反萃取时碱溶液的浓度和用量必须满足中和乙醚萃取液中的酸，并且适当过量。

4.3.6 典型方法实例4 搅拌棒吸附萃取结合气相色谱-质谱/质谱法同时测定饮料和果酱中 7 种防腐剂

此处介绍的方法源自文献 [16]。

（1）前处理

称取 2.00g 样品，加入 30% NaCl 溶液（pH＝3）至 200mL，混匀，取出 20mL，室温下用吸附萃取磁力搅拌棒（Twister）以 1000r/min 的转速吸附萃取 90min。磁力搅拌棒可重复使用，每次使用后用甲醇-二氯甲烷（1：1，体积比）浸泡 2h，再放入色谱进样器中 280℃ 活化 90min。

（2）气相色谱-质谱/质谱测定条件

色谱进样口条件：将吸附萃取过防腐剂的 Twister 放在气相色谱进样口的 TDU 进行热解析。TDU 的初始温度为 50℃，保持 0.5min；以 120℃/min 升温至 270℃，保持 5min。从 TDU 中解析下来的分析物在 CIS 中进行冷凝再富集，CIS 使用液氮制冷，其初始温度为 −60℃，保持 0.2min；以 12℃/s 升温至 270℃，保持 5min，使分析物气化进入色谱柱。TDU 和 CIS 之间的接口温度：300℃。

色谱柱：Agilent DB-17MS 柱（30m×0.25mm，0.25μm）。程序升温：初始

温度为 50℃，保持 1.5min；以 15℃/min 升温至 200℃；再以 20℃/min 升温至 300℃，保持 5min。进样方式：不分流进样。载气：氦气，纯度≥99.999%，流速 1.2mL/min。

质谱电离方式：电子轰击（EI）。电离能量：50eV（为了保留分子离子进行二级质谱定量，选择较低的碰撞能量）。测定方式：多反应监测方式（MRM）。离子源温度：200℃。碰撞气：氩气。色谱-质谱接口温度：250℃。各目标分析物的多反应监测分析条件见表 4-3。

表 4-3 目标分析物的多反应监测分析条件

防腐剂	保留时间 /min	母离子 （m/z）	监测离子 （m/z）	碰撞能量 /eV
苯甲酸	9.06	122	105	8
			77	16
山梨酸	7.74	112	97	3
			67	5
对羟基苯甲酸甲酯	12.20	152	121	6
			93	22
对羟基苯甲酸丙酯	13.51	180	138	6
			121	6
对羟基苯甲酸异丙酯	12.79	180	138	3
			165	3
对羟基苯甲酸异丁酯	13.91	194	138	6
			139	4
对羟基苯甲酸正庚酯	16.93	138	121	9
			64.9	24

（3）关键控制点和注意事项

因为山梨酸和苯甲酸的辛醇-水分配系数 $K_{O/w}$ 值较小，分别为 42 和 79，而对羟基苯甲酸酯类的 $K_{O/w}$ 值为 300～2000。为了使各个分析物响应一致，根据 SBSE 萃取相萃取量与样品溶液体积关系，且便于数据处理以及节约实验试剂，萃取的样品溶液体积选择为 20mL。萃取时间也很关键，90min 萃取基本达到平衡。

4.4 食品中抗氧化剂的检测

4.4.1 概述

抗氧化剂是一类重要食品添加剂，可防止或延缓油脂及含油食品氧化变质及由氧化所导致的褪色、"褐变"、维生素 E 及 β-胡萝卜素破坏等。抗氧化剂按来源可分为化学合成抗氧化剂和天然抗氧化剂；按溶解性或使用场合可分为油溶性抗氧化剂和水溶性抗氧化剂。油溶性抗氧化剂有丁基羟基茴香醚（BHA）、二丁基羟基甲苯（BHT）、叔丁基对苯二酚（TBHQ）、没食子酸丙酯（PC）、去甲二氢愈创木酸（NDGA）、生育酚等；水溶性抗氧化剂有异抗坏血酸及其盐、植酸、茶多酚等。

BHA 是 2-BHA 和 3-BHA 两种异构体混合物，广泛应用于食品和油脂工业，易溶于油脂，对植物油抗氧化活性弱，对热稳定，弱碱性条件下不破坏，遇铁离子不变色。BHA 还有较强抗菌能力，可抑制黄曲霉生长及黄曲霉毒素产生，其抗菌作用比 BHT、TBHQ 都强。

丁基羟基茴香醚结构

二丁基羟基甲苯易溶于动植物油，与金属离子作用不会着色，易受阳光、热影响，是目前最常用抗氧化剂之一；与 BHA、维生素 C、柠檬酸、植酸等使用具有显著增效作用，可用于长期保存油脂和含油脂较高食品及维生素添加剂。

二丁基羟基甲苯结构

叔丁基对苯二酚是新合成的一种抗氧化剂，1972 年美国开始使用，经实验室及生产上应用逐渐发现它对植物油有极好的保护作用。据国内外资料证明，TBHQ 对油脂抗氧化能力比目前常使用 BHA、BHT、PG 强 2～5 倍。TBHQ 具有防止胡萝卜素分解作用；TBHQ 对植物油中生育酚有稳定作用。此外；TBHQ 还具有抑制细菌和霉菌作用。

叔丁基对苯二酚结构

4.4.2 测试方案的选择

4.4.2.1 样品提取与净化

对于食品中抗氧化剂测定，主选方法是国标方法（GB/T 5009.35—2003 和 GB/T 23373—2009）为主，还要根据基质、实验条件和分析要求做出相应调整。

GB/T 5009.30—2003 采用气相色谱法检测食品中的 BHA、BHT，采用石油醚处理试样，减压回收溶剂，残留脂肪备用。将制备的脂肪过硅胶-弗罗里矽土（6＋4）色谱柱后上气相色谱柱（1.5m×3mm 玻璃柱，内装涂有 10% QF-1 的 GaschromQ 的担体），采用 FID 检测器检测。

国标方法中柱色谱法前处理过程复杂，挥干二硫化碳后还会有少量的油脂残留，对检验结果及分析柱的寿命有影响，而且需要较长的分析时间和大量溶剂，造成费用大、污染环境等问题，针对这些问题，可以采用乙醇分次提取 BHA、BHT，乙醇提取法较为方便，样品提取液经滤纸过滤后杂质少，有利于保护色谱柱和延长其使用期限。本书作者等[17]用乙腈提取食用油脂中 TBHQ 和 BHA。为了提取更加完全，试样中应加大提取液的比例，如果按文献方法使用紫外检测器检测时，需要对提取液进行浓缩，而 TBHQ、BHA 等抗氧化剂本身较易氧化，常导致回收率不高，达不到检测要求。另外杂峰较多，容易产生假阳性。利用荧光检测器对荧光物质检测特别灵敏，不需浓缩，既避免了不必要的损失，又简化了操作步骤，提高了回收率，杂峰较少，易于判断，待测物回收率高、重现性好。TBHQ、BHA 最低检出限均为 1.0mg/kg。TBHQ 回收率为 95.2%～115.4%，BHA 回收率为 87.0%～96.5%。相对标准偏差均在 7.8% 以下。

基质固相分散技术因其简便快捷（把萃取和净化合为一步）、样品和溶剂用量少等优点已经广泛用与动物组织和水果、蔬菜中农药残留的分析。这种技术也可用于食品中抗氧化剂的检测，通过基质固相分散技术，可以减少有机溶剂的用量，减少环境污染，缩短分析时间，提高分析效率。

抗氧化剂很容易被氧化，在检测过程中加入一种更容易被氧化的物质，可以起到保护被测氧化剂的作用。比如采用 L-抗坏血酸棕榈酸盐（AP），保护剂 AP 可有效地降低抗氧化剂在萃取和浓缩过程中被氧化的程度，提高回收率，同时降低了检出限。

日本政府规定进口鸡肉中 BHT 的残留限量为 0.02mg/kg，气相色谱-质谱联用法可以满足这个要求。

4.4.2.2 检测方法

（1）薄层色谱法和比色法

GB/T 5009.30—2003 中第二法采用薄层色谱对高脂肪食品中的 BHA、BHT、PG 做定性检测，采用甲醇提取油脂或食品中的抗氧化剂，用薄层色谱定性，根据其在薄层板上显色后的最低检出量与标准品最低检出量比较而概略定量。

GB/T 5009.30—2003 中第三法采用比色法检测食品中的 BHT 含量，试样通过水蒸气蒸馏，使 BHT 分离，用甲醇吸收，遇邻联二茴香胺与亚硝酸钠溶液生成橙红色，用三氯甲烷提取，与标准比较定量。

GB/T 5009.32—2003 中采用比色法检测油脂中 PG 的含量，试样经石油醚溶解，用乙酸铵水溶液提取后，PG 与亚铁酒石酸盐起颜色反应，在波长 540nm 处测吸光度，与标准比较定量。测定试样相当于 2g 时，最低检出限为 25mg/kg。

薄层色谱法只能半定量，比色法虽仪器简单，但操作程序繁琐，测定精度稍差，不能同时测定多种抗氧化剂。

（2）气相色谱法

一般传统气相色谱法测定食用油中抗氧化剂程序是先将油脂溶解于己烷，用乙腈和80％乙醇混合溶液萃取，然后除去溶剂，经硅烷化处理，进行检测。如果以DC-200为固定相，则BHA出峰在前，BHT在后。若以极性大Carbowax 20M为固定相，则出峰顺序相反。硅烷化抗氧化剂在气相色谱图上出峰顺序依次为：BHA、TBHQ、BHT、PG。该方法存在步骤烦琐、耗费试剂多、检测时间长等缺点，样品量大时，难以满足工作需要。因此许多研究者对该法不断进行改进，主要是在油样预处理程序方面。

（3）液相色谱法

液相色谱法是应用最广泛、可同时测定多种抗氧化剂的主要方法。一般需要正己烷溶解油脂试样，然后用乙腈各提取两次，合并提取液，用旋转蒸发器蒸发浓缩，然后用异丙醇定容，上机进行HPLC分析；因色谱柱需要经常洗脱等程序，所以检测成本高、耗时长，近年来分析工作者对该法进行改进。刘宏程等[18]采用基质固相分散萃取植物油中抗氧化剂BHA、BHT、TBHQ和PG，经高效液相色谱进行分离，最低检测限为2ng。岳振峰等[19]开发了可同时测定油脂及其制品中BHA、BHT、TBHQ和PG高效液相色谱法，以甲醇为提取溶剂，甲醇与质量分数为1％乙酸为流动相，降低溶剂毒性和成本，且前处理简单化。郑毅等[20]利用HPLC-FLD法同时测定食用油和食品中PG、NDGA、BHA、TBHQ、OG五种抗氧化剂，该法食用油中抗氧化剂先用乙酸乙酯萃取，经真空浓缩，再用正己烷饱和乙腈溶解，提取，然后离心处理，取上清液作为测试溶液，使用对称C柱为固定相，5％乙酸-乙腈-甲醇（4：3：3，体积比）为流动相，进行HPLC分析，检测限TBHQ、NDGA为1μg/g，PG和OG为10μg/g。胡小钟等[21]采用反相高效液相色谱法分离和测定油脂中9种抗氧化剂，如PG、THBP、TBHQ、NDGA、BHA、Ionox-100、OG、BHT和DG，以甲醇-水-乙酸体系为流动相，采用梯度洗脱，可在30min内将9种物质完全分离并定量测定，检测限为2mg/kg。

4.4.3 典型方法实例1 气相色谱-质谱联用法测定植物油和鸡肉中抗氧化剂BHA、BHT和TBHQ

此处介绍的方法源自文献［22］。

（1）前处理

植物油：准确称取5g样品于225mL的离心管中，加入50mL混合有机溶剂（乙腈、异丙醇与乙醇体积比为2：1：1）充分混匀后，放入−20～−5℃的冰箱中冷却1h以上。提取上层后减压浓缩至1～2mL后，使用混合有机溶剂定容至5mL。然后使用0.45μm的滤膜过滤，上机。

鸡肉样品：准确称取 5g 样品于 225mL 的离心管中，加入 10g 无水硫酸钠和 50mL 混合有机溶剂，均质 2min 后放入 −20～−5℃ 的冰箱中冷却 1h 以上，冷却后快速用滤纸过滤，滤纸上的残留物用 15mL 冰箱中冷却的混合有机溶剂再次洗脱、过滤，合并滤液。后续操作同植物油。

（2）气相色谱-质谱测定条件

色谱柱：DB-5MS 柱 （30m×0.25mm×0.25μm）。柱温：80℃ 保持 1min，以 6℃/min 速度升至 200℃，保持 1min，然后以 20℃/min 至 280℃，保持 1min；氦气柱流量：1.20mL/min，接触面温度：250℃；离子源温度：200℃，进样口温度：260℃。

BHA 定量离子 （m/z）165，定性离子 （m/z）137 和 180；BHT 定量离子 （m/z）205，定性离子 （m/z）220，145 和 177；TBHQ 定量离子 （m/z）123，定性离子 （m/z）151 和 166；BHA、BHT 和 TBHQ 定量下限为 3μg/kg、2μg/kg 和 5μg/kg。

（3）关键控制点和注意事项

−20～−5℃ 的冰箱中冷却是为了凝固脂肪，分层除去脂肪。

由于基质效应较大，导致了色拉油中 TBHQ 的回收率较高，为此可以采用基质匹配的标准曲线来校正，即以某个阴性色拉油为基质样品，按上述前处理步骤提取，提取液用于配制系列标准曲线。

4.4.4　典型方法实例 2　乙腈为提取溶剂直接提取法测定食用油脂中 TBHQ 和 BHA

此处介绍的方法源自文献 [17]。

（1）前处理

称取油脂 1g （精确至 0.01g）于具塞离心管中，加入 5mL 乙腈饱和的正己烷，在液体混匀器上快速混匀以充分溶解油样，加入 5mL 正己烷饱和的乙腈，于液体混匀器上快速混匀 1min，放入离心机，以 4000r/min 的转速离心 5min，用移液枪将下层溶液 （乙腈层）转入 20mL 容量瓶中。如上操作再提取 2 次，合并乙腈于容量瓶中。用乙腈定容至刻度，经 0.45μm 滤膜过滤，供分析，色谱分离情况见图 4-6。

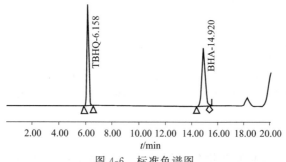

图 4-6　标准色谱图

（2）液相色谱测定条件

色谱柱：Discovery C_{18}柱（250mm×4.6mm，5μm）。柱温：30℃。荧光检测器：激发波长为290nm，发射波长为330nm。流动相：甲醇-水（体积比为60：40），流速为1.0mL/min。

（3）关键控制点和注意事项

为了提取更加完全，试样中应加大提取液的比例，在不需浓缩的情况下，利用荧光检测器保证检出限达到要求。

4.4.5 典型方法实例3　基质固相分散萃取-高效液相色谱法测定植物油中抗氧化剂 BHA、BHT、TBHQ 和 PG

此处介绍的方法源自文献［18］。方法的最低检测限为2ng。

（1）前处理

准确称取1.0g样品于100mL烧杯中，加入1.0g C_{18}填料，用玻璃棒搅匀，在通风柜中放置30min。取10mL注射器，在其底部垫上滤纸，将晾干后的 C_{18} 填料装入，上层再垫一片滤纸，并把填料轻轻压紧。用5mL 90%甲醇/水淋洗，收集淋洗液，准确定容5mL，经0.2μm有机相滤膜过滤，取10μL进样，测定峰面积，按外标法定量。

（2）液相色谱测定条件

色谱柱：Phenomenex Synergi RP-80 柱（250mm×4.6mm，4μm）。柱温：30℃。流动相：0.01mol/L 磷酸（A）＋甲醇（B）梯度洗脱，0～6min，A30%；6～14min，A10%；15min，A30%。流速：1.0mL/min。紫外检测器检测波长：280nm。进样：10μL。

（3）关键控制点和注意事项

由于反相键合硅胶（C_{18}）对油、脂肪等极性小的物质有较强吸附，因此淋洗剂极性越大，C_{18}吸附效果越好。如果只检测 BHA、TBHQ 和 PG，使用90%甲醇/水作为淋洗剂可以得到很好的回收率，而只检测 TBHQ 和 PG 时，使用70%甲醇/水作为淋洗剂可以得到很好的回收率。

4.4.6 典型方法实例4　高效液相色谱法同时测定食品中的12种抗氧化剂

此处介绍的方法源自文献［23］。

含 L-抗坏血酸棕榈酸盐（AP）的饱和乙腈：将正己烷和乙腈混合，在分液漏斗中充分振摇，使其相互饱和，静置分层，收集下层溶液，并于每升溶液中溶解0.1g 的 AP。

（1）前处理

① 食用油脂　称取混合均匀的样品5.0g（精确至0.001g）于50mL 离心管

中，加入20mL饱和正己烷，在旋涡混合器上振荡2min以充分溶解，转入分液漏斗中，加入20mL含AP的饱和乙腈，振摇5min，静置分层，收集下层乙腈层。再加入20mL含AP的饱和乙腈，重复萃取一次，合并乙腈提取液于浓缩瓶中，用旋转蒸发仪浓缩（浓缩温度<40℃）至1~2mL，最后将浓缩液转移至10mL刻度管中并用乙腈溶液（体积分数50%）定容至5mL，经0.45μm滤膜过滤后作为测试液。

② 油炸食品、糕点和混合调理品等　称取混合均匀的样品5.0g（精确至0.001g），置于50mL离心管中，加入20mL饱和正己烷振荡提取5min，再加入20mL含AP的饱和乙腈继续振荡5min，过滤到分液漏斗中，静置分层，收集下层乙腈层。再加入20mL含AP的饱和乙腈，振摇5min，静置分层，收集合并乙腈提取液于浓缩瓶中，用旋转蒸发仪浓缩（浓缩温度<40℃）至1~2mL，最后将浓缩液转移至10mL刻度管中并用乙腈溶液（体积分数50%）定容至5mL，经0.45μm滤膜过滤后作为测试液。

③ 方便食品、虾等　称取混合均匀的样品5.0g（精确至0.001g），置于50mL离心管中，用20mL含AP的饱和乙腈振荡提取10min，过滤收集乙腈层。在样品残渣中再加入20mL含AP的饱和乙腈振荡提取10min，合并两次乙腈提取液于浓缩瓶中，用旋转蒸发仪浓缩（浓缩温度<40℃）至1~2mL，最后将浓缩液转移至10mL刻度管中并用乙腈溶液（体积分数50%）定容至5mL，经0.45μm滤膜过滤后作为测试液。

（2）液相色谱测定条件

色谱柱：Eclipse XDB-C_{18}柱（250mm×4.6mm，5μm）。柱温：40℃。流动相：梯度洗脱程序如表4-4。流速：1.0mL/min。进样量：20μL。检测波长：280nm。各目标分析物标准品的色谱图见图4-7。

表4-4　梯度洗脱程序

时间/min	A/%	B/%	时间/min	A/%	B/%
0	47	53	36	20	80
9	42	58	36.5	47	53
18	25	75	45	47	53
21	20	80			

（3）关键控制点和注意事项

提取时加入保护剂AP，AP对金属离子有螯合作用，能促进氧化的微量金属离子钝化，从而降低抗氧化剂在提取和浓缩过程中被氧化的程度，提高回收率，同时降低了检出限。

液相色谱梯度洗脱条件要掌握好，这是分离12种待测物的关键。

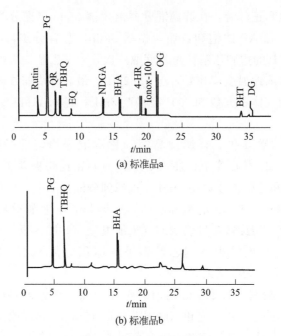

(a) 标准品a

(b) 标准品b

图 4-7 标准品的色谱图

Rutin—芦丁；PG—没食子酸丙酯；QR—槲皮素；TBHQ—叔丁基对苯二酚；EQ—乙氧喹啉；

NDGA—正二氢愈创木酸；BHA—丁基羟基茴香醚；4-HR—4-己基间苯二酚；

Ionox-100—2,6-二叔丁基-4-羟甲基苯酚；OG—没食子酸辛酯；

BHT—二丁基羟基甲苯；DG—没食子酸十二酯

4.5 食品中水分保持剂的检测

4.5.1 概述

水分保持剂指在食品加工过程中，加入后可以提高产品的稳定性，保持食品内部持水性，改善食品的形态、风味、色泽等的一类物质。为有助于保持食品中的水分而加入的物质，多指用于肉类和水产品加工增强其水分的稳定性和具有较高持水性的磷酸盐类。

中国规定肉制品水分保持剂许可使用的有：磷酸氢二钠、六偏磷酸钠、三聚磷酸钠、焦磷酸钠、磷酸二氢钠、磷酸氢二钠、磷酸二氢钙、磷酸钙、焦磷酸二氢二钠、磷酸氢二钾、磷酸二氢钾共 11 种。

4.5.2 测试方案的选择

食品中水分保持剂的检测主要研究的是水产品中多聚磷酸盐含量检验，一般采用离子色谱法，经过超声提取沉淀蛋白等步骤前处理后，多聚磷酸盐和其他阴离子在高容量的 AS-11HC 色谱柱可以得到分离，经抑制型电导检测器检测。

4.5.3 典型方法实例

此处介绍的方法源自文献［24～26］。

（1）前处理

称取 10g（精确至 0.1g）样品加去离子水 50mL，超声提取 10min。

将上述提取后的溶液转移至 100mL 离心管中，离心 12min（4000r/min），将上清液倾至 100mL 烧杯中，加入 5mL 20% 的三氟乙酸水溶液，放置于冰箱中 4℃保持 30min，倒入离心管中离心 12min（4000r/min）。再用 RP 小柱净化（2.5mL），弃掉前 6mL。取约 2mL 至烧杯中，再用移液管准确移取 1mL 溶液至 100mL 容量瓶中，用水定容至刻度，用定量管满量程进样（定量管为 25μL）。

（2）离子色谱测定条件（ICS-1500 离子色谱仪）

流动相：50mmoL NaOH 溶液。流速：1.5mL/min。抑制器电流：160mA。色谱柱：AS11-HC。柱温：30℃。池温：35℃。进样阀转换时间：60s。分析色谱柱：AS11-HC，250mm×4mm。保护柱：AG11-HC。抑制器：阴离子抑制器（4mm）；电导检测器。

（3）仪器测定

分别准确注入 100μL 样品溶液和标准工作溶液于离子色谱仪中，按上述的条件进行分析，响应值均应在仪器检测的线性范围之内。对标准工作溶液和样液等体积进行测定，色谱分离情况见图 4-8。

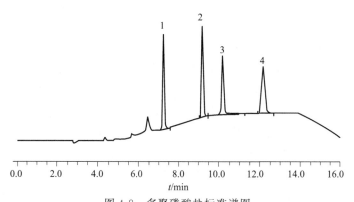

图 4-8　多聚磷酸盐标准谱图

1—磷酸盐；2—焦磷酸盐；3—三聚磷酸盐；4—三偏磷酸盐

磷酸钠、焦磷酸钠、六偏磷酸钠、三聚磷酸钠检出限分别为 5mg/kg、2mg/kg、3mg/kg、5mg/kg。

（4）关键控制点和注意事项

多聚磷酸盐在水中不稳定，高温和酸性条件加速其解聚，可用 NaOH 将溶液调至碱性 pH＞8；通常情况下，样品溶液在两个小时内进行分析，不要长时间放置。

4.6 食品中甜味剂的检测

4.6.1 概述

人工合成甜味剂按其结构特点可分为磺胺类甜味剂、二肽类人工合成甜味剂、蔗糖衍生物类人工合成甜味剂。

4.6.1.1 磺胺类甜味剂

磺胺类甜味剂主要包括糖精钠、甜蜜素、安赛蜜。其中糖精钠是传统的甜味剂，应用已有百年历史，其甜度是蔗糖的 300 倍，其优点是价格低廉、不被人体吸收，在食品加工中具有良好的稳定性；因其产品中易带有致癌物质邻甲苯磺酰胺，很多国家已经控制了它的使用范围，我国也从 2000 年开始对糖精钠进行限产，并明令禁止在婴儿食品中使用糖精钠。基于此，甜蜜素和安赛蜜由于甜味纯正而强烈、持续时间长，在食品加工中具有良好的稳定性，成为当前我国食品行业应用较多的甜味剂。在我国，甜蜜素主要用于蜜饯、酱菜、糕点及炒货等，安赛蜜主要用作饮料、冰淇淋、糕点、蜜饯及餐桌用甜料。

糖精钠　　　　　　甜蜜素　　　　　　安赛蜜

4.6.1.2 二肽类人工合成甜味剂

二肽类人工合成甜味剂是一种新型高效的甜味剂，主要有阿斯巴甜、纽甜等。阿斯巴甜甜度是蔗糖的 200 倍，甜味与蔗糖相近，在 pH3~5 环境下稳定，在食品生产中有广泛的应用。阿斯巴甜对酸碱的稳定性差，故不适合制作面包、饼干、蛋糕等焙烤食品和高酸食品，常用于乳制品、糖果、巧克力、保健食品、腌渍物及冷饮制品等。在酸性条件下，纽甜具有与阿斯巴甜大致相同的稳定性。在中性 pH 范围或瞬时高温等条件下，纽甜要比阿斯巴甜稳定得多，这大大扩大了其应用领域，如在焙烤食品中的应用。纽甜的低成本、高甜度使纽甜在无营养型甜味剂中具有很强的市场竞争力，具有很大的市场发展空间。

阿斯巴甜　　　　　　　　　纽甜

4.6.1.3　蔗糖衍生物类人工合成甜味剂

这类甜味剂的代表品种就是三氯蔗糖，其甜度是蔗糖的 600 倍，且甜味纯正（具有近似于蔗糖的口感及浓郁的甜味），几乎不被人体吸收，不会引起血糖变化，适宜做低热量食品的甜味剂。三氯蔗糖以其特有的理化生物特性成为目前较好的可替代食糖的甜味剂，可广泛应用于碳酸饮料、酒类、果酱、烘焙食品、乳制品等食物中。

三氯蔗糖

4.6.2　测试方案的选择

对于食品中甜味剂测定，主选方法是以 GB/T 5009.28—2003、GB/T 5009.140—2003 和 GB/T 5009.97—2003 为基础，还要根据基质、实验条件和分析要求做出相应调整。

4.6.2.1　样品提取与净化

样品前处理是高效液相色谱法的一个重要阶段，由于食品样品中如防腐剂，色素，增稠剂，维生素，蛋白质，血脂和矿物质存在产生基质的干扰，选择合适的前处理方法对后期的液相分析变得简单化，充分保证回收率和重现性。目前有关报道中人工合成甜味剂的前处理方法有：酸化后用有机溶剂提取、透析法、沉淀剂沉淀和固相萃取法等。

（1）溶剂提取法

利用溶剂将有效成分从基质中提取出来，然后利用仪器进行测定，在检测各类食品中甜味剂的应用很广泛。常用溶剂有三氯甲烷：甲醇（25：75）、乙酸乙酯、水：乙腈（8：2）超声提取甜味剂。

（2）透析法

典型的透析液有三种：①0.8g/L NaOH 溶液；②内液为 NaCl 100g 加 0.1mol/L HCl 至 1000mL 外液为 0.1mol/L HCl；③10mL 加入 1mL 0.1mol/L 溴化四丁基胺（TBA-Br）及 20mL 0.1mol/L 磷酸盐缓冲液（pH5.0）。

将糕点、蜜饯类粉碎样品透析 24h 后，加入饱和硼砂以及蛋白沉淀剂，经超声提取后，用 HPLC 测定其中的甜味剂含量。也可取透析液充分混匀后取 10mL 过 Sep-pak 柱或 Bond Blut Env 柱净化，用 HPLC 测定。

（3）沉淀法

在检测食品中的甜味剂过程中，往往遇到含有大量脂肪、蛋白质等大分子物质的食品，利用适当的沉淀剂将这些大分子物质去除，非常有利于样品的仪器检测。

常用的沉淀剂有亚铁氰化钾和乙酸锌溶液。

（4）固相萃取法

常用的固相萃取柱有中性氧化铝柱、Bond Eluc C_{18} 柱和 Sep-pak C_{18} 柱。

（5）其他方法

针对一些汽水、可乐、果汁等介质简单的系列饮料则是直接将样品置于烧杯中，通过简单的超声萃取（同时可以去除二氧化碳气体）、震荡提取和加热提取后，过 $0.45\mu m$ 滤膜后直接用 HPLC 测定。

甜蜜素不能通过紫外来检测，因为甜蜜素的分子结构无紫外吸收，仅有经过柱前衍生为其他具有紫外的物质再通过高相液相-紫外检测法间接检测甜蜜素。例如，M. Lehr，W. Schmid 将环己基氨基磺酸转化成 N,N-二氯环己基胺，紫外检测波长在 314nm。新橙皮苷二氢查尔酮一般用紫外检测器来测定，紫外吸收波长在 282nm，C_{18} 柱，其他的甜味剂很少在此波长下有吸收。

人工合成甜味剂是一类易电离的物质，大部分物质呈阴离子状态，如甜蜜素、安赛蜜、糖精即使在酸性以阴离子形式存在，阿斯巴甜在碱性环境中为阴离子，因此完全可以利用阴离子交换的离子色谱法进行分离检测，离子色谱法不受紫外吸收的影响，具有操作简单，无烦琐预处理或柱后处理、高效、快速的优点。

4.6.2.2　检测方法

人工合成甜味剂的检测方法主要有分光光度法、电化学方法、薄层色谱法、气相色谱法、高相液相色谱法（包括与紫外、荧光和质谱检测器联用等技术）、离子色谱法、毛细管电泳等。

（1）分光光度法

分光光度法是一种比较简单的分析方法，对设备要求不高，虽然其灵敏度不高，但操作简单，检测费用低廉。文献报道的光谱法最多的是紫外-可见分光光度法，但现行的国标中已不使用。其中用分光光度法研究糖精钠的文献较多，利用糖精钠硝化后转化成铵盐，在一定碱性条件下加入水杨酸钠和次氯酸钠反应生成蓝色化合物显蓝色，用紫外分光光度计进行定量分析。也可以利用糖精钠在碳酸钠介质中可形成强荧光性荧光配合物。

（2）薄层色谱法

薄层色谱法可以用来定性和定量分析人工合成甜味剂，薄层色谱法与其他方法相比，由于薄层板均匀程度和点样器的重复性的影响，检测限较低，精确度也不高，应用受到一定的限制，其优点在于一种比较快速，价格低廉的技术，一般 1～2h，可以分析热不稳定化合物，几个样品同时分析。薄层色谱法不需要样品的前处理来分离，纯化。

（3）气相色谱法

由于人工合成甜味剂挥发性不好，气相色谱法极少用来作为检测方法。气相色谱法测定人工合成甜味剂的先决条件是将其变成有良好挥发性的物质。据报道用气相色谱法测定糖精钠、三氯蔗糖、甜蜜素、安赛蜜都必须经过衍生化成易挥发的物质[27]。

　　刘先华[28]对气相色谱法测定糕点中甜蜜素的方法进行了改进，在检验糕点中的甜蜜素时，预先除去糕点样品中的脂肪和水分，或用检验脂肪后的糕点样品，解决了脂肪及脂溶性的物质在正己烷溶剂中难以除去的问题。研究中采用大口径毛细管柱程序升温的方法来解决因减少样品称量带来的检出限低的问题，取得了很好的检测效果。

　　（4）高效液相色谱法

　　高效液相色谱法是近十年来最常用的测定人工合成甜味剂的方法，其中反相高效液相色谱法分离人工合成甜味剂的报道最多。高效液相色谱法根据人工合成甜味剂的性质不同，连接的检测器也不同。国内外报道人工合成甜味剂的高效液相色谱法主要有高效液相-紫外检测法，高效液相-荧光检测法，高效液相-蒸发光散射检测法和高效液相-质谱检测法。

4.6.3　典型方法实例1　超高效液相色谱法快速测定饮料中的安赛蜜、苯甲酸、山梨酸和糖精钠

　　此处介绍的方法源自文献［29］。安赛蜜、苯甲酸、山梨酸、糖精钠检出限分别达到0.48mg/L、0.15mg/L、0.18mg/L和0.15mg/L。

　　（1）前处理

　　① 碳酸饮料　取样品适量，超声脱气15min，取10g样品（精确至0.001g）于25mL具塞试管中，用氨水（1+1）调节pH至近中性，用水定容至刻度，用0.2μm水相微孔滤膜过滤，滤液供测定。

　　② 乳饮料、植物蛋白饮料等含蛋白质较多的样品　取10g样品（精确至0.001g）于25mL具塞试管中，加入2mL亚铁氰化钾溶液，再加入2mL乙酸锌溶液摇匀，以沉淀蛋白质，加水定容至刻度，4000r/min离心10min，取上清液，经0.2μm水相微孔滤膜过滤，滤液供测定，色谱分离情况见图4-9。

　　（2）液相色谱测定条件

　　色谱柱：ZORBAX ECLIPSE-XDB C_{18}柱（50mm×4.6mm，1.8μm）。柱温：30℃。进样量：10μL。紫外检测器检测波长：230nm。流动相：甲醇＋乙酸铵溶液（0.02mol/L）=3+97。流速：2mL/min。

　　（3）关键控制点和注意事项

　　按GB/T 5009.28—2003《食品中糖精钠的测定》、GB/T 5009.29—2003《食品中山梨酸、苯甲酸的测定》和GB/T 5009.140—2003《饮料中乙酰磺胺酸钾的测定》可以分别测定安赛蜜、苯甲酸、山梨酸、糖精钠，测定安赛蜜时的流动相与苯甲酸、山梨酸、糖精钠不同，因此要同时检测上述4种物质，流动相的选择和控制是最关键的。

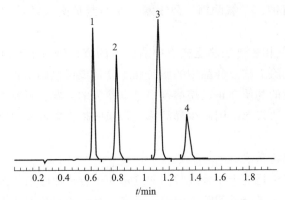

图 4-9　4 种食品添加剂的混合标准溶液的色谱图

1—安赛蜜；2—苯甲酸；3—山梨酸；4—糖精钠

4.6.4　典型方法实例 2　高效液相色谱-蒸发光散射检测器同时测定食品中 5 种甜味剂

此处介绍的方法源自文献 [30]。方法的最低检出限：安赛蜜为 2mg/kg，糖精钠为 2.5mg/kg，甜蜜素、三氯蔗糖、阿力甜均为 5mg/kg。

（1）前处理

将样品充分混匀，固体样品放入组织捣碎机中捣碎匀浆，备用。称取制备好的样品 5.0g 于 100mL 容量瓶中，加 80mL 水，摇匀，超声提取 30min 后，定容至 100mL，过滤，滤液备用。

准确吸取滤液 5mL，通过经活化的 C_{18} 固相萃取小柱，再用 5mL 水清洗小柱，最后用 5mL 40% 的甲醇洗脱柱子，洗脱液经 0.45μm 滤膜过滤后待测，色谱分离情况见图 4-10。

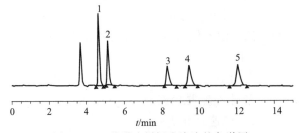

图 4-10　5 种甜味剂标准溶液的色谱图

1—安赛蜜；2—糖精钠；3—甜蜜素；4—三氯蔗糖；5—阿力甜

（2）液相色谱测定条件

① 色谱条件　色谱柱：C_{18} 柱（250mm×4.6mm，5μm）。柱温：25℃。流动相：0.1% 甲酸缓冲液（用三乙胺调节 pH=4.5)-甲醇=60+40。流速：0.7mL/min。进样体积：10μL。

② 蒸发光闪射检测器条件　雾化温度：30℃。蒸发温度：70℃。雾化气体：氮气，流量 1.4L/min。

（3）关键控制点和注意事项

甜蜜素和三氯蔗糖无特征紫外吸收，因此甜蜜素多采用衍生法，前处理过程相对复杂。本法采用质量型蒸发光散射检测器，待测物在色谱图上的显示强弱与蒸发光散射检测器条件关系密切，因此要掌握最佳的雾化温度、蒸发温度和雾化气体流速。

4.6.5　典型方法实例 3　离子色谱法同时测定食品中的三种甜味剂和两种防腐剂

此处介绍的方法源自文献［31］。山梨酸、甜蜜素、苯甲酸钠、安赛蜜和糖精钠的检出限分别为 0.034mg/L、0.048mg/L、0.041mg/L、0.072mg/L 和 0.094mg/L。

（1）前处理

酒类和非乳饮料样品稀释 100 倍，并调整 pH 至 9～10，分别过 0.22μm 滤膜和前处理净化柱后进样，碳酸类饮料需提前超声脱气。

蜜饯和腌菜样品，粉碎后用超纯水提取，提取液稀释 10 倍，并调整 pH 至 9～10，分别过 0.22μm 滤膜和前处理净化柱（Sep-pak C$_{18}$柱）后进样。

果冻和糕点样品，粉碎后用超纯水提取，提取液稀释 10 倍，并调整 pH 至 9～10，分别过 0.22μm 滤膜和前处理净化柱后（Sep-pak C$_{18}$柱）进样，色谱分离情况见图 4-11。

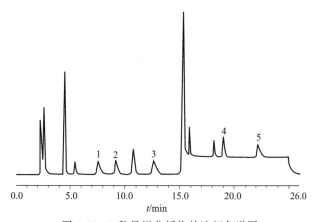

图 4-11　5 种目标分析物的液相色谱图

1—山梨酸；2—甜蜜素；3—苯甲酸钠；4—安赛蜜；5—糖精钠

（2）离子色谱测定条件

色谱柱：IonPac AS17-C 阴离子交换分析柱（250mm×4mm），IonPac AG17-C 保护柱（50mm×4mm）。淋洗液：KOH，0～13min，6mmol/L；13.1～

23min，70mmol/L；23.1～26min，6mmol/L。淋洗液流速：1.0mL/min。抑制器：ASRS300型抑制器4mm，外接水抑制模式，抑制电流为175mA。进样量：25μL。

（3）关键控制点和注意事项

IonPac AS17-C色谱柱亲水性较强，使用的淋洗液浓度低，使得保留很强的安赛蜜和糖精钠在70mmol/L KOH条件下能较快洗脱。待测物质中三种为弱保留离子，两种为强保留离子，保留性质区别显著，因此采用两阶等浓度的淋洗液，低浓度淋洗完成后立即切换到高浓度，可以最大限度地节省分析时间，并在两阶分析中获得平稳的基线和良好的峰型。

4.7 食品中多种类食品添加剂的同时检测

要保证质量和风味，延长货架期，食品在加工过程中往往需要加入抗氧化剂、甜味剂和防腐剂等多种类的添加剂。目前测定食品添加剂的标准多为单独测量某类添加剂方法，鲜有同时测定多类食品添加剂的标准，如果要检测不同种类的添加剂，需要用多种方法分别测定，过程较为烦琐，因此一次性测定多种食品添加剂的方法越来越引起食品检测行业的关注。

4.7.1 超高效液相色谱快速测定饮料中的16种食品添加剂

此处介绍的方法源自文献[32]。

（1）试样的处理

称取1.0g碳酸饮料或含乳饮料试样于10mL容量瓶中，加入1mL甲醇，混匀，用超纯水定容至刻度，摇匀、涡漩混合2min。移取5mL于10mL离心管中，10000r/min离心5min，取上清液经微孔滤膜过滤后备用。

（2）超高效液相色谱操作条件

色谱柱：ACQUITY UPLC BEH C_{18}柱（50mm×2.1mm，1.7μm）。柱温：50℃。流动相：甲醇（A）、20mmol/L乙酸铵溶液（B），流动相梯度洗脱程序见表4-5。流速：0.6mL/min。进样体积：5μL。检测波长扫描范围：200～500nm。3个测定波长下16种食品添加剂同步色谱分离情况见图4-12～图4-14。

表4-5 流动相梯度洗脱程序

时间/min	A/%	B/%	时间/min	A/%	B/%
0.00	1	99	6.50	80	20
1.50	2	98	6.60	1	99
3.00	30	70	8.00	1	99
5.00	60	40			

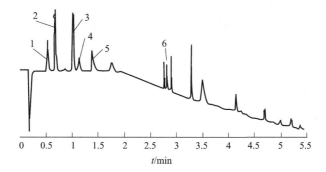

图 4-12　16种食品添加剂同步分离色谱图（波长 230nm）

1—安赛蜜；2—苯甲酸；3—山梨酸；4—糖精钠；

5—脱氢乙酸；6—咖啡因

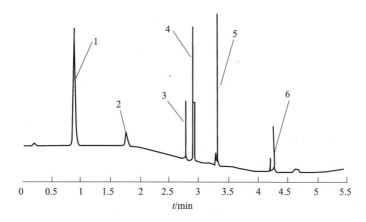

图 4-13　16种食品添加剂同步分离色谱图（波长 410nm）

1—柠檬黄；2—胭脂红；3—苋菜红；4—日落黄；

5—诱惑红；6—亮蓝

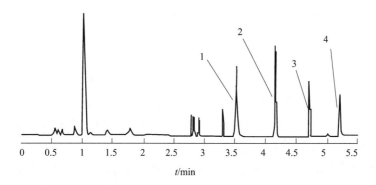

图 4-14　16种食品添加剂同步分离色谱图（波长 256nm）

1—对羟基苯甲酸甲酯；2—对羟基苯甲酸乙酯；

3—对羟基苯甲酸丙酯；4—对羟基苯甲酸丁酯

（3）关键控制点和注意事项

饮料中添加的食品添加剂多为水溶性，4 种对羟基苯甲酸酯类防腐剂具有一定的脂溶性，但多以钠盐的形式使用和存在。在提取时加入体积分数 10％的甲醇，可促进对羟基苯甲酸酯类的提取，且有一定的沉淀蛋白质的作用，经高速离心后，即使是含乳饮料也可获得澄清的上清液，过 0.22μm 样品过滤器后进样测定，不会造成色谱柱堵塞。

4.7.2　高效液相色谱法同时测定食品中 18 种食品添加剂[33]

0.1g/L 的含 L-抗坏血酸棕榈酸酯的饱和乙腈：每升正己烷饱和乙腈溶液中加入 0.1g L-抗坏血酸棕榈酸酯。

（1）前处理

不含油脂或油脂含量低得样品（焙烤饼干、酱油等）：称取 1g 混合均匀的样品于 50mL 离心管中，依次加入 10mL 0.1g/L 的 L-抗坏血酸棕榈酸酯饱和乙腈、3mL 饱和氯化钠溶液-6mol/L HCl 溶液（1∶7，体积比），涡旋振荡并超声提取各 2min，4000r/min 离心 5min，上层乙腈层过 0.45μm 有机滤膜，供液相色谱测定。

含油脂的样品（油炸食品、奶粉等）：称取 1g 混合均匀的样品于 50mL 离心管中，依次加入依次加入 8.0mL 0.1g/L 的 L-抗坏血酸棕榈酸酯饱和乙腈、3mL 饱和氯化钠溶液-6mol/L HCl 溶液（1∶7，体积比）、2mL 饱和正己烷，涡旋振荡并超声提取各 2min，4000r/min 离心 5min，吸取上层正己烷层于另一支离心管中，加入 2mL 含 L-抗坏血酸棕榈酸酯的饱和乙腈，涡旋振荡提取 1min，4000r/min 离心 2min，吸取下层乙腈层合并于第一支离心管中，混匀，4000r/min 离心 5min。上层乙腈层过 0.45μm 有机滤膜，供液相色谱测定。

油脂样品：称取 1g 混合均匀的样品于 50mL 离心管中，加入 3mL 饱和正己烷溶解样品，再加入 4mL 0.1g/L 的 L-抗坏血酸棕榈酸酯饱和乙腈、涡旋振荡并超声提取各 2min，4000r/min 离心 5min，吸取乙腈层于另一支离心管中，加入 3mL 含 L-抗坏血酸棕榈酸酯的饱和乙腈×2 次，重复提取两次，合并乙腈提取液，混匀后过 0.45μm 有机滤膜，供液相色谱测定。

① 提取溶液的选择　18 种食品添加剂的极性相差较大，考虑采用中等极性的溶液提取，实验中考察了甲醇、乙腈溶液提取能力，结果表明，乙腈和甲醇的提取效果好，但是甲醇提取液存在与目标组分干扰的杂质，而且乙腈沉淀蛋白的效果更好，因此实验中选用乙腈作为提取溶液。

② 净化条件的选择　18 种食品添加剂的极性相差较大，酸碱性也不同。实验中考察了固相萃取净化方法，排除选择性强的离子交换-反相吸附剂的固相萃取柱，选择常用的反相吸附机理的 C$_{18}$、OASISHLB 固相萃取柱进行净化，实验表明，如需保证 18 种组分的回收率好，则净化效果不理想，因此考虑选

择其他净化方法，如液液萃取净化方法。对于油脂类样品，采用正己烷-乙腈液液分配去除油脂，对乙腈-正己烷的液液萃取次数进行实验，实验表明萃取三次各组分的回收率满意。对于不含油或含油脂少的样品，采用饱和氯化钠-乙腈液液分配，饱和氯化钠溶液增加水相的密度，使分层清晰，可去除极性较强的水溶性杂质，单纯饱和氯化钠-乙腈液液分配，苯甲酸和山梨酸的回收率不够稳定，考虑调节水相的 pH 值，增强水相的酸度，使它们呈非离解状态，增加苯甲酸、山梨酸等酸性物质在有机相的溶解性，提高回收率。结果表明，水相中加入 6mol/L HCl 溶液，提高了苯甲酸和山梨酸的回收率，但是酸性不能太强，否则 3,5-二叔丁基-4-羟基苯甲醇的回收率降低，可能其在强酸环境下易分解，通过反复试验考察合适的 pH 值，实验表明采用饱和氯化钠溶液-6mol/L HCl 溶液（1：7，体积比）与乙腈液液分配提取，各组分的回收率理想。对于含中等油脂的样品，采用饱和氯化钠溶液-6mol/L HCl 溶液（1：7，体积比），乙腈，正己烷三相液液分配提取，同时去除油脂和水溶性杂质，实验表明，采用饱和氯化钠溶液-6mol/L HCl 溶液（1：7，体积比）与乙腈-正己烷一次萃取，极性弱的组分 2,6-二叔丁基对甲酚有部分分配到正己烷层，造成其回收率不理想，因此正己烷层再用乙腈萃取一次，结果表明，乙腈萃取两次其回收率理想，因此，对于含中等油脂的样品，采用饱和氯化钠溶液-6mol/L HCl 溶液（1：7，体积比）、乙腈、正己烷三相液液分配提取，吸取上层正己烷层，加入乙腈再萃取一次，合并乙腈层。

（2）液相色谱测定条件

色谱柱：Ecosil C_{18} 柱（250mm×4.6mm，5μm）。柱温：30℃。流动相 A 为乙腈，流动相 B 为 0.6% 乙酸，梯度洗脱程序见表 4-6。流速：1.0mL/min。进样量：20μL。检测波长：280nm。18 种食品添加剂标准的液相色谱分离图见图 4-15。

表 4-6　流动相洗脱梯度

时间/min	A/%	B/%
0	30	70
10	48	52
13	53	47
25	65	35
26	85	15
36	85	15
42	30	70

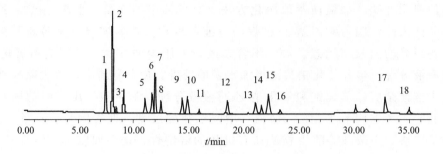

图4-15 18种食品添加剂标准的液相色谱分离图

1—没食子酸丙酯；2—山梨酸；3—苯甲酸；4—对羟基苯酸甲酯；5—脱氢乙酸；
6—对羟基苯甲酸乙酯；7—没食子酸异戊酯；8—叔丁基对苯二酚；9—正二氢愈创木酸；
10—对羟基苯甲酸丙酯；11—乙氧基喹；12—对羟基苯甲酸丁酯；13—4-己基间苯二酚；
14—叔丁基羟基茴香醚；15—没食子酸辛酯；16—3,5-二叔丁基-4-羟基苯甲醇；
17—没食子酸十二酯；18—2,6-二叔丁基对甲酚

参 考 文 献

[1] 沈士秀，付秀荣. 食品与发酵工业，2001，27（7）：79-80.

[2] 严浩英，张军，李树华. 现代预防医学，1997，24（2）：192-194.

[3] 周彤，钟家跃. 中国卫生检验杂志，2002，12（6）：680.

[4] 冯江，周建民，黄鹏，等. 中国公共卫生，2002，18（4）：494-495.

[5] 肖艳，袁云霞，王全林，等. 分析科学学报，2010，26（5）：578-580.

[6] 王浩，中国食品添加剂，2010（4）：281-285.

[7] 夏虹，杨洁，涂一名，等. 分析科学学报，2005，21（2）：223-225.

[8] 陈毓芳，王岚，林海丹，等. 中国卫生检验杂志，2011，21（4）：778-780.

[9] 刘杨岷，王利平，袁身淑. 中国调味品，2005（9）：53-56.

[10] 张建华，王小东. 医学动物防制，2005，21（11）：833-834.

[11] 迪丽努尔·马力克，庞楠楠，刘虎威. 新疆师范大学学报（自然科学版），2005，24（1）：51-53.

[12] 赵娅鸿. 食品工程 [J]，2009，2：49-50，56.

[13] 陈昌云，丁爱芳，赵波等. 食品科学，2009，30（18）：344-346.

[14] 赵荣华，李记明，梁冬梅. 食品科学，2009，30（10）：185-187.

[15] 朱成晶，王小娟，赵厚民. 现代科学仪器，2009，1：73-74.

[16] 陈琦，凌云，张峰，等. 分析化学，2010，38（8）：1156-1160.

[17] 陈毓芳，奚星林，李宪华，等. 中国卫生检验杂志，2007，17（7）：1163-1164.

[18] 刘宏程，黎其万，侔注. 食品科学，2007，28（1）：253-255.

[19] 岳振峰，谢丽琪，吉彩霓. 食品与发酵工业，2002，28（10）：49-52.

[20] 郑毅，李明. 口岸卫生控制，2001，8（5）：35-36.

[21] 胡小钟，余建新，钱浩明. 分析科学学报，2000，12（1）：23-26.

[22] 魏树龙, 寇立娟, 梁春实, 等. 农产品加工·学刊, 2011, 10: 101-104.

[23] 蔡发, 段小娟, 牟志春, 等. 食品科学, 2010, 31 (8): 207-210.

[24] 崔鹤, 李伟才, 记雷, 等. 第10届全国离子色谱学术报告会论文集, 山东威海: 2004.

[25] DB 37T 343—2003, 鳕鱼等水产品中多聚磷酸盐测定离子色谱法 [S].

[26] 闫军, 高峰, 张锐, 等. 现代科学仪器 2007, 4: 108-111.

[27] 张素娟. 现代仪器, 2006, 04: 73-75.

[28] 刘先华. 食品工程, 2010, 2: 61-62.

[29] 陈丹萍, 杨富春, 张宝元. 现代食品科技, 2011, 27 (5): 601-602.

[30] 张玉, 吴慧明, 王伟. 食品安全质量检测学报, 2010, 27 (1): 18-23.

[31] 李静, 王雨, 梁立娜. 食品科学, 2011, 32 (12): 239-242.

[32] 王骏, 胡梅, 张卉, 等. 食品科学, 2010, 31 (2): 195-198.

[33] 林海丹, 邹志飞, 秦燕, 等. 食品科学, 2013, 34 (8): 228-231.

第5章 食品中非法添加物的检测

5.1 概述

为严厉打击食品生产经营中违法添加非食用物质、滥用食品添加剂以及饲料、水产养殖中使用违禁药物，卫生部、农业部等部门根据风险监测和监督检查中发现的问题，不断更新非法使用物质名单，至今已公布151种食品和饲料中非法添加名单，包括47种可能在食品中"违法添加的非食用物质"、22种"易滥用食品添加剂"和82种"禁止在饲料、动物饮用水和畜禽水产养殖过程中使用的药物和物质"的名单。相关非食用物质的检测方法不完善，表5-1是具备标准或卫生部指定检测方法的29种非食用物质及其检测方法。

表5-1 具备标准或卫生部指定检测方法的29种违法添加的非食用物质及其检测方法

名　　称	可能添加的食品品种	检 测 方 法
吊白块	腐竹、粉丝、面粉、竹笋	1. GB/T 21126—2007 小麦粉与大米粉及其制品中甲醛次硫酸氢钠含量的测定； 2. 卫生部《关于印发面粉、油脂中过氧化苯甲酰测定等检验方法的通知》(卫监发[2001]159号)附件2食品中甲醛次硫酸氢钠的测定方法(比色法)
苏丹红	辣椒粉、含辣椒类的食品(辣椒酱、辣味调味品)	GB/T 19681—2005 食品中苏丹红染料的检测方法高效液相色谱法
王金黄、块黄	腐皮	GB/T 23496—2009 食品中禁用物质的检测　碱性橙染料高效液相色谱法
蛋白精、三聚氰胺	乳及乳制品	GB/T 22388—2008 原料乳与乳制品中三聚氰胺检测方法 GB/T 22400—2008 原料乳中三聚氰胺快速检测液相色谱法
硼酸与硼砂	腐竹、肉丸、凉粉、凉皮、面条、饺子皮	GB/T 21918—2008 食品中硼酸的测定 SN/T 0392—1995 出口水产品中硼酸的测定方法
硫氰酸钠	乳及乳制品	卫生部指定检测方法
玫瑰红 B	调味品	SN/T 2430—2010 进出口食品中罗丹明 B 的检测方法
碱性嫩黄	豆制品	DB 35/T 897—2009 食品中碱性橙、碱性嫩黄 O 和碱性桃红 T 含量的测定
工业用甲醛	海参、鱿鱼等干水产品、血豆腐	SC/T 3025—2006 水产品中甲醛的测定 NY/T 1283—2007 香菇中甲醛含量的测定 SN/T 1547—2011 进出口食品中甲醛的测定　液相色谱法
一氧化碳	金枪鱼、三文鱼	SN/T 2052—2008 进出口水产品中一氧化碳残留量的检验方法　气相色谱法 DB 44/T 479—2008 鱼肉中一氧化碳的测定

续表

名　称	可能添加的食品品种	检 测 方 法
溴酸钾	小麦粉	GB/T 20188—2006 小麦粉中溴酸盐的测定　离子色谱法
β-内酰胺酶	乳与乳制品	卫生部指定方法
富马酸二甲酯	糕点	卫生部指定方法 NY/T 1723—2009 食品中富马酸二甲酯的测定　高效液相色谱法
工业用矿物油	陈化大米	GB/T 21309—2007 涂渍油脂或石蜡大米检验
敌敌畏	火腿、鱼干、咸鱼等制品	GB/T 5009.20—2003 食品中有机磷农药残留的测定
肾上腺素受体激动剂类药物（盐酸克伦特罗，莱克多巴胺等）	猪肉、牛羊肉及肝脏等	GB/T 22286—2008 动物源性食品中多种 β-受体激动剂残留量的测定,液相色谱串联质谱法
硝基呋喃类药物	猪肉、禽肉、动物性水产品	GB/T 21311—2007 动物源性食品中硝基呋喃类药物代谢物残留量检测方法,高效液相色谱-串联质谱法
玉米赤霉醇	牛羊肉及肝脏、牛奶	GB/T 21982—2008 动物源食品中玉米赤霉醇、β-玉米赤霉醇、α-玉米赤霉烯醇、β-玉米赤霉烯醇、玉米赤霉酮和赤霉烯酮残留量检测方法,液相色谱-质谱/质谱法 农业部 1025 号公告-3—2008《动物性食品中玉米赤霉醇残留检测酶联免疫吸附法和气相色谱-质谱法》、农业部 1025 号公告-19—2008《动物源性食品中玉米赤霉醇类 药物残留检测　液相色谱-串联质谱法》和农业部 1077 号公告-6—2008《水产品中玉米赤霉醇类残留量的测定液相色谱-串联质谱法》
抗生素残渣	猪肉	GB/T 20444—2006 猪组织中四环素族抗生素残留量检测方法　微生物学检测方法 GB/T 21315—2007 动物源性食品中青霉素族抗生素残留量检测方法　液相色谱-质谱/质谱法 GB/T 18932.28—2005 蜂蜜中四环素族抗生素残留量测定方法　酶联免疫法 GB/T 4789.27—2008 食品卫生微生物学检验　鲜乳中抗生素残留检验
镇静剂	猪肉	参考 GB/T 20763—2006 猪肾和肌肉组织中乙酰丙嗪、氯丙嗪、氟哌啶醇、丙酰二甲氨基丙吩噻嗪、甲苯噻嗪、阿扎哌垄阿扎哌醇、咔唑心安残留量的测定,液相色谱-串联质谱法
酸性橙Ⅱ	黄鱼、鲍汁、腌卤肉制品、红壳瓜子、辣椒面和豆瓣酱	卫生部指定方法
氯霉素	生食水产品、肉制品猪肠衣、蜂蜜	GB/T 22338—2008 动物源性食品中氯霉素类药物残留量测定 GB/T 18932.19—2003 蜂蜜中氯霉素残留量的测定方法液相色谱-串联质谱法 GB/T 18932.20—2003 蜂蜜中氯霉素残留量的测定方法气相色谱-质谱法 GB/T 18932.21—2003 蜂蜜中氯霉素残留量的测定方法酶联免疫法 GB/T 21165—2007 肠衣中氯霉素残留量的测定　液相色谱-串联质谱法 GB/T 22959—2008 河豚鱼、鳗鱼和烤鳗中氯霉素、甲砜霉素和氟苯尼考残留量的测定　液相色谱-串联质谱法

名　称	可能添加的食品品种	检测方法
氯霉素	生食水产品、肉制品猪肠衣、蜂蜜	SC/T 3018—2004 水产品中氯霉素残留量的测定　气相色谱法 SN 0215—1993 出口禽肉中氯霉素残留量检验方法 SN 0341—1995 出口肉及肉制品中氯霉素残留量检验方法 SN/T 1604—2005 进出口动物源性食品中氯霉素残留量的检验方法酶联免疫法
喹诺酮类	麻辣烫类食品	GB/T 20366—2006 动物源产品中喹诺酮类残留量的测定液相色谱-串联质谱法 GB/T 20751—2006 鳗鱼及制品中十五种喹诺酮类药物残留量的测定　液相色谱-串联质谱法 GB/T 20757—2006 蜂蜜中十四种喹诺酮类药物残留量的测定液相色谱-串联质谱法 GB/T 21312—2007 动物源性食品中 14 种喹诺酮药物残留检测方法　液相色谱-质谱/质谱法 GB/T 23411—2009 蜂王浆中 17 种喹诺酮类药物残留量的测定　液相色谱-质谱/质谱法 GB/T 23412—2009 蜂蜜中 19 种喹诺酮类药物残留量的测定方法　液相色谱-质谱/质谱法 SN/T 1751.1—2006 动物源性食品中喹诺酮类药物残留检测方法　第 1 部分:微生物抑制法 SN/T 1751.2—2007 进出口动物源食品中喹诺酮类药物残留量检测方法　第 2 部分:液相色谱-质谱/质谱法 SN/T 2578—2010 进出口蜂王浆中 15 种喹诺酮类药物残留量的检测方法　液相色谱-质谱/质谱法 DB 35/T 898—2009 水产品中喹诺酮类药物残留量的测定高效液相色谱法
孔雀石绿	鱼类	GB/T 20361—2006 水产品中孔雀石绿和结晶紫残留量的测定,高效液相色谱荧光检测法 GB/T 19857—2005 水产品中孔雀石绿和结晶紫残留量的测定(液相色谱-串联质谱法)
乌洛托品	腐竹、米线等	SN/T 2226—2008《进出口动物源性食品中乌洛托品残留量的检测方法　液相色谱-质谱/质谱法》 需要研制食品中六亚甲基四胺的测定方法
五氯酚钠	河蟹	SC/T 3030—2006 水产品中五氯苯酚及其钠盐残留量的测定气相色谱法
喹乙醇	水产养殖饲料	水产品中喹乙醇代谢物残留量的测定　高效液相色谱法(农业部 1077 号公告-5—2008) 水产品中喹乙醇残留量的测定液相色谱法(SC/T 3019—2004)
磺胺二甲嘧啶	叉烧肉类	GB 20759—2006 畜禽肉中十六种磺胺类药物残留量的测定液相色谱-串联质谱法
敌百虫	腌制食品	GB/T 5009.20—2003 食品中有机磷农药残留量的测定

2009 年 3 月全国打击违法添加非食用物质和滥用食品添加剂专项整治领导小组发布食品整治办［2009］29 号文《关于印发全国打击违法添加非食用物质和滥用食品添加剂专项整治抽检工作指导原则和方案的通知》,推出了牛奶中硫氰酸根、食品中富马酸二甲酯残留量、辣椒粉中碱性橙、碱性玫瑰精、酸性橙Ⅱ及酸性黄和

乳及乳制品中舒巴坦敏感 β-内酰胺酶类药物的检验方法。

5.2　食品中三聚氰胺和双氰胺的检测

5.2.1　三聚氰胺、双氰胺的基本信息

5.2.1.1　毒副作用及限量标准

三聚氰胺（Melamine）简称三胺，学名三氨三嗪，别名蜜胺、氰尿酰胺、三聚酰胺。三聚氰胺是一种重要的氮杂环有机化工原料，为白色结晶粉末。三聚氰胺能溶于甲醛、乙酸、热乙二醇，微溶于水及醇，不溶于醚、苯和四氯化碳，与盐酸、硫酸、硝酸、乙酸、草酸等都能形成盐。它主要用于生产三聚氰胺-甲醛树脂（MF），同时广泛用于木材、塑料、涂料、造纸、纺织、皮革、电气、医药等行业。有些不法企业通过向饲料原料中添加三聚氰胺来提高其产品的含氮量，以提高蛋白质的含量，谋取不法利润。因为很多质检部门常用凯氏定氮方法测定粗蛋白的含量，凯氏定氮只能测出含氮量，而无法测出氮的来源。三聚氰胺抗氨氮测定，一般的饲料分析化验部门也很难分析出来。有时在化验一些蛋白质原料时，测得其蛋白质含量较高，而氨基酸含量却较低，这也可能是加入三聚氰胺所致。另外，三聚氰胺含氮量为 66.6％，折合成粗蛋白质含量为 416.3％，因此，只要掺入少量就可以迅速提高蛋白质含量。动物食用含有三聚氰胺的饲料后，可以对动物自身产生一定的毒性，其动物性食品中三聚氰胺的残留也会对人类健康造成威胁。

双氰胺别名二氰二胺或二聚氨基腈，是一种重要的化工产品中间体。主要用于生产三聚氰胺，胍及胍盐，医药、染料中间体，环氧树脂硬化剂，涂料以及阳离子表面活性剂等。2013 年有报道称新西兰的牛奶和奶粉中有检出低含量的双氰胺，主要原因是农场使用了氮肥增效剂中含有双氰胺的复合肥料，该肥料可控制硝化菌的活动，使氮肥在土壤中的转化速度得到调节，减少氮的损失，提高了肥料的使用效率，更好地促进了草的生长。奶牛吃了这种牧草后，造成了双氰胺在牛奶中有残留。但也有可能是双氰胺被非法添加到食品中，由于双氰胺也是含氮量高且性质较稳定的非蛋白氮物质，少量加入几乎不影响食品风味，极有可能被非法添加到食品中。

长期或反复大量摄入三聚氰胺可能对肾与膀胱产生影响，导致产生结石。三聚氰胺在体内属于不活泼代谢，即在体内不发生任何类型的代谢变化。其通过肾脏经尿液排除。因此可以说三聚氰胺本身的急性毒性很小。三聚氰胺经口给予动物后，常见的临床症状包括饲料消耗量减少、体重减轻、膀胱结石、结晶尿、膀胱上皮细胞增生以及存活率降低，动物表现为食欲不振、呕吐、多尿、烦躁、干渴、无力气以及高磷血症，能诱发动物肾衰竭并导致死亡。

2011 年我国卫生部关于三聚氰胺在食品中的限量值的公告（2011 年第 10 号），

公告指出"三聚氰胺不是食品原料，也不是食品添加剂，禁止人为添加到食品中。对在食品中人为添加三聚氰胺的，依法追究法律责任。"并规定了"婴儿配方食品中三聚氰胺的限量值为 1mg/kg，其他食品中三聚氰胺的限量值为 2.5mg/kg，高于上述限量的食品一律不得销售。"

双氰胺在乳品中污染水平很低，在百万分之一（1mg/kg）以下，而同时双氰胺的毒性又很低，健康风险相当低，不需通过制订标准来监管。这与 2008 年发生的三聚氰胺事件有本质上的不同。主管部门目前未有关于食品中双氰胺的限量标准。

5.2.1.2　理化性质

三聚氰胺和双氰胺都是白色粉末，无味，化学结构如下，化学信息见表 5-2。三聚氰胺呈弱碱性（$pK_b=8$），与盐酸、硫酸、硝酸、乙酸、草酸等都能形成三聚氰胺盐。三聚氰胺在中性或微碱性情况下，与甲醛缩合成各种羟甲基三聚氰胺，但在微酸性（pH5.5～6.5）与羟甲基的衍生物进行缩聚反应生成树脂产物。遇强酸或强碱水溶液水解，氨基逐步被羟基取代，先生成三聚氰酸二酰胺，进一步水解生成三聚氰酸一酰胺，最后生成三聚氰酸。双氰胺可溶于水、醇、乙二醇和二甲基甲酰胺，几乎不溶于醚和苯。不可燃。干燥时稳定。

三聚氰胺　　　　　双氰胺

表 5-2　三聚氰胺及双氰胺的化合物信息

中文名称	英文名称	CAS 号	相对分子质量
三聚氰胺	Melamine	108-80-5	126.06
双氰胺	Dicyanodiamide	461-58-5	84.08

5.2.2　检测方案设计

检测方案的设计主要考虑：测定的样品对象是什么，是宠物食品抑或是人的食品；样品性质，是动物组织（肌肉、肝等）抑或是一些特殊样品（奶酪、巧克力等）；实验室具备的仪器设备条件；待检测样品的数量，是否需要高通量检测；检测需求，是筛选检测，抑或是确证检测。

5.2.2.1　样品处理方法选择

三聚氰胺和双氰胺属于极性化合物，均溶于水和乙腈等极性较强的溶剂。因此检测时一般都选用稀酸溶液、极性较强的乙腈、乙腈和水的混合溶液或缓冲溶液等溶剂提取。如果遇到有些特殊的样品，如奶酪、巧克力一类的样品难以在提取液中理想分散，需在提取前往样品中加入海沙进行研磨，以增大样品与提取液的接触面积，更好地对样品进行有效提取。在已发布的三聚氰胺检测标准方法里涉及奶酪、巧克力一类样品的提取净化步骤均采用了这种做法。

在样品净化方面，可在样品中加入三氯乙酸、醋酸铅、醋酸锌、亚铁氰化钾等蛋白质沉淀剂来除去蛋白质，然后以极性溶剂或缓冲液利用液液萃取、超声辅助提取、匀质提取等提取技术提取三聚氰胺。三聚氰胺分子结构中带有氨基，呈弱碱性，在酸溶液中有较好的溶解性，但在强酸中却有不同程度的水解。针对其特点，选用1%～2%三氯乙酸-乙腈溶液作为提取溶剂，能更好地促进蛋白变性、沉淀，且适合于不同基质的多种组分。

由于提取时采用了1%～2%的三氯乙酸-乙腈溶液作为提取剂，提取液已经起到了部分沉淀蛋白的效果，因此样品净化主要是要去除样液的脂肪，利用三聚氰胺不溶于正己烷的特点，采用饱和乙腈正己烷作为脱脂溶剂。

对于样品基质复杂的样品，当实验中发现干扰物质较多，单纯脱脂净化仍不理想时，也可以通过固相萃取的方式，如使用 MCX、MCT 等 SPE 柱对样液作进一步净化。三聚氰胺呈弱碱性（弱阳离子化合物），净化过程一般选择阳离子交换柱。

5.2.2.2 测定方法选择

从测定方法的原理来看，三聚氰胺测定方法有生物化学法、理化方法。生物化学法主要有酶联免疫吸附测定法（ELISA）和胶体金免疫层析实验测定法（GICA），其中 ELISA 和 GICA 以其方便、敏感、特异、无污染的特性，非常适合于三聚氰胺的现场检测。免疫学测定的基础是生产出特异、敏感的抗体，国内外在此方面报道较少。免疫学测定简便、灵敏、特异，检测限低，可同时检测多数样品但缺点是容易出现假阳性，只能用于三聚氰胺的快速筛选。三聚氰胺的测定理化方法包括液相色谱法（HPLC）、气相色谱质谱法（GC-MS）和液相色谱串联质谱法（LC-MS/MS）等，对于双氰胺的测定主要有高效液相色谱（HPLC）法和液相色谱串联质谱法（LC-MS/MS）。

检测食品中三聚氰胺的国家标准 GB/T 22388《原料乳与乳制品中三聚氰胺检测方法》，标准规定了高效液相色谱法、气相色谱-质谱联用法、液相色谱-质谱/质谱法 3 种方法为三聚氰胺的检测方法，检测定量限分别为 2mg/kg、0.05mg/kg 和 0.01mg/kg。此外还有 GB/T 22400《原料乳中三聚氰胺快速检测 液相色谱法》，GB/T 22288《植物源产品中三聚氰胺、三聚氰酸一酰胺、三聚氰酸二酰胺和三聚氰酸的测定气相色谱-质谱法》。目前主管部门没有公开发布食品中双氰胺检测方法。实验室应根据检测要求和实验室资源，选择合适的测定方法。

（1）液相色谱法

HPLC 检测通常有以下 3 种模式。

① 离子对模式 三聚氰胺及其同系物为强极性化合物，在常用的反相色谱 C_{18} 柱上几乎无保留，难以分离和检测。为延长其在色谱柱上的保留时间，一般在流动相中加入离子对试剂，与三聚氰胺形成中性离子对来改善分离条件，获得稳定的保

留。国内多采用庚烷-磺酸钠、辛烷-磺酸钠、己烷-磺酸钠等离子对试剂。离子对色谱法操作简单，用常规的 C_{18} 和 C_8 柱在普通的 HPLC 仪上接紫外检测器或二极管阵列检测器可分析，保留时间较长，灵敏度较高。缺点是：平衡时间长，离子对试剂对环境不利，对色谱柱及色谱系统不利，不能接质谱，接质谱时改用挥发性的离子对试剂（如七氟丁酸）。

② 强阳离子交换模式　三聚氰胺为阳离子，可采用阳离子交换法检测。国标 GB/T 22400 原料乳中三聚氰胺快速检测　液相色谱法　就采用离子交换色谱法来检测三聚氰胺。优点是分离检测速度快，分离效果好，采用无机盐为流动相，不使用离子对试剂。缺点是不能与质谱联用。

③ 亲水作用色谱法（HILIC）　可同时检测三聚氰胺和三聚氰酸，也可同时检测三聚氰胺和双氰胺，色谱保留时间理想。其分离机理与的正相色谱相似，但可采用水性流动相，流动相一般为乙腈与乙酸铵的缓冲溶液，乙腈浓度越大，保留时间越长。优点是色谱的流动相与质谱兼容，可进行 HPLC 和 HPLC-MS 对照。HILIC 柱现已大量应用于三聚氰胺和双氰胺的检测。

高效液相色谱法分析三聚氰胺，一般采用紫外检测器或二极管阵列检测器，这两种检测器配置成本不高，适合基层实验室使用，但其依靠紫外吸收光谱定性，选择性不高，对加工食品中大量的共存物质的抗干扰性能力差。当检出怀疑不合格样品时，建议分析者对二极管阵列检测器采集的紫外光谱图作进一步的数学处理，如进行一阶导数处理（大部分的仪器数据处理软件都具备多阶导数处理功能），以提高定性判别的可靠性，有条件的实验室可采用液相色谱-质谱/质谱法进行进一步的确证检测。

（2）气相色谱法和质谱联用法

由于三聚氰胺相对分子质量小于 150，在进行 GC-MS 分析时，在该质量数附近，常用的毛细管气相色谱柱柱流失产物的碎片离子很多，对质谱有严重干扰，因此需对三聚氰胺进行衍生化，降低背景化学噪声带来的影响。

目前用于衍生化的试剂主要有三甲基硅（TMS）和 N,O-双三甲基硅基三氟乙酰胺/三甲基氯硅烷。

（3）液相色谱-质谱联用法

液相色谱-质谱联用法在检测选择性、准确性方面具有很大的优势，是权威质检机关确认三聚氰胺、双氰胺的首选方法，样品的前处理与 HPLC 基本相同，样品提取后无需进行任何的化学衍生化即可上机分析。

LC-MS/MS 的定量限可以低至 0.01mg/kg，鉴于加工食品成分复杂，三聚氰胺来源广泛，在进行痕量水平的三聚氰胺、双氰胺检测时，建议采用同位素稀释质谱法，以确保检测结果的准确。国外的官方机构如美国 FDA 特别强调三聚氰胺检测中使用同位素内标，从事出口食品安全检测的实验室要加以注意。

（4）酶联免疫吸附测定法

ELISA 是基于抗原抗体的特异性反应的一种分析方法。三聚氰胺作为小分子，并不具有免疫原性也难于包被在固相介质表面。免疫学检测方法的建立，首先要求把三聚氰胺和载体蛋白耦连，用作抗体生产的免疫原和检测的包被原。结合在固相载体表面的三聚氰胺或酶标记抗体仍保持其抗体抗原结合活性，酶标记抗体同时也保留酶的活性。竞争 ELISA 采用的是非均相竞争模式，可分为直接竞争模式和间接竞争模式。目前，市场上已有不同公司生产出售三聚氰胺残留检测 ELISA 试剂盒，如 RomLabs 公司、Beacon 公司和 Abraxis 公司等，均可定量测定饲料和食品中的三聚氰胺残留量，最低检测含量均可达 10μg/kg。其原理都是竞争 ELISA，利用萃取液通过均质或振荡方式提取样品中的三聚氰胺进行免疫测定。ELISA 法具有操作简便、速度快、可大批量筛选等优点，但在检测过程中有假阳性问题，因此对阳性样品需用确证方法进行确证。

（5）胶体金免疫层析

胶体金免疫层析实验测定法的原理是，采用柠檬酸三钠还原 $HAuCl_4$，聚合成金颗粒，由于金颗粒之间的静电作用和布朗运动，使其保持水溶胶状态，胶体金富含电子和强大的给电子能力。胶体溶液在 pH 值 8.2 的条件下，胶体金以非共价键与三聚氰胺抗体结合，形成金标抗体（Ab-Au），将金标抗体吸附于玻璃纤维棉上，一端与固定有三聚氰胺蛋白质耦连物（检测线）和二抗羊抗鼠 IgG（质控线）的硝酸纤维素膜（NC）相连，另一端与样品垫相连。而后连同其他所需的吸水纤维、支撑材料、覆盖材料等按照设计工艺进行制作和组装，制成快速检测试纸。若检测样品中不含三聚氰胺，则金标抗体就会与三聚氰胺蛋白质耦连物反应而被部分截获，金颗粒富积而出现明显直观的红色条带，未完全结合的金标抗体至质控线时，同样会出现红色条带；如果检测样品中含有三聚氰胺，则三聚氰胺与三聚氰胺蛋白质耦连物竞争性结合金标抗体，检测线不出现或出现很弱的红色条带。快速检测试纸用于检测小分子物质残留，检测时间仅需数分钟，目前已有多种小分子检测试纸被研制开发成功。

5.2.3　测定方法示例1　亲水作用液相色谱-串联质谱法

本节测定方法实例主要根据不同的测试目标物，例如，仅检测食品中的三聚氰胺或检测三聚氰胺和双氰胺，采用不同的前处理方法来介绍。

（1）方法提要

样品经提取液超声或振荡提取，提取液经净化后供液相色谱-串联质谱仪检测，同位素内标法定量。

（2）样品处理

① 奶粉中要求双氰胺和三聚氰胺限量为 0.5mg/kg 或以上　称取 1.0g（准确至 0.01g）样品于 50mL 具塞塑料离心管中，加入 10mg/L 内标溶液 50μL，加入 2.0mL 水，涡旋振荡 1min，加入 8.0mL 乙腈，涡旋振荡 2min，4500r/min 离心

5min，上清液待净化。

吸取上清液 1.0mL 至 QuEChERS 离心管（PSA 粉末、C_{18} 粉末、无水 $MgSO_4$ 粉末分别 25mg、25mg 和 150mg 混匀）内，手摇使其混合并涡旋混匀 30s，12000r/min 离心 5min，取上清液 200μL 到 1.5mL 塑料离心管中，加入 800μL 流动相溶液，12000r/min 离心 5min，取上清液过 0.20μm 有机相滤膜，滤液供液相色谱-串联质谱仪上机测定。

② 食品中要求三聚氰胺限量为 0.01mg/kg 称取 2.0g（准确至 0.01g）样品于 50mL 具塞离心管中，加入 1.0mg/L 的三聚氰胺内标溶液 100μL，15.0mL 1% 三氯乙酸溶液，涡旋混匀 1min，加入 5mL 乙腈，涡旋混匀 1min，加入 1%三氯乙酸溶液定容至 40.0mL，混匀，以 10000r/min 离心 5min，上清液待净化。

Waters Oasis MCX 固相萃取柱分别以 3mL 甲醇，3mL 0.1mol/L 盐酸溶液活化平衡，准确移取 3.00mL 上清液至已预活化平衡柱子上，控制流速在 1mL/min，弃去流出液；依次用 3mL 0.1mol/L 盐酸，3mL 甲醇溶液淋洗固相萃取柱，弃去淋洗液；再用 4mL 5%氨水甲醇洗脱，洗脱液于 55℃ 下吹氮浓缩至干，准确加入 0.75mL 乙腈-甲酸铵溶液（8+2），涡旋振荡 1min，加入 0.5mL 乙腈饱和的正己烷，涡旋振荡 1min，用一次性吸管将样液移入 1.5mL 塑料离心管，12000r/min 离心 5min，小心吸取上层正己烷，弃去，下层样液过 0.20μm 有机相滤膜，滤液供液相色谱-串联质谱仪上机测定。

（3）测定

① 仪器条件

a. 液相色谱条件 色谱柱：Waters Atlantis HILIC 柱，50mm × 3.0mm（i.d.），3μm。流动相：乙腈＋5mmol/L 甲酸铵溶液（8+2，体积比）。流速：0.30mL/min。柱温：40℃。进样量：5μL。

b. 质谱条件 离子源：电喷雾 ESI，正离子模式检测。扫描方式：多反应监测 MRM。质谱仪的雾化气、加热辅助气、碰撞气均为高纯氮气。参考质谱参数见表 5-3。

表 5-3 三聚氰胺和双氰胺的质谱检测参数

分析物名称	定性离子对(m/z)	定量离子对(m/z)	去簇电压/V	碰撞能量/V
双氰胺	84.80/43.20	84.80/43.20	28	24
	84.80/68.20			23
双氰胺内标（双氰胺-$^{15}N_4$）	88.80/71.10	88.80/71.10	28	22
三聚氰胺	127.0/85.1	127.0/85.1	50	28
	127.0/68.0		50	40
三聚氰胺内标（三聚氰胺-$^{15}N_3$）	130.1/87.0	130.1/87.0	50	26

② 工作曲线　按表 5-4 准确吸取一定量的双氰胺和三聚氰胺标准工作液（浓度为 0.1mg/L）、内标工作液（浓度为 0.1mg/L）及流动相于带塞离心管中，摇匀备用。该标准曲线溶液使用前配制。

表 5-4　标准曲线溶液配制表

分析物浓度/(μg/L)	标准工作液体积 /μL	内标工作液体积 /μL	流动相溶液 /μL
0	0	50	950
1	10	50	940
2	20	50	930
5	50	50	900
20	200	50	750
50	500	50	450

③ 样品测定　按以上的仪器条件，按标准溶液、试剂空白、样品空白、加标样品、样品空白、待测样品、加标样品的进样次序进样。内标法峰面积定量。

以标准溶液分析物峰面积与标准溶液内标物峰面积的比值对标准溶液分析物浓度与标准溶液内标物浓度的比值作线性回归曲线。将样液中分析物峰面积与样液中内标物峰面积的比值和样液中内标浓度代入线性回归方程得到样液中分析物浓度。按内标法计算公式计算样品中分析物含量。图 5-1 是三聚氰胺和双氰胺标准溶液（浓度为 5.0μg/L）的萃取离子流图。

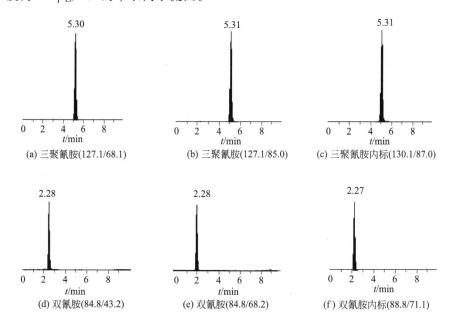

图 5-1　三聚氰胺和双氰胺标准溶液（浓度为 5.0μg/L）的萃取离子流图

当样品中检出三聚氰胺等物质时，应同时考虑保留时间，计算样品中待确证物质的两对特征离子的相对丰度比应与同时检测的浓度接近的标准溶液一致，相对偏差不超过表 5-5 规定的范围。图 5-2 是一个空白样品标准添加回收的实例，样品及同批检测的标准溶液的离子比（峰高比）列于表 5-6。

表 5-5　定性离子相对丰度的最大允许偏差

相对离子丰度	>50%	>20%~50%	>10%~20%	≤10%
允许的相对偏差	±20%	±25%	±30%	±50%

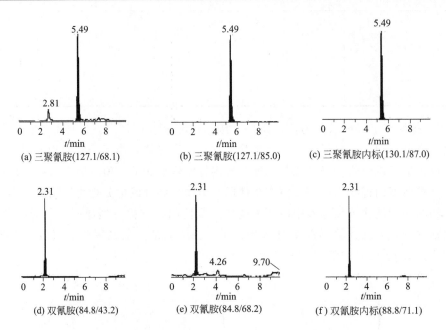

图 5-2　三聚氰胺、双氰胺样品添加回收（浓度为 50μg/kg）的萃取离子流图

表 5-6　三聚氰胺标准添加样品的离子比

样　品　名　称	离　子　比
标准溶液(5.0μg/L)	0.41
标准添加样品(添加水平 50μg/L)	0.40

（4）关键控制点及注意事项

① 由于用品处理过程中溶剂会有本底影响，需要做溶剂空白，计算结果时应扣除溶剂空白。

② 加工食品成分复杂，建议提取液过 SPE 柱前先进行高速离心，必要时可以先对样液用正己烷脱脂，然后再过 SPE 柱，以减少 SPE 柱净化时发生堵塞情况。

5.2.4　测定方法示例 2　高效液相色谱法测定动物肌肉中的三聚氰胺残留量

（1）前处理

称取 2.5g 试样于 50mL 具塞塑料离心管中，加入 24mL 乙腈-水（8+2，体积比）和 1mL 1.0mol/L 的盐酸溶液，涡旋振荡 30s，超声提取 5min，均质 30s，以不低于 4000r/min 离心 10min。

移取 5mL 上清液于玻璃离心管，加入 3mL 乙腈饱和正己烷，涡旋振荡 30s，以不低于 4000r/min 离心 5min，弃去上层正己烷，转移至已依次用 3mL 甲醇活化、3mL 0.1mol/L 盐酸溶液平衡的固相萃取柱中，依次用 3mL 0.1mol/L 盐酸溶液和 3mL 甲醇洗涤，抽至近干后，用 5mL 5％氨甲醇溶液洗脱，收集洗脱液，整个固相萃取过程流速不超过 1mL/min，洗脱液于 45℃下用氮气吹干，残留物用 1mL 乙腈-0.05mol/L 磷酸盐缓冲液（1＋1）定容，涡旋混合 30s，过 0.2μm 有机相微孔滤膜后，供 HPLC 测定，色谱分离情况见图 5-3。

（2）测定

色谱柱：强阳离子交换色谱柱，Luna SCX（250mm×4.6mm，5μm）。流动相：乙腈-0.05mol/L 磷酸盐缓冲液（30＋70，体积比）。流速：1.5mL/min。柱温：35℃。检测波长：235nm。进样量：20μL。

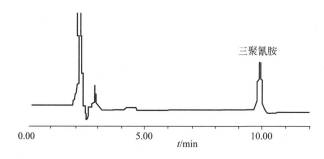

图 5-3　三聚氰胺标准品液相色谱图（0.5mg/L）

方法的测定下限为 0.5mg/kg。

（3）关键控制点和注意事项

乙腈的比例越低，提取动物肌肉样品时越容易出现胶状现象，尤其是虾肉样品，离心后仍分层不好。可以采用乙腈-水（8＋2）和 1.0mol/L 盐酸溶液混合提取。

60mg 的 MCX 柱往往由于样品基质造成的干扰，使上柱的样液基质与三聚氰胺竞争保留，使柱过载，造成回收率不稳定。用 150mg 的 MCX 回收率高、重现性好。

5.3　食品中邻苯二甲酸酯类的检测

5.3.1　概述

邻苯二甲酸酯（PAEs）（化学结构见下）又称酞酸酯、增塑剂，在台湾叫作塑化剂，是用于添加到塑料聚合物中增加塑料的可塑性的加工助剂。增塑剂中最常使用的是 DEHP［邻苯二甲酸二（2-乙基）己酯］，它主要用在 PVC（聚氯乙烯）塑料制品中，例如，保鲜膜、食品包装、玩具、导管、输液袋等。邻苯二甲酸酯是一种重要的环境激素，可以在人和动物体内起着类似雌性激素的作用而扰乱动物体内正常的分泌系统，并具有"三致"（致癌、致畸、致突变）作用；其中有些 PAEs 已被国家环保总局和美国环保署（EPA）列为优先控制的污染物。自 20 世纪 70 年代以来，由于 PAEs 在工业中广泛应用，大量的邻苯二甲酸酯进入到环境中，给土壤、水体和空气等带来了严重的污染。

邻苯二甲酸酯的结构

5.3.2　检测方案的选择

由于食品的基质相当复杂，干扰众多，含有大量的纤维、脂肪等大分子。故采用恰当的前处理减少干扰，是分析测试食品中 PAEs 的关键。样品的前处理一般包括提取、净化和浓缩，经过前处理的样品，起到浓缩待测痕量组分和消除基体干扰的作用，从而提高方法的灵敏度，降低最低检测限。在国家标准 GB/T 21911—2008 中指出，对于不含油脂的样品，固态的一般需要粉碎混匀，超声提取，静置过滤，有机溶剂萃取，微孔滤膜过滤；液态的一般采取固相萃取的方法，氮气吹扫仪吹至近干，有机溶剂定容，混匀，微孔滤膜过滤，也可以参考固体样品进行处理。对于含油脂的样品，需要用石油醚脱脂，还需经凝胶渗透色谱装置净化。

现有样品预处理技术主要分为固体提取和液体提取两类。目前对固体样品常用的提取方法有索氏提取、溶剂提取、超声波萃取、微波辅助萃取、超临界流体提取法（SFE）萃取以及加速溶剂萃取，然后再对萃取液采用合适的方法进行富集或净化以适合仪器分析的要求；国内外对液体样品中 PAEs 的前处理一般经过预富集处理，富集和净化的方法主要有液-液萃取（LLE）、固相柱萃取（SPE）、固相微萃取（SPME）、固相膜萃取、棒吸附萃取法（SBSE）。近年来，一些新的提取技术被应用到 PAEs 上，免疫亲和色谱技术（IAC）、凝胶渗透色谱技术（GPC）、生物传感器等克服了索氏提取法时间长，有机溶剂用量大的缺点。其中，LLE、SPE、SPME 和 GPC 是目前常用的样品处理方法。

对于油脂类液体，包装材料中的有害物质容易在食用油中迁移。因此，油脂类液体中常含有含量较低的 PAEs。对于食用油中 PAEs 的定性定量相对不复杂，前处理较简单，用乙腈或甲醇作为萃取剂，可用弗罗里硅土固相萃取柱净化洗脱减少杂质峰的干扰。检测手段一般采用气相色谱、液相色谱及联用技术。

对于水溶性饮品，结合十二烷基磺酸钠（SDS）的疏水作用，采用 SDS 矾土微团吸附剂的固相萃取方法对样品中高含量的 BBP（邻苯二甲酸丁酯苯甲酯）、DBP（邻苯二甲酸二丁酯）、DEHP［邻苯二甲酸二（2-乙基）己酯］3 种 PAEs 富集浓缩。

对于非油脂类蔬菜和水果等，常采用的前处理手段主要是有机溶剂提取后再通过固相萃取浓缩净化。也可采用基质固相分散方法处理样品。

对于动物、禽、鱼肉类，此类样品的前处理一般采用溶剂萃取，净化柱层析等，色谱联用技术检测。

对于复杂基质食品，主要采用有机溶剂液相萃取，氮气流吹扫等。比如超声提取，正己烷萃取，氮气流吹干提取。也可考虑采用新型 PSA（伯仲胺）固相材料分散净化技术。

由于 PAEs 普遍存在，为了防止被测定的样品受污染造成假阳性的结果，在实验过程中应杜绝使用任何的塑料制品而使用玻璃器皿。所用的玻璃器皿需要首先用清洁剂洗，再用水洗、丙酮洗，然后分别用重蒸的正己烷清洗两次，烘干后然后保存在干净的铝箔中备用。

5.3.3　典型方法实例 1　分散固相萃取-气相色谱-质谱法测定罐头食品中 6 种邻苯二甲酸酯

此处介绍的方法源自文献 [1]。

（1）方法提要

以正己烷为萃取溶剂，采用乙二胺-N-丙基硅烷（PSA）固相材料分散净化技术，以气相色谱-质谱（GC-MS）在选择离子监测模式下测定罐头食品中 DBP、BBP、DEHP、DNOP（邻苯二甲酸二正辛酯）、DINP（邻苯二甲酸二异壬酯）、DIDP（邻苯二甲酸二异癸酯）。方法测定限（$S/N=10$）：DBP、BBP、DEHP、DNOP 为 0.01mg/kg，DINP、DIDP 为 1.0mg/kg。

（2）样品处理

称取经高速均质的样品（若样品含水少不易均质，加等倍去离子水高速匀浆均质后，称取等量样品）2.000g 至 100mL 具塞锥形瓶中，加乙腈 2mL 溶解样品，加入正己烷 10.0mL，盖紧瓶塞，混匀，于 40kHz、200W 功率下超声提取 10min，静止分层。移取上层溶液 2mL 于 10mL 刻度玻璃离心管中，加入无水硫酸镁 200mg、PSA 200mg（可根据样品含油量及色素含量增减 PSA 加入量），旋涡混匀 30s，以 4000r/min 离心 10min，取上层溶液进行 GC-MS 测定，同时进行空白试验。

（3）仪器测定参数

① 气相色谱参数　载气：高纯氦气。流速：0.8mL/min。进样口温度：280℃。进样量：1.0μL，不分流进样，1.0min 后打开分流阀和隔垫吹扫阀。柱温程序：60℃（1min），以 15℃/min 升温至 320℃（5min）。

② GC-MS 参数　接口温度：280℃。离子源温度：230℃。四极杆温度：

150℃。离子化方式：电子电离，电子能量 70eV，倍增器电压在自动调谐后加 400V，同步扫描选择离子监测/全扫描（SIM/SCAN）模式为开。

选择离子监测，单离子外标法定量（DINP、DIDP 以色谱峰面积加和计），以保留时间及离子比定性，6 种 PAEs 的保留时间、定性定量离子及其比例见表 5-7，图 5-4 为 6 种 PAEs 混合标准溶液的 SIM 色谱图。

表 5-7　6 种 PAEs 的保留时间、定量离子、定性离子及定量离子与定性离子的比值

化合物	保留时间/min	定量离子$(m/z)/\%$	定性离子$(m/z)/\%$
DBP	13.318	149(100)	150(9),233(5)
BBP	15.714	149(100)	91(72),206(23)
DEHP	16.679	149(100)	167(52),279(32)
DNOP	17.616	149(100)	167(5),279(15)
DINP	17.600～18.500	293(100)	167(100),149(1000)
DIDP	17.900～19.200	307(100)	167(100),149(1000)

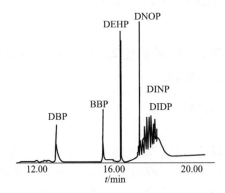

图 5-4　6 种 PAEs 混合标准溶液的 SIM 色谱图[1]

（4）关键控制点和注意事项

罐头食品中的脂肪及色素可被正己烷同时萃取，若不除去将严重干扰测定，采用 PSA 固相材料分散固相萃取（DSPE），有效消除食品中共萃取物的干扰。采用 DSPE 技术中 PSA 的用量取决于样品中的油脂及色素含量，用量过少，不能除去杂质；用量过多，目标物会被吸附而损失。在实际应用中，可根据试样的油脂及色素含量适当增减 PSA 的用量。

5.3.4　典型方法实例 2　凝胶渗透色谱净化-高效液相色谱法测定油脂食品中的邻苯二甲酸酯类增塑剂

此处介绍的检测方法源自文献 [2]。

（1）方法提要

样品经凝胶渗透色谱（GPC）净化处理后，所收集的分离液挥干复溶解后用反相液相色谱-二极管阵列检测，5 种邻苯二甲酸酯类增塑剂（DMP、DEP、DBP、

DEHP、DNOP）的仪器检出限（$S/N=3$）分别为 $10\mu g/L$、$10\mu g/L$、$25\mu g/L$、$50\mu g/L$、$50\mu g/L$。

（2）样品提取方法

① 提取 准确称取待测样品 2g，置于玻璃离心管中，加入石油醚 20mL，于 3000r/min 速率下匀浆提取 5min，于 4000r/min 速率下离心 5min，将上清液转入 100mL 旋转蒸发瓶中；离心管中再加入石油醚 20mL，重复上述匀浆提取和离心操作，分离上清液；在离心管中再加入 10mL 石油醚，重复上述匀浆提取和离心操作，分离上清液。合并上清液，将其在 35℃、150r/min 条件下蒸发至干，加入 5mL 环己烷-乙酸乙酯（1∶1，体积比）混合溶剂溶解，待净化。食用油用 5mL 环己烷-乙酸乙酯（1∶1，体积比）混合溶剂溶解后直接用于净化。

② 凝胶渗透净化 凝胶渗透净化条件如下。凝胶渗透色谱柱：300mm× 20mm（Bio BeadsS-X3，200～400 目）。流动相：乙酸乙酯-环己烷（1∶1，体积比）混合溶液。流速：5mL/min。紫外检测波长：254nm。收集 8.5～18.5min 流分于 60mL 试剂瓶中，然后在 40℃、150r/min 条件下旋转蒸发至干，加入 10mL 乙腈溶解，供 HPLC 检测。

（3）HPLC 分析

色谱柱：Labtech C_{18}柱（250mm×4.6mm，$5\mu m$）。流动相：A 相为乙腈，B 相为水。梯度洗脱程序：0～2min，70%A；2～5min，70%A 线性变化至 100% A；5～15min，100% A。流速：1.2mL/min。进样量：$20\mu L$。紫外检测波长：226nm。目标物的检出限（以信噪比为 3 计）为 $3.25～13.4\mu g/L$，5 种 PAEs 混合标准溶液的色谱图见图 5-5。

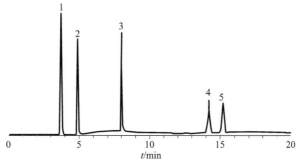

图 5-5 5 种 PAEs 混合标准溶液的色谱图[2]

1—DMP；2—DEP；3—DBP；4—DEHP；5—DNOP

（4）关键控制点和注意事项

在 8.5min 之前油炸糕点样品中的大分子干扰物质已经全部流出；而目标小分子邻苯二甲酸酯类化合物则在 8.5min 之后才开始流出，至 18.5min 全部流出。收集 8.5～18.5min 的流分可完全除去大分子基体干扰物质，从而避免生物大分子对目标物保留和分离的干扰以及对 HPLC 分离柱的损伤。

5.3.5 典型方法实例3 液相色谱串联质谱法测定油基食品中的18种邻苯二甲酸酯类化合物

此处介绍的方法源自文献〔3〕。

（1）方法提要

采用乙腈提取，正己烷液液萃取，C_{18}液相色谱柱分别在等度与梯度两种洗脱程序下分离，大气压化学正离子电离（APCI）。18种邻苯二甲酸酯检测限（LOQ）为0.05～0.5mg/kg（表5-8）。

（2）样品处理

取1.0g均匀试样于10mL具塞离心管中（固态油脂样品需先于50℃熔化），用移液管加入5mL乙腈，涡旋混合3min后，超声提取10min，于4000r/min离心5min，转移上清液于20mL玻璃试管中与5mL水混合，加入10mL正己烷涡旋混合3min，于4000r/min离心2min，转移正己烷层于另一试管中，再加入5mL正己烷重复提取步骤，合并正己烷层于50℃氮气流下浓缩至干，加入1mL甲醇溶解，经滤膜过滤后进行LC-MS/MS测定。

（3）LC-MS/MS测定条件

① 色谱条件 色谱柱：Shiseido MGⅡ C_{18}柱，150mm×2.1mm（i.d.），5μm。柱温：30℃。流动相：5mmol/L乙酸铵甲醇（A）-水（B）。分离方法1：等度洗脱，95%A+5%B。分离方法2：梯度洗脱程序见表5-8。流速：0.3mL/min。进样量：10μL。

表 5-8 梯度洗脱程序

时间/min	A/%	B/%	时间/min	A/%	B/%
0	45	55	20	100	0
5	80	20	20.1	45	55
13	95	5	25	45	55

② 质谱条件 离子化方式：正离子电离（APCI+）。电晕放电电流：5μA。雾化气：344.5kPa（50psi）。气帘气：172.4kPa（25psi）。喷雾电压：4500V。去溶剂温度：450℃。碰撞气：69kPa（10psi）。离子对驻留时间：50ms。

18种化合物的检测离子对、去簇电压（DP）、碰撞室出口电压（CXP）、入口电压（EP）、碰撞能量（CE）等质谱参数见表5-9。

与国标GC-MS法相比，本方法采用APCI-MRM法测定食品中18种邻苯二甲酸酯，减少了样品中其他色谱峰的干扰，实现了待测物的准确定性；GC-MS分析DINP和DIDP两种增塑剂时，得到一组色谱峰群，灵敏度低，但LC-MS/MS测定DINP和DIDP时，均能获得峰形对称的单峰，本方法除测定卫生部禁用17种PAEs外，同时增加了DIDP；本文所采用前处理方法不需要复杂的前处理仪器和步骤，18种PAEs均获得较高的回收率。

表 5-9　18 种邻苯二甲酸酯类化合物的质谱参数和 LOQ 值

序号	化　合　物	离子对	去簇电压/V	碰撞能量/eV	出口电压/V	入口电压/V	LOQ/(mg/kg)
1	邻苯二甲酸二甲酯(DMP)	195.0/163.0[①]；195.0/133.0	35	15;33	10;8	11;10	0.1
2	邻苯二甲酸二乙酯(DEP)	223.1/177.1；223.1/149.1[①]	35	12;25	12;9	6	0.1
3	邻苯二甲酸二甲氧乙酯(DMEP)	283.2/207.2[①]；283.2/59.2	55	10;30	14;10	9	0.5
4	邻苯二甲酸二(2-乙氧基)乙酯(DEEP)	311.3/221.2[①]；311.3/73.2	60	10;20	15;13	10	0.1
5	邻苯二甲酸丁苄酯(BBP)	313.1/91.1；313.1/149.1[①]	75	30;19	4;9	4;5	0.2
6	邻苯二甲酸二丁氧基乙酯(DBEP)	367.2/101.3；367.2/249.3[①]	65	18;12	5	12;13	0.05
7	邻苯二甲酸二庚酯(DPhP)	319.2/225.2[①]；225.2/77.2	65;103	16;38	15;14	8;15	0.05
8	邻苯二甲酸二丁酯(DBP)	279.3/205.2[①]；279.3/167.1	50	12;17	14;11	4	0.1
9	邻苯二甲酸二异丁酯(DIBP)	279.3/149.1[①]；279.3/205.2	50	20;12	9;14	4	0.1
10	邻苯二甲酸二正戊酯(DPP)	307.3/149.2[①]；307.3/219.2	50	20;12	9;15	10	0.05
11	邻苯二甲酸二环己酯(DCHP)	331.2/167.1[①]；331.2/149.2	53	20;33	11;9	8;10	0.2
12	邻苯二甲酸双-4-甲基-2-戊酯(BMPP)	335.2/167.2[①]；335.2/251.3	50	18;12	11;6	10;7	0.1
13	邻苯二甲酸二(4-甲基-2-戊基)酯(DHXP)	335.2/149.2[①]；335.2/233.3	50	30;12	9;11	10;11	0.1
14	邻苯二甲酸二壬酯(DNP)	419.3/149.1；419.3/275.3[①]	70	28;13	9;6	6;4	0.2
15	邻苯二甲酸二(2-乙基己基)酯(DEHP)	391.3/149.2；391.3/167.2[①]	70	24;19	9;11	4	0.2
16	邻苯二甲酸二正辛酯(DNOP)	391.3/149.2；391.3/261.3	70	24;13	9;12	9;10	0.2
17	邻苯二甲酸二异壬酯(DINP)	419.3/127.3[①]；419.3/149.1	70	18;28	7;9	4;6	0.5
18	邻苯二甲酸二异癸酯(DIDP)	447.4/141.4；447.4/149.3[①]	70	17;31	8;6	9;9	0.5

① 定量监测离子。

（4）关键控制点和注意事项

乙腈提取液存在的油脂互溶物，易干扰仪器测定。为了净化样品，在乙腈提取液中加入正己烷萃取溶剂，为了提高两相的分配效率，在乙腈提取液加入等比例水混合，以增加样液极性。

邻苯二甲酸酯属弱极性化合物，在 C_{18} 色谱柱中保留性强，邻苯二甲酸酯色谱分离存在的问题为：①DBP、DEHP 和 DINP 易产生阳性干扰，在色谱柱中易残留，难洗脱；②几种邻苯二甲酸酯的正、异同分异构体难以分离；③DINP 和 DIDP 峰形差。联合采用等度与梯度洗脱两种分离方法，高洗脱等度方法分离时间短，可作为样品快速筛选方法。难分离同分异构体产生阳性结果时，采用梯度洗脱方法测定，共同完成 18 种邻苯二甲酸酯类化合物分离。

色谱检测实验室中几乎每种试剂与仪器设备的生产、分析过程均离不开含有 PVC 材质的物质，因此在邻苯二甲酸酯检测过程易检出阳性，特别是聚乙烯生产常用的一些塑化剂如 DBP、DEHP 和 DINP，均有检出阳性的现象，实验发现过滤采用的一次性医用注射器最易产生 DEHP 和 DBP 阳性，因此在实验过程中应尽量避免使用含塑料材质的实验器材，减少基质干扰。

5.4 食品中非法色素的检测

5.4.1 概述

碱性橙Ⅱ（Basic OrangeⅡ）是一种偶氮类碱性染料，"王金黄"、"块黄"是俗名，呈闪光棕红色结晶或粉末，溶于水后呈黄光棕色，溶于乙醇和乙二醇乙醚，微溶于丙酮，不溶于苯。主要用于纺织品、皮革制品及木制品的染色。过量摄取、吸入以及皮肤接触该物质均会造成急性和慢性的中毒伤害，为致癌物。根据我国的相关标准，该物质并未列入食品添加剂范围之内。由于碱性橙Ⅱ比其他水溶性染料如柠檬黄、日落黄等更易于在豆腐以及一些水产品上染色且不易褪色，因此一些不法商贩用该物质对豆制品等食品进行染色，以求获得更好的卖相，欺骗消费者。

碱性橙Ⅱ结构式

碱性嫩黄是一种工业染料，化学名称为 4,4'-碳亚氨基双（N,N-二甲基苯胺）单盐酸盐，别名碱性嫩黄 O、C.I. 碱性黄 2、奥拉明 O、金胺、盐基淡黄、盐基槐黄、碱性槐黄等。难溶于冷水和乙醚。易溶于热水和乙醇。耐晒牢度低。其色淀用于制墙纸、色纸、油墨和油漆等。由米蚩酮与氯化铵和氯化锌在 150～160℃ 加热而制得。或由 N,N-二甲基苯胺与甲醛缩合再经氧化而制得。黄色粉末，工业染料，一般只能用于染布。由于能起染色作用，一些不法商贩把碱性嫩黄加入到腐竹中。碱性嫩黄接触或者吸入都会引起中毒，因为这些染料大都具有致癌性。

碱性嫩黄结构

酸性橙Ⅱ，又名酸性金黄Ⅱ、金橙Ⅱ或酸性艳橙 GR，俗名金黄粉，化学名为 2-萘酚偶氮对苯磺酸钠，染料索引号 C. I. Acid Orange 7（15510），是重要的精细化工产品之一，广泛用于纺织印染、皮革、造纸、橡胶、塑料、涂料、化妆品、木材加工等的常用酸性水溶性染料。能溶于水和乙醇。在浓硫酸溶液中呈品红色，稀释后生成棕色沉淀。

酸性橙Ⅱ的结构式

罗丹明 B，又称碱性玫瑰精，俗称花粉红，是一种具有鲜桃红色的人工合成色素，易溶于水和乙醇，微溶于丙酮、氯仿、盐酸和氢氧化钠溶液；其水溶液为蓝红色，稀释后有强烈荧光，醇溶液为红色荧光。罗丹明 B 为非食用色素，主要用于染蜡光纸、打字纸、有光纸等；因其在溶液中有强烈荧光的特性，罗丹明 B 还被大量用作生物染色剂。罗丹明 B 会引致皮下组织生肉瘤，被怀疑是致癌物质。由于罗丹明 B 价格低，着色力强，部分食品生产经营单位或个体生产者为美化食品外观，将其充当食用色素掺入辣椒、火锅底料、麻辣鱼底料等调味品等食品中，以谋求非法利益。

罗丹明B的结构式

柑橘红 2 号染料为橘红色粉末，不溶于水，溶于芳烃类溶剂。在柑橘中主要作为染色剂用，其目的是增加甜橙（主要是脐橙）果实的红色色泽与着色均匀度，提高果实的市场竞争力。但由于其可能的致癌性，柑橘红 2 号色素被大部分国家和地区所禁用，规定经处理过的果实全果（以干重计）中柑橘红 2 号染料最大残留量不得超过 2mg/L。

柑橘红2号的结构式

坚牢绿，深绿色粉末或栗色带金属光泽的颗粒。有吸湿性。易溶于水，溶于乙醇，溶于浓硫酸呈暗橙色，稀释后呈暗绿色，溶于浓盐酸或浓硝酸呈橙色，溶于

10%氢氧化钠溶液呈亮蓝色。熔点290℃（分解）。最大吸收波长628nm。半数致死量（大鼠，经口）＞2g/kg。是一种碱性染料，用于植物组织学和细胞学的染色。用于亚硫酸盐测定，制造细菌培养基，用以鉴别大肠杆菌及其他乳糖发酵菌，培养分离粪便中的伤寒杆菌。在我国、美国、欧盟、日本不允许食品中使用坚牢绿，而在加拿大、韩国、新加坡、澳大利亚、新西兰、南非允许使用。

坚牢绿的结构式

5.4.2　检测方案的选择

根据碱性橙溶于水和乙醇的性质，可以考虑样品经无水乙醇提取，浓缩定容后，用反相分离柱分离测定，国家标准 GB/T 23496—2009《食品中禁用物质的检测碱性橙染料　高效液相色谱法》正是基于这个原理。如果样品基质复杂，可以考虑采用甲醇提取，用 Waters Oasis HLB、中性氧化铝等固相萃取柱净化的方式进行样品前处理，提高回收率，降低检出限。

根据碱性嫩黄难溶于冷水和乙醚。易溶于热水和乙醇的性质，可以考虑通过碱化甲醇提取，二氯甲烷萃取，正己烷净化，高效液相色谱紫外检测器检测。为了进一步除去干扰物，可以用 Oasis HLB 固相萃取柱净化。

根据酸性橙Ⅱ能溶于水和乙醇的特点，样品用饱和乙腈提取，经饱和正己烷萃取除去油溶性色素及杂质，采用高效液相色谱柱分离。根据酸性橙Ⅱ是磺酸盐的性质，也可采用 WAX 弱阴离子固相萃取柱进一步净化。

罗丹明 B 易溶于水和乙醇，微溶于丙酮、氯仿、盐酸和氢氧化钠溶液，往往用于辣椒油等高油脂食品中，根据这个性质，可以考虑用乙酸乙酯-环己烷提取试样中的罗丹明 B，用凝胶色谱净化系统除去油脂。SN/T 2430—2010《进出口食品中罗丹明 B 的检测方法》正是基于这个原理。由于很多基层实验室不具备凝胶色谱仪，笔者对食品中罗丹明 B 的检测做了一些研究，用中性氧化铝代替凝胶色谱净化系统进行样品前处理，样品经正己烷等溶液提取，经过中性氧化铝柱净化，以甲醇和水溶液为流动相进行色谱分离。基于罗丹明 B 有荧光特性，选择在激发波长 550nm，发射波长 580nm 的荧光条件下检测，可以大大提高罗丹明 B 的检出限。

柑橘红 2 号与苏丹红Ⅰ号染料的分子结构较为相似。由于果汁、果蔬中水分、水溶性物质较多，且柑橘红 2 号具有不溶于水的性质，可以参考国家标准 GB/T 19681—2005《食品中苏丹红染料的检测方法》，采用丙酮-正己烷混合溶剂提取，再经液-液萃取与水相分离，去除水溶性杂质并把样品中柑橘红2号提取出来。

坚牢绿易溶于水，溶于乙醇，属于磺酸盐，可以考虑在酸性条件下用聚酰胺粉吸附，在碱性条件下解析。

5.4.3　典型方法实例1　辣椒粉中碱性橙、碱性玫瑰精、酸性橙Ⅱ及酸性黄的测定——液相色谱和液相色谱-串联质谱法

此处介绍的检测方法源自食品整治办［2009］29号文"关于印发全国打击违法添加非食用物质和滥用食品添加剂专项整治抽检工作指导原则和方案的通知"附件中"指定检验方法3辣椒粉中碱性橙、碱性玫瑰精、酸性橙Ⅱ及酸性黄的测定——液相色谱、液相色谱-串联质谱法"。

5.4.3.1　液相色谱法

（1）方法原理

试样中的目标化合物用乙腈-水（7+3）提取，用高效液相色谱C_{18}柱分离，紫外检测器检测，外标法定量。

（2）样品处理

准确称取2~5g样品于50mL塑料离心管中，加入10mL提取液，超声提取20min后，以1000r/min离心10min，取20μL液相色谱测定。

（3）液相色谱条件

色谱柱：Inertsil ODS-3 4.6mm×250mm，5μm。柱温：35℃。流动相：A相为乙腈；B相为10mmol/L乙酸铵水溶液（乙酸0.12%）。流速：1.0mL/min。梯度洗脱程序见表5-10。进样体积：20μL。检测波长：酸性黄、酸性橙Ⅱ、碱性橙450nm；碱性玫瑰精550nm。

表 5-10　梯度洗脱程序

时间/min	A/%	B/%	时间/min	A/%	B/%
0	30	70	15	82	18
14	82	18	16	30	70

5.4.3.2　液相色谱-串联质谱法

（1）方法原理

试样中的目标化合物用甲醇-乙酸铵溶液提取，经弱阴离子交换固相萃取柱净化后，液相色谱-串联质谱测定，基质加标工作曲线外标法定量。

（2）样品制备

① 提取　称取1.0g试样于50mL离心管中，加入10.0mL提取溶液，超声提取30min，10000r/min离心10min，上清液转移至另一50mL离心管中；残渣中加入10.0mL提取溶液再次提取，合并两次提取溶液。

② 净化　取5.0mL样品提取液，用固相萃取柱平衡溶液（称取3.9g乙酸铵

用水溶解，加 10.0mL 甲酸，用水定容到 500mL）稀释定容至 50.0mL，过已活化好的弱阴离子固相萃取柱，用 2mL 淋洗液、2mL 水淋洗，5mL 洗脱液洗脱，收集洗脱液，用氮气吹至近干，用样品稀释液定容至 1.0mL，过 0.22μm 滤膜后液相色谱-串联质谱测定。

（3）液相色谱-串联质谱参考条件

① 色谱条件 色谱柱：BHT 1.7μm×100mm。柱温：40℃。流动相：A 相为含 0.1% 甲酸的 5mmol/L 乙酸铵水溶液，B 相为乙腈，梯度洗脱程序见表 5-11，流速 0.3mL/min。进样量：5μL。

表 5-11 梯度洗脱程序

时间/min	A/%	B/%	时间/min	A/%	B/%
0	90	10	6.5	90	10
5	10	90	10	90	10
6	10	90			

② 质谱条件 离子源：碱性橙、碱性玫瑰精，电喷雾 ESI，正离子；酸性橙Ⅱ、酸性黄，电喷雾 ESI，负离子。扫描方式：多反应监测 MRM。监测离子对及质谱参数见表 5-12。

表 5-12 质谱参数

组　　分	锥孔电压/V	碰撞能量/eV	母离子(m/z)	子离子(m/z)
碱性橙	38	20	212.8	76.5、120.6
碱性玫瑰精	70	40	433.2	399.2、355.1
酸性橙Ⅱ	40	40	327.0	155.9、79.8
酸性黄	50	30	352	155.9、79.7

（4）定性测定

各检测目标化合物以保留时间和两对离子（特征离子对/定量离子对）所对应的 LC-MS/MS 色谱峰面积相对丰度进行定性。要求被测试样中目标化合物的保留时间与标准溶液中目标化合物的保留时间一致（一致的条件是偏差小于 20%），同时要求被测试样中目标化合物的两对离子对应 LC-MS/MS 色谱峰面积比与标准溶液中目标化合物的面积比一致，相对丰度 >50%、20%～50%、10%～20%、<10% 时，容许偏差分别为 20%、25%、30% 和 50%。

5.4.4 典型方法实例 2 饮料和糖果中 5 种非法添加色素的检测[4]

（1）方法提要

采用聚酰胺吸附法提取样品溶液的色素，用乙醇-氨水-水混合溶液解吸，用高效液相色谱-二极管阵列检测器测定。方法的检出限为 1.0mg/kg。

（2）样品处理

① 提取

a. 饮料和酒类 取样 10.0～20.0g，加热驱除二氧化碳和乙醇，冷却。用柠檬酸溶液调样品液 pH 值到 6，水浴加热至 60℃。

b. 硬糖、淀粉软糖 称取 5.00～10.00g 粉碎试样，放入 100mL 烧杯中，加水 30mL，温热溶解。用柠檬酸溶液调样品液 pH 值到 6，水浴加热至 60℃。

② 净化 将 20g 聚酰胺粉加入到适量 pH4、60℃左右的水中，倒入层析柱中，注入样品溶液，用 20mL 60℃ pH 为 4 的水洗 3～5 次，用乙醇-氨水-水（7＋2＋1）溶液解吸，直至洗脱液物无色。收集解吸液，在水浴上蒸发至近干，加乙醇溶解，定容至 5mL，经 0.45μm 滤膜过滤，取 10μL 注入高效液相色谱仪。

（3）液相色谱检测

色谱柱：Ultimate C$_{18}$ 柱（5μm，250mm×4.6mm，i.d.）。柱温：35℃。流动相：A 相为甲醇，B 相为 0.02mol/L 乙酸铵溶液，梯度洗脱程序见表 5-13。流速：1.0mL/min。检测波长：520nm。进样量：10μL。

表 5-13 梯度洗脱程序

时间/min	流动相体积配比/%	
	甲醇	0.02mol/L 乙酸铵溶液
0	35	75
10	70	30
15	78	32
20	90	10
23	98	2
28	35	75

5 种非法添加色素标准溶液的液相色谱图见图 5-6。亮黑、荧光素钠、红色 2G、荧光桃红、孟加拉玫瑰红的保留时间约为 9.64min、15.34min、17.63min、20.89min 和 21.29min。

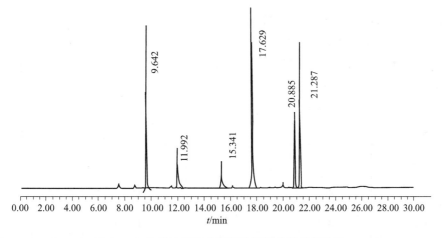

图 5-6 5 种非法添加色素标准溶液的液相色谱图

5.4.5 典型方法实例3 液相色谱-串联质谱法测定食品中红2G、酸性红和酸性红52

本方法源自文献［5］。

（1）方法提要

样品提取液经聚酰胺粉吸附法净化，以乙腈-乙酸铵为流动相进行梯度洗脱分离，以液相色谱-串联质谱法进行检测。红2G、酸性红和酸性红52三种分析物的检出限分别为5μg/L、6μg/L和1μg/L。

（2）样品前处理

按国标GB/T 5009.35—2003所述方法处理。

（3）检测

① 液相色谱条件　色谱柱：XDB-C$_{18}$柱（4.6μm，48mm×100mm）。柱温：30℃。流动相：乙腈（A）和0.02mol/L乙酸铁（B）。流速：0.5mL/min。梯度洗脱程序见表5-14。进样量：5μL。

表5-14　流动相梯度洗脱程序

时间/min	A/%	B/%	时间/min	A/%	B/%
0	20	80	8.1	20	80
0.5	20	80	13	20	80
8	60	40			

② 质谱条件　离子源：电喷雾离子源（ESI）。扫描方式：负离子模式。检测方式：多重反应检测（MRM）。干燥气温度：350℃。干燥气流速：12L/min。喷雾器：40psi。毛细管电压：4kV。碰撞气体：氢气。

根据红2G、酸性红、和酸性红52这3种着色剂具有磺酸根（SO_3^{2-}）基团的化学电离性质，选用ESI离子源，负离子模式采集。红2G、酸性红和酸性红52的定性及定量子离子相应的质谱参数见表5-15。红2G相对分子质量为509.4，酸性红相对分子质量为502.4，两者均含2个SO_3Na基团，其准分子离子为［M－2Na＋H］$^-$模式；酸性红52相对分子质量为580.6，均含有一个Na，准分子离子为［M－Na］$^-$模式。

表5-15　红2G、酸性红和酸性红52质谱参数

色　素	母离子	子离子	输入电压/V	碰撞能量/eV
红2G	464	359[①] 344	135	20 35
酸性红	457	377[①] 297	145	25 30
酸性红52	557	513[①] 477.5	160	45 35

① 定量离子。

（4）关键控制点和注意事项

红色 2G、酸性红和酸性红 52 这 3 种着色剂具有磺酸根（［SO_3］$^-$）基团，因此流动相里要加入少量硫酸铵，促进 3 种着色剂的保留性能，获得较好的分离峰型。根据［SO_3］$^-$化学电离性质，选用 ESI 离子源，负离子模式采集。采用子离子扫描方式进行二级质谱分析，对子离子进行优化选择，确定定量离子和定性离子。红 2G 和酸性红均含 2 个 SO_3Na 基团，其分子离子为［$M-2Na+H$］模式；酸性红 52 含有一个 Na，分子离子为［$M-Na$］模式。

5.4.6 典型方法实例 4 高效液相色谱法测定果汁和果蔬中柑橘红 2 号染料[6]

柑橘红 2 号染料为橘红色粉末，不溶于水，溶于芳烃类溶剂。在柑橘中主要作为染色剂用，其目的是增加甜橙（主要是脐橙）果实的红色色泽与着色均匀度，提高果实的市场竞争力。但由于其可能的致癌性，柑橘红 2 号色素被大部分国家和地区所禁用，规定经处理过的果实全果（以干重计）中柑橘红 2 号染料最大残留量不得超过 2mg/L。

（1）方法提要

样品用丙酮-正己烷（1+3）混合溶剂提取，提取液蒸发至干后用甲酸-乙腈（0.5+99.5）溶液（经正己烷饱和）复溶解，正己烷脱脂。反相液相色谱法检测。柑橘红 2 号染料的测定下限（$S/N=10$）为 0.1mg/kg。

（2）样品前处理

① 果汁饮料　称取 5.00g 样品于 50mL 具塞离心管中，加入丙酮-正己烷（1+3）混合溶剂 20mL，置水平往复振荡器振荡 15min，以 4000r/min 转速离心 6min，吸取正己烷层至 30mL 吹氮管。离心管中再加入正己烷 15mL 重复提取一次，合并提取液于吹氮管中，在 45℃吹氮仪浓缩至干。加入 1mL 甲酸乙腈正己烷饱和溶液溶解残渣，涡旋混合 1min，超声 1min，加入正己烷 0.5mL，涡旋混合 1min，移至 1.5mL 具塞离心管中，以 10000r/min 转速，离心 8min，弃去正己烷层，离心管中再加入正己烷 0.5mL 重复提取一次，下层清液用 0.22μm 滤膜过滤，供上机测定。

② 果蔬类　称取 5.00g 样品于 50mL 具塞离心管中，加入丙酮-正己烷（1+3）混合溶剂 20mL，均浆 1min，加水至 30mL，置水平往复振荡器振荡 15min，以 4000r/min 转速离心 6min，吸取正己烷层至 30mL 吹氮管。离心管中再加入正己烷 15mL 重复提取一次，合并提取液于吹氮管中，在 45℃吹氮仪浓缩至干。加入 1mL 甲酸乙腈正己烷饱和溶液溶解残渣，涡旋混合 1min，超声 1min，加入正己烷 0.5mL，涡旋混合 1min，移至 1.5mL 具塞离心管中，以 10000r/min，离心 8min，弃去正己烷层，离心管中再加入正己烷 0.5mL 重复提取一次，下层清液用 0.22μm 滤膜过滤，供上机测定。

较黏稠的果汁可按果蔬类样品前处理方法处理。

由于有些样品含有油脂，用甲酸乙腈正己烷饱和溶液溶解残渣后，溶液仍溶解了部分油脂，影响柱子的使用寿命，加入正己烷，采用甲酸-乙腈（0.5＋99.5）溶液与正己烷液液分配去除油脂，并且柑橘红2号能很好地分配于甲酸-乙腈（0.5＋99.5）溶液层与油脂分离。高速离心分离，能很好达到净化油脂的目的。

（3）测定条件

色谱柱：Agilent TC C_{18} 柱（250mm×4.6mm，5μm）；保护柱，Phenomenex C_{18}（4mm×3.0mm）。柱温：40℃。流动相：乙腈＋甲酸-水（0.1＋99.9）溶液＝92＋8（体积比）。流量：1.0mL/min。进样量：10μL。检测波长：508nm。柑橘红2号染料标准溶液液相色谱图见图5-7。

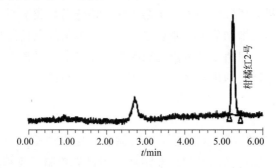

图5-7 柑橘红2号染料标准溶液液相色谱图

（4）关键控制点和注意事项

由于用丙酮-正己烷（1＋3）混合溶剂提取样品时，会同时提取出一些类脂物，为达到较好的净化效果，用甲酸-乙腈正己烷饱和溶液溶解残渣后，加入正己烷，液-液分配脱脂，达到净化油脂的目的。

注意控制好色谱条件，以免苏丹红Ⅰ号对柑橘红2号测定造成干扰。

5.4.7 典型方法实例5 高效液相色谱-二极管阵列检测法测定食品中坚牢绿含量[7]

GB/T 2760—2011《食品添加剂使用卫生标准》明确规定食品中添加食用色素的范围和用量，坚牢绿（Fast green）不允许在我国使用。

（1）方法提要

试样中的坚牢绿用聚酰胺吸附法提取，以反相液相色谱法检测。方法的定量限为5.0mg/kg。

（2）样品处理

饮料和酒类：取样10.0～20.0g，加热驱除二氧化碳和乙醇，冷却。

表层色素类：取样5.0～10.0g，用蒸馏水反复漂洗直至色素完全被洗脱，合并洗脱液。

硬糖、蜜饯、淀粉软糖：称取 5.00～10.00g 粉碎试样，放入 100mL 烧杯中，加水 30mL，温热溶解。

用柠檬酸溶液调样品液 pH 值到 6，水浴加热至 60℃，将 1g 聚酰胺粉加少许水调成粥状倒入样品溶液中，搅拌片刻，湿法装柱，用 60℃ pH 为 4 的水洗 3～5 次，然后用甲醇-甲酸（6+4）混合液洗涤 3～5 次，再用水洗至中性，用乙醇-氨水-水（7+2+1）混合溶液解吸 5 次，每次 5mL，收集解吸液，加乙酸中和，旋转蒸发至近干，加水溶解，定容至 5～10mL（根据颜色深浅而定），经 0.45μm 滤膜过滤，取 10μL 注入高效液相色谱仪。

（3）测定条件

色谱柱：Ultimate C_{18} 柱（4.6mm×250mm，5μm）。柱温：30℃。流动相：流速 1.0mL/min；流动相梯度见表 5-16。检测波长：620nm。进样量：10μL。坚牢绿标准品的色谱图见图 5-8。

表 5-16 流动相梯度

时间/min	甲醇/%	0.02mol/L 乙酸铵/%	时间/min	甲醇/%	0.02mol/L 乙酸铵/%
0	20	80	18	98	2
5	35	65	22	20	80
12	98	2			

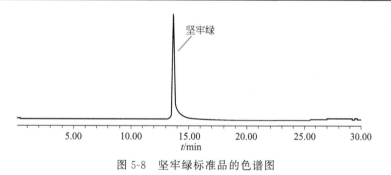

图 5-8 坚牢绿标准品的色谱图

（4）关键控制点和注意事项

用聚酰胺吸附和解吸时的样液的 pH 值很重要，控制不好将影响回收率。

5.4.8 典型方法实例 6 固相萃取-高效液相色谱法检测食品中的罗丹明 B[8]

罗丹明 B，也称花粉红，是一种具有鲜桃红色的人工合成的染料，由于其具有潜在的致癌性，各国均不容许将其用作食品染色。

花粉红在溶液中有强烈的荧光，利用此特点可采用荧光检测器以提高检测灵敏度和选择性。

（1）方法提要

样品经正己烷等溶液提取，经中性氧化铝柱净化，以甲醇和水溶液为流动相进行色谱分离，液相色谱-荧光法检测。方法的定量限为 $1.0\mu g/kg$。

（2）样品前处理

① 提取　水分含量较多的样品（饮料、罐头等）：称取样品 10.0g 于 50mL 离心管中，加入 1mol/L 磷酸水溶液 2mL，超声提取 30min，然后以 4000r/min 离心 10min，取上清液用于固相萃取净化。

水分含量较少的样品（调味品、蔬菜、肉类等）：称取样品 1.0g 于 50mL 离心管中，加 5mL 磷酸提取溶液，振荡 1min，超声提取 30min，加 5mL 正己烷充分，振荡 1min，然后以 4000r/min 离心 10min，弃去上层液，再次用 5mL 正己烷重复一次。下层液在氮气流下吹至近干，加 1mL 水，混匀，用于固相萃取净化。

② 净化　将 Sep-pak C_{18}柱用 10mL 甲醇活化，用 10mL 水平衡后，将上述待净化液注入固相萃取柱，萃取过程中流动相速度稳定控制在 5～8mL/min。依次用 10mL 水、10mL 50%甲醇水溶液淋洗。用 5mL 80%甲醇水溶液洗脱，收集洗脱液，置于 50℃水浴中，氮气流下吹干。用 1mL 甲醇溶解残渣，振荡，经 0.45µm 滤膜过滤，供液相色谱测定。

（3）测定条件

色谱柱：Supelco RP 18 柱，250mm×4.6mm(5µm)。柱温：35℃。进样量：10µL。流动相：甲醇＋水=75＋25，流量 1.0mL/min。荧光检测波长：激发波长 550nm，发射波长 580nm。罗丹明 B 标准品的色谱图见图 5-9。

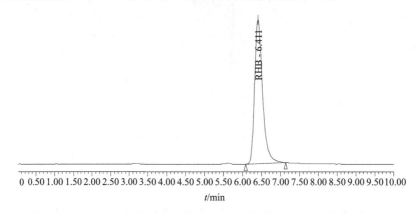

图 5-9　罗丹明 B 标准品的色谱图

（4）关键控制点和注意事项

当淋洗液中甲醇浓度小于 50%时，流出液中没有花粉红色素，用 80%甲醇水溶液洗脱，花粉红可以全部被洗脱，部分水溶性色素仍保留在净化柱上不被洗脱，从而避免了干扰，选择 50%的甲醇水溶液淋洗，80%甲醇水溶液洗脱。

严格控制流动相梯度，这样可以避免苏丹红Ⅰ～Ⅳ、柠檬黄、日落黄、胭脂红、苋菜红、亮蓝色素的干扰。

5.4.9 典型方法实例 7 饮料和糖果中 40 种色素的同时测定

此处介绍的方法源自文献［9］。

（1）方法提要

样液用 6％乙酸调节 pH3，然后过聚酰胺柱净化，以液相色谱-二极管阵列检测器检测。

（2）样品前处理

饮料和糖浆用水稀释，除乙醇和二氧化碳，调 pH 至 3，过 0.45μm 膜上机。

饼干和糖果等固体样品加水调 pH 至 3，过聚酰胺柱，用 20mL 1％乙酸和 20mL 水淋洗，然后用氨水-乙醇溶液（1∶1，体积比）洗脱。调 pH 至 3，过 0.45μm 膜上机。

（3）测定条件

色谱柱：ZORBAX Eclipse XDB-C₁₈ 快速分离柱（50mm × 4.6mm i.d.，1.8μm）。柱温：50℃。流动相：A 相为 0.1mol/L 醋酸铵溶液（pH6.7），B 相为甲醇-乙腈（50∶50，体积比）。流速：1.5mL/min。梯度洗脱程序见表 5-17。进样体积：5μL。检测波长：对黄色、橙色、红色、蓝色分别采用 450nm，490nm，520nm 和 620nm。40 种色素的检测波长和检出限见表 5-18。混合标准溶液（5μg/mL）HPLC 的谱图见图 5-10。

表 5-17 梯度洗脱程序

时间/min	A/％	B/％
0	97	3
18	40	60
20	40	60

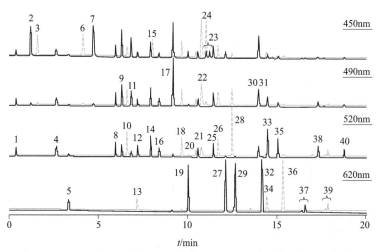

图 5-10 混合标准溶液（5μg/mL）HPLC 的谱图[9]

（化合物色谱峰编码见表 5-18）

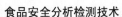

表 5-18   40 种色素标准溶液的检测波长和检出限

色谱峰编号	化合物	检测波长/nm	检出限/(μg/mL)
1	丽春红 6R	520	0.078
2	柠檬黄	450	0.040
3	坚牢黄 AB	450	0.060
4	苋菜红	520	0.053
5	靛蓝	620	0.039
6	萘酚黄 S	450	0.063
7	金莲橙 O	450	0.036
8	丽春红 4R	520	0.050
9	日落黄	490	0.027
10	红 33	520	0.011
11	酸性橙 G	490	0.038
12	酸性紫 7	520	0.047
13	亮黑	620	0.047
14	诱惑红	520	0.032
15	油溶黄 2G	450	0.058
16	红色 2G	520	0.060
17	荧光素钠	490	0.014
18	坚牢红	520	0.048
19	绿 S	620	0.013
20	丽春红 2R	520	0.086
21	偶氮玉红	520	0.051
22	橙色 402 号	490	0.017
23	喹啉黄	450	0.084
24	马休黄	450	0.040
25	胭脂红 SX	520	0.038
26	丽春红 3R	520	0.015
27	固绿 FCF	620	0.005
28	曙红	520	0.006
29	亮蓝	620	0.006
30	酸性橙 Ⅱ	490	0.040
31	栀子黄	490	0.039
32	酸性兰 1	620	0.007
33	赤藓红	520	0.011
34	氨基黑 10B	620	0.019
35	酸性红 52	520	0.019
36	专利蓝	620	0.009
37	酸性绿 9	620	0.075
38	酸性红 92	520	0.012
39	苄基紫 4B	620	0.125
40	孟加拉玫瑰红	520	0.059

（4）关键控制点和注意事项

为避免有些峰重叠，应把 40 种色素分成 2 个组，A 组酸性橙Ⅱ与 B 组酸性橙 12 是异构体，在 410nm 的吸收稍有不同，它们还是可以区分的。

柱温必须设置在50℃，如果低于此温度，酸性橙Ⅱ和酸性蓝1无法分离。

对黄色、橙色、红色和蓝色分别选择四个典型波长450nm、490nm、520nm和620nm进行检测，喹啉黄、酸性绿9和苄基紫4B有两个峰，用它们的峰面积之和定量。由于丽春红6R分子里有4个磺酸基，它很早就被洗脱（0.39min），然而它在520nm与其他峰分离很好。

色素在pH3~4条件下吸附，聚酰胺柱洗脱后，一些微小聚酰胺颗粒混入洗脱液中，它们在中性和酸性条件下吸附色素，造成回收率降低，尤其对于亮黑、赤藓红、氨基黑10B和孟加拉玫瑰红更是如此，所以洗脱液要过0.45μm滤膜，在中和和旋转蒸发前除去那些聚酰胺颗粒。

5.4.10　典型方法实例8　反相高效液相色谱法快速测定食品中18种水溶性合成着色剂

国际上用于食品添加剂的合成着色剂约60多种。我国允许生产和使用的合成色素大约17种，日本11种，美国7种。这些着色剂普遍应用于各类食品，在果汁饮料、汽水、糖果、果冻、冰淇淋、调味酱等儿童喜好的食品中使用尤为广泛。国标所推荐的检测方法（GB/T 5009.35、GB/T 9695.6等）采用了聚酰胺粉吸附洗脱、煮沸浓缩步骤，操作较为烦琐。

此处介绍的方法源自文献［10］，针对大多数着色剂为水溶性，直接用水超声提取，采用DAD分波段扫描方式进行监测，以达到对多种着色剂同时进行快速测定的目的。前处理大为简化，各种成分在色谱柱上分离度较好，实验平行性较佳，回收率较好，检测速度快，可对18种水溶性着色剂同时测定。由于样品在前处理过程经过了稀释，检测限水平有所下降；此外，前处理未经过净化步骤，含蛋白量高的样品可能干扰严重，因此，该快速方法不适用含蛋白量高、基质较复杂的样品，而适合于饮料、冰淇淋、糖果等样品中着色剂使用情况的快速筛查。

（1）方法提要

分析对象为柠檬黄（E102）、苋菜红（E123）、靛蓝（E132）、胭脂红（E124）、亮黑（E151）、日落黄（E110）、诱惑红（E129）、红2G（E128）、偶氮玉红（E122）、绿S（E142）、亮蓝（E133）、专利蓝V（E131）、赤藓红（E127）、酸性橙Ⅰ、酸性橙Ⅱ、酸性黄36、酸性红26、酸性红52共18种水溶性合成着色剂。

样品中的着色剂经超声提取、过滤，用配有二极管阵列检测器的液相色谱进行梯度分离测定，18种着色剂定量限在2.0~10.8mg/L范围。

（2）前处理

碳酸饮料、果汁、葡萄酒等准确称取5g样品用超纯水定容到50mL（必要时加热去除二氧化碳），冰淇淋、调味酱、果冻等半固体均质后称5g样品，用超纯水定容到50mL糖果等固体样品经粉碎，准确称取5g样品，溶于超纯水中，定容至

50mL 定容后的试样超声 15min，6500r/min 离心 10min，上清液过 0.45μm 滤膜，待测。

（3）测定条件

色谱柱：Diamonsil-C$_{18}$（250mm×4.6mm，粒径 4.6μm）。柱温：35℃。流动相：A 相为乙腈，B 相为 0.05mol/L 乙酸铵，流速 1mL/min，梯度洗脱程序见表 5-19。进样量：5μL。二极管阵列检测波长范围：250～630nm。18 种合成着色剂的液相色谱分离图见图 5-11。

表 5-19　梯度洗脱程序

时间/min	A/%	B/%	时间/min	A/%	B/%
0	5	95	52	5	95
20	25	75	60	5	95
50	50	50			

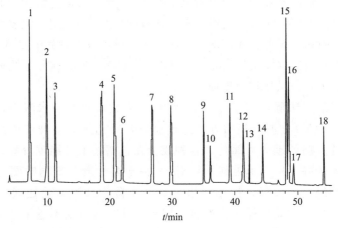

图 5-11　18 种合成着色剂的液相色谱分离图

1—柠檬黄；2—苋菜红；3—靛蓝；4—胭脂红；5—亮黑；6—日落黄；7—诱惑红；8—红 2G；
9—偶氮玉红；10—酸性红 26；11—绿 S；12—亮蓝；13—酸性橙Ⅰ；14—赤藓红；
15—酸性红 52；16—酸性橙Ⅱ；17—专利蓝Ⅴ；18—酸性黄 36

（4）关键控制点和注意事项

由于样品在前处理过程经过了稀释，检测限水平有所下降；此外，前处理未经过净化步骤，含蛋白量高的样品可能干扰严重，因此，该快速方法不适用于含蛋白量高、基质较复杂的样品，而适合于饮料、冰淇淋、糖果等样品中着色剂使用情况的快速筛查。

5.4.11　典型方法实例 9　超高效液相色谱-电喷雾串联四极杆质谱法检测果汁和葡萄酒中的 27 种工业染料

此处介绍的方法源自文献 [11]。

（1）方法提要

样品经乙腈振荡提取，在盐析作用下分层，目标化合物转移至乙腈层中，过滤后供液相色谱-串联质谱仪分析。27种工业染料的定量限为0.2～50μg/kg。

（2）前处理

称取5.00g果汁或葡萄酒样品于50mL塑料离心管内，加入1.00g氯化钠、20mL乙腈，涡旋混匀15s，振荡20min，静置2min分层，收集上层有机相于50mL刻度管内；剩余水相中再加入20mL乙腈提取；合并有机相，定容至50mL。样品溶液过0.22μm聚四氟乙烯滤膜，滤液供HPLC-MS/MS测定。

称取5.00g果汁或葡萄酒空白样品，每份样品按上述萃取过程进行处理，得到的基质提取液用于稀释标准储备溶液及样品溶液。

（3）测定条件

① 正离子检测模式

a. 色谱条件　色谱柱：ACQUITY UPLC BEH C_{18} 柱（100mm×2.1mm，1.7μm）。柱温：40℃。流动相：A相为乙腈，B相为0.1%甲酸水溶液。流速：0.3mL/min。梯度洗脱程序：0～10min，5%A线性升至100%A，保持3min。进样量：5μL。

b. 质谱条件　离子源：电喷雾离子源，正离子模式ESI（＋），毛细管电压：3.2kV，离子源温度：100℃，脱溶剂气温度：350℃，脱溶剂气流量：540L/h，

② 负离子检测模式

a. 色谱条件　色谱柱：ACQUITY UPLC BEH C_{18} 柱（100mm×2.1mm，1.7μm）；柱温：40℃，进样量：5μL。流动相：A相为乙腈，B相为水。流速：0.3mL/min。梯度洗脱程序：0～5min，50%A，线性升至100%A，保持2min。

b. 质谱条件　离子源：ESI（－）。毛细管电压：2.8kV。其他条件同正离子测定。偶氮染料分析的质谱参数见表5-20。

表5-20　偶氮染料分析的质谱参数

电离模式	染料	母离子（m/z）	定量离子 m/z（碰撞能量/eV）	定性离子 m/z（碰撞能量/eV）	锥孔电压/V	驻留时间/min	时间窗口/min
正离子	苏丹红Ⅰ	249.0	93.1(16)	156.3(16)	50	0.1	8.5～9.5
正离子	苏丹红Ⅱ	276.9	121.0(16)	156.3(16)	50	0.1	9.5～12.0
正离子	苏丹红Ⅲ	353.1	197.2(15)	77.4(24)	50	0.1	9.5～12.0
正离子	苏丹红Ⅳ	381.2	224.4(17)	91.3(20)	50	0.1	9.5～12.0
正离子	苏丹红7B	380.1	183.0(15)	169.0(20)	50	0.1	9.5～12.0
正离子	苏丹橙G	215.1	93.2(17)	122.1(15)	50	0.05	5.0～7.2
正离子	苏丹黄	226.0	77.3(15)	95.3(20)	50	0.1	6.8～8.8
正离子	苏丹红G	279.0	123.2(14)	94.3(17)	50	0.1	8.5～9.5
正离子	苏丹蓝2	350.8	293.8(17)	250.7(25)	35	0.1	9.5～12.0
正离子	甲苯胺红	308.0	156.1(15)	127.7(20)	50	0.1	8.5～9.5
正离子	孔雀石绿	329.1	313.2(34)	208.0(30)	40	0.05	5.0～7.2

电离模式	染料	母离子 (m/z)	定量离子 m/z (碰撞能量/eV)	定性离子 m/z (碰撞能量/eV)	锥孔电压 /V	驻留时间 /min	时间窗口 /min
正离子	隐色孔雀石绿	331.3	239.0(32)	315.0(35)	40	0.05	5.0~7.2
正离子	结晶紫	372.0	356.0(33)	251.0(33)	50	0.1	6.8~8.8
正离子	隐色结晶紫	374.3	238.5(26)	359.2(30)	50	0.1	2.0~5.0
正离子	分散蓝1	269.0	161.0(20)	107.0(35)	50	0.1	2.0~5.0
正离子	分散蓝106	336.0	178.1(16)	196.0(16)	50	0.1	5.0~7.2
正离子	分散蓝124	378.2	220.1(14)	178.2(18)	50	0.1	6.8~8.8
正离子	分散橙3	243.0	112.2(15)	140.0(15)	50	0.05	5.0~7.2
正离子	分散橙37	393.2	352.0(18)	324.7(20)	50	0.1	6.8~8.8
正离子	分散橙11	238.0	165.0(25)	105.0(20)	45	0.05	5.0~7.2
正离子	分散黄3	270.0	107.2(16)	150.0(15)	50	0.05	5.0~7.2
正离子	分散红1	315.1	134.2(23)	255.1(25)	50	0.1	6.8~8.8
正离子	罗丹明B	443.1	399.0(36)	385.1(36)	50	0.1	5.0~7.2
正离子	碱性橙	213.0	77.5(15)	121.1(16)	50	0.1	2.0~5.0
负离子	对位红	291.9	263.8(15)	122.2(21)	45	0.2	0.8~4.0
负离子	酸性橙Ⅱ	326.9	156.1(25)	171.0(24)	45	0.2	0.8~4.0
负离子	间胺黄	351.7	156.0(28)	80.3(30)	45	0.2	0.8~4.0

（4）关键控制点和注意事项

在流动相中加入0.1%甲酸能增加染料在正离子检测模式下的电离效率，促进[M+H]⁺生成。27种染料的化学性质差异较大，有酸性、中性及碱性，有极性也有非极性，但它们都微溶于果汁和葡萄酒中。从结构上看，它们都具有六元环，因而用石墨化炭黑固相萃取小柱均可一次性全部吸附，但回收率均较低。27种染料均有一定溶解能力的乙腈作提取液，采用液-液萃取的方法提取取得了较好的效果。在溶液中加入氯化钠，利用盐析作用促进乙腈与提取液分层，目标物可被提取。

5.5 乳品中皮革水解物的检测

5.5.1 概述

不法企业为提高乳制品中的蛋白质含量，在乳制品中混入皮革水解蛋白，制造出"皮革毒奶"。皮革水解蛋白就是利用已经废弃的皮革制品或动物毛发，水解之后制成粉状，因其氨基酸或者说蛋白含量较高，故人们称之为"皮革水解蛋白粉"。"皮革水解蛋白粉"中含有的有毒物质被人体吸收、积累，可导致中毒，使关节疏松肿大，甚至造成儿童死亡。

皮革水解蛋白的检测难度比三聚氰胺更大，因为它本来就是一种蛋白质。当前，国内多数参考1978年版《ISO：3496—1978 肉与肉制品 L(－)-羟脯氨酸含量测定》使用分光光度法测定乳品。主要检测方法是检查牛奶中是否含有羟脯氨酸，这是动物胶原蛋白中的特有成分，在乳酪蛋白中则没有，所以一旦验出，则可认为含有皮革水解蛋白。

5.5.2 检测方法

目前，我国通过监测乳制品中 L-羟脯氨酸和铬含量来检测乳制品中革皮水解物。L-羟脯氨酸是胶原蛋白中一种特有的标志物。L-羟脯氨酸分析法主要有如下几种。

（1）分光光度法

李景红等[12]在浓盐酸的条件下，110℃水解 6h，使胶原蛋白彻底变成游离的氨基酸，其中的羟脯氨酸也被释放出来。再用氯胺 T 氧化羟脯氨酸生成含吡咯环的物质，加入对-二甲基氨基苯甲醛溶液显色，558nm 波长处测吸光度，用标准曲线算得羟脯氨酸的质量浓度，羟脯氨酸的最小检出量为 100mg/kg。至今该方法的使用仍很广泛，但在检测灵敏度方面与液相法相比有很大的不足。

GB 9695.23—2008 肉与肉制品 L-羟脯氨酸含量测定，就是采用这种比色法测定。

（2）离子交换色谱-积分脉冲安培法

采用阴离子交换色谱-积分脉冲安培法检测牛乳中掺加的动物胶原水解蛋白。由于胶原水解蛋白中含有高比例的羟脯氨酸，由测得的羟脯氨酸含量乘以 7.65 得到牛乳中掺加的胶原水解蛋白量。该法无需衍生处理，可直接对羟脯氨酸进行测定。

（3）氨基酸分析仪法

按 GB/T 5009.124—2003 食品中氨基酸的测定进行羟脯氨酸的检测。

（4）液相色谱法

L-羟脯氨酸需要减低极性和增加紫外相应，才可用于反相色谱紫外检测法。柱前衍生是一种先将氨基酸转化成衍生物，再进行色谱分离的衍生方法。乳制品中违禁皮革水解蛋白分析中最常用的柱前衍生试剂是 2,4-二硝基氟苯（DNFB），该衍生试剂衍生得到的衍生物稳定性好，并且过量的 DNFB 对分析没有影响。

金苏英等[13]采用柱前衍生反相高效液相色谱法测定奶粉及其他乳制品中 L-羟脯氨酸。样品经酸水解后，用 6-氨基喹啉基-N-羟基琥珀酰亚氨基甲酸酯（AQC 试剂）衍生水解样品中的 L-羟脯氨酸，以磷酸盐缓冲溶液、乙腈、水梯度洗脱，通过 Symmetry C$_{18}$ 柱将 L-羟脯氨酸与其他 18 种氨基酸分离，在 248nm 波长下用紫外检测器检测。

唐志毅等[14]采用邻苯二甲醛和芴甲基氯甲酸酯两个衍生剂测定尿中的羟脯氨酸，以 C$_8$ 柱为色谱柱，无杂质干扰，特异性好；研究者也有以异硫氰酸苯酯（PITC）为衍生试剂，测定了保健食品中游离和非游离的 L-羟脯氨酸。这种方法也可以在乳及乳制品中 L-羟脯氨酸的检测中加以应用。

（5）液相色谱-质谱/质谱法

河北省食品质量监督检验研究院开发出了羟脯氨酸的液相色谱-质谱/质谱检测方法。

取酸水解后样液 1mL，加入 3mL 乙醇沉淀，充分混匀后离心 3min，取 1mL 上清液于 25mL 容量瓶中，以等体积甲醇水定容，滤膜过滤后 LC-MS/MS 测定。

L-羟脯氨酸的准分子离子峰 ［M＋H］+ 为 132，其子离子和参考条件为：① m/z 100.2，碰撞能量 11V；② m/z 86.2，碰撞能量 23V；③ m/z 68.2，碰撞能量 23V。

选择 86.2 和 68.2 为子离子，子离子 100.2 稳定性差，可能是其碰撞能量小的缘故。

存在的问题：如果乳制品中加入了尿液，在乳蛋白的新陈代谢作用下，样品中检出羟脯氨酸，因此在这种情况下，不能判断羟脯氨酸的来源。

针对铬含量测定我国有 GB/T 5009.123—2003《食品中铬的测定》检测方法的国家标准。

王一红等[15]采用 HPLC/MS 法是用电喷雾 ESI 源，在正离子模式下建立了 18 种游离氨基酸的测定方法，通过选择反应监测（SRM）方式对 18 种氨基酸的母离子及子离子进行监测，并用三级四极质谱测定。测得结果回收率为 95％～104％，相关系数 0.9931～0.9999，检出限为 0.5～8μmol/mL。

夏金根等[16]报道胶原蛋白经酸水解后，以乙腈-0.05％的三氟乙酸水溶液（体积比为 5：95）为流动相，以 1.0mL/min 的流速在 C8 反相柱上进行分离。以 0.2mL/min 的分流速度进质谱检测器以茶氨酸为内标，利用质谱定性定量测定羟脯氨酸。在电喷雾正离子模式下，对 m/z132 和 m/z175 离子进行选择离子监测。

5.5.3 典型方法实例1 乳与乳制品中动物水解蛋白鉴定-分光光度法

此处介绍的方法源自文献［17］。

（1）方法提要

动物水解蛋白特有成分为 L-羟脯氨酸和羟赖氨酸，且羟脯氨酸的含量高达 10％以上，而大豆蛋白与乳蛋白中不含有此成分。利用这一特性进行动物水解蛋白质的鉴定，即通过对羟脯氨酸的测定来鉴定乳与乳制品中是否添加了动物水解蛋白的成分。

（2）重要试剂的配制

氯化亚锡：0.75％溶液。将氯化亚锡 7.5g 溶于 500mL 水中，再加入 500mL 浓盐酸（GB 622）。

盐酸：6mol/L 溶液。

氢氧化钠：1mol/L、10mol/L 溶液。

缓冲液：将 50g 柠檬酸，26.3g 氢氧化钠和 146.1g 结晶乙酸钠（GB 694）溶于水，稀至 1L，此溶液与 200mL 水和 300mL 正丙醇混合。

氯胺 T 溶液：将 1.41g 氯胺 T，溶于 10mL 水中，依次加入 10mL 正丙醇和 80mL 缓冲溶液（用时现配）。

显色剂：称取 10g 对二甲氨基苯甲醛，用 35mL 高氯酸（GB 623）溶解，缓慢加入 65mL 异丙醇。

L(-)-羟脯氨酸（$C_5H_9NO_3$）标准溶液。

标准储备液（500μg/mL）：称取 50.0mg/L（－)-羟脯氨酸用少量水溶解，加一滴 6mol/L 盐酸，定容至 100mL 容量瓶中。

标准工作液（5μg/mL）：吸取标准储备液 5.00mL 于 500mL 容量瓶中，定容。

（3）试样处理

① 方法 1　准确称取样品 2～5g（液体样品 5～10g）放入 250mL 磨口三角瓶中。加几粒沸石。加入氯化亚锡溶液 100mL，置于水浴上加热回流 16h。趁热将水解溶液过滤于 200mL 容量瓶中，用 6mol/L 热盐酸 10mL 反复三次冲洗三角瓶和滤纸，冷却，用水定容到刻度，混匀。吸取 5～25mL（V_1）水解液于 100mL 烧杯中，用 0mol/L、1mol/L 氢氧化钠溶液调节 pH 为 8 ± 0.2，过滤于 250mL 容量瓶中，用 30mL 水冲洗烧杯和滤纸上的氢氧化亚锡沉淀，反复三次，把洗液并入滤液中，以水洗至刻度，摇匀备用。

② 方法 2　准确称取一定量样品，精确到 0.0001g。使样品蛋白质含量在 10～20mg 范围内；将称好的样品放于水解管中。在水解管内加 6mol/L 盐酸 10～15mL（视样品蛋白质含量而定）或加入 12mol/L 盐酸 10～15mL，含水量高的样品（如牛奶）可加入等体积的浓盐酸，加入新蒸馏的苯酚 3～4 滴，再将水解管放入冷冻剂中，冷冻 3～5min，再接到真空泵的抽气管上，抽真空（接近 0psi），然后充入高纯氮气；再抽真空充氮气，重复三次后，在充氮气状态下封口或拧紧螺丝盖将已封口的水解管放在 110℃±1℃ 的恒温干燥箱内，水解 24h 后（如加入 12mol/L 盐酸，水解时间可缩短至 6h）后，取出冷却。打开水解管，趁热将水解溶液过滤于 100mL 三角瓶中，用 6mol/L 热盐酸 10mL 反复三次冲洗试管和滤纸，冷却，用水定容到刻度，混匀。吸取 5～25mL（V_1）水解液于 100mL 三角瓶中，用 10mol/L、1mol/L 氢氧化钠溶液调节 pH 为 8 ± 0.2，过滤于 50mL 容量瓶中，用水冲洗烧杯和滤纸上的氢氧化亚锡沉淀，反复三次，把洗液并入滤液中，以水洗至刻度，摇匀备用。

（4）测定

① 标准曲线　吸取 L（－)-羟脯氨酸标准工作液 0.00mL、10.00mL、20.00mL、30.00mL 和 40.00mL，分别置于 100mL 容量瓶中，定容摇匀。浓度分别为 0.0μg/mL、0.5μg/mL、1.0μg/mL、1.5μg/mL 和 2.0μg/mL。取不同浓度的上述溶液 4.00mL，分别加入 20mL 具塞试管中，加氯胺 T 溶液 2mL，摇匀后于

室温放置 20min。加入显色剂 2mL，摇匀，塞上塞子于 60℃ 试管加热器（或恒温水浴）中保温 20min 后取出，迅速冷却，在波长 558nm±2nm 处测定吸光值，绘制标准曲线。

② 试样测定　从待测液中吸取已制备好的样液 4.00mL 于 20mL 具塞试管中，以下按上述步骤（1）进行，同时作空白试验。

计算公式如下：

$$X = \frac{c \times V_1 \times A}{m \times 1000} \times 100$$

式中　X——样品中 L（－）-羟脯氨酸的含量，%；

　　　c——从标准曲线上查得相应的 L（－）-羟脯氨酸量，$\mu g/mL$；

　　　m——称取试样的质量，g；

　　　V_1——样液体积，mL；

　　　A——稀释倍数。

（5）结果判读

因 L（－）-羟脯氨酸为胶原蛋白中的特有组分，其含量占 10% 以上；而乳蛋白中不含有此成分，如若样品中含有 L（－）-羟脯氨酸，可判定添加了动物水解蛋白。

（6）关键控制点和注意事项

在水解液调节 pH 值过程中酸性过强有可能导致溶液颜色变色，影响测定。

5.5.4　典型方法实例 2　液相色谱法测定乳制品样品的羟脯氨酸

（1）方法提要

样品经酸解后，与衍生试剂 DNFB 反应，衍生物用液相色谱法测定。检出限为 1mg/kg。对于浓度高的样品应进行稀释后测定。

（2）样品水解

称取 5g 样品，精确到 0.01g，加入 6mol/L 盐酸 10mL（固体样品加入 20mL），置于 110℃ 烘箱内密封水解 22h 后取出冷却，离心后取上清液，用 10mol/L 氢氧化钠溶液调至中性，转移至 50mL 容量瓶，用水稀释并定容至刻度。

（3）测定

① 衍生　取样品液 1mL，加入 1mL 乙醇，充分混匀后离心，转移上清液于试管中，加入 1mL 水及 0.5mol/L 碳酸氢钠溶液 1mL、1% DNFB 1mL 混匀，置于 60℃ 的烘箱中衍生 30min，冷却至室温后加入 20mol/L 的乙酸胺定容至刻度 5mL。滤膜过滤后进样分析。

② 液相色谱条件　色谱柱：ZOBAX XDB C$_{18}$ 柱（4.6mm×150mm，5μm）。柱温：30℃。流动相：20mmol/L 乙酸胺（pH4.5）＋乙腈＝8＋28（体积比），流速：1.0mL/min。检测波长：360nm。

（4）关键控制点和注意事项

梯度洗脱时，初始流动相乙腈-水的比例较大时，羟脯氨酸与丝氨酸不易分离；较小时，甘氨酸、苏氨酸、精氨酸、亮氨酸难以洗脱，峰型对称性差，分离效果也不好。当初始流动相 B 的比例占流动相的 16% 较合适，以后逐渐增加流动相 B 的比例，使疏水性氨基酸得到分离，从而使其他的氨基酸达到基线分离。

试验衍生剂 DNFB 的加入量是衍生化是否进行彻底的关键，DNFB 的加入量应为分析氨基酸量 5 倍以上，才能得到彻底的衍生物。配制的对照品溶液置棕色瓶中于 4℃冰箱存放可稳定 60 天。

5.6 其他非法添加物的检测

5.6.1 离子色谱法测定牛奶中硫氰酸根

5.6.1.1 概述

硫氰酸盐（SCN^-）具有毒性，虽然不像 CN^- 毒性那么大，但对水生动物和人体仍有害，能抑制人体内的碘转移而引起地方性甲状腺肿，对甲状腺功能有重要影响。硫氰酸盐可以用于鲜奶的保鲜，其原理是 SCN^- 同乳过氧化酶作用，当加入硫氰酸根和一定的过氧化物后，可阻断细菌的代谢，从而达到抑菌的作用。自 2008 年 12 月 12 日起，中国政府禁止将硫氰酸盐作为牛奶或其他食品的添加剂。

硫氰酸根是可溶性阴离子，可考虑在沉淀蛋白、去除脂肪后，用离子色谱分析，电导检测器检测。

液态奶和奶粉中蛋白质的含量较高，需要选择一种较好方法来去除蛋白质。去除蛋白质主要有沉淀蛋白和超滤两种方式。一般来说沉淀蛋白有以下几种方式：盐析、重金属盐沉淀蛋白质、生物碱试剂以及某些酸类沉淀蛋白质、有机溶剂沉淀蛋白质和加热凝固等。

目前在分析化学领域中，采用生物碱试剂以及某些酸类沉淀蛋白质和有机溶剂沉淀蛋白质这两种方式较多，也就是说，在样品中加入一些苦味酸、钨酸、鞣酸、氯醋酸、过氯酸、硝酸、酒精、甲醇、丙酮和乙腈等物质。考虑到离子色谱仪的特性，可以考虑选用乙腈为沉淀剂。

食品整治办［2009］29 号文"关于印发全国打击违法添加非食用物质和滥用食品添加剂专项整治抽检工作指导原则和方案的通知"附件中给出了指定检验方法，即"离子色谱法测定牛奶中硫氰酸根"。下述典型方法举例即源自于此文件。

5.6.1.2 典型方法

（1）前处理

取 4mL 液体奶样品，加入 5mL 乙腈沉淀蛋白，取上清液稀释 10 倍，过 RP 柱（或经冷冻离心机）去除脂肪后上机。

（2）色谱参考条件

色谱柱：强亲水性阴离子交换柱，IonPac AS16 分析柱（4.0mm×250mm），IonPac AG16 保护柱（4.0mm×50mm）。柱温：30℃。流动相：流动相溶液，梯度淋洗。淋洗液由淋洗液在线发生器在线产生。流动相梯度程序见表 5-21。流速：1.0mL/min。抑制器：ASRS-300 型抑制器，4mm。抑制器抑制模式：外接水模式，抑制电流 175mA。进样体积：100μL。色谱分离情况见图 5-12。

表 5-21 流动相梯度程序

时间/min	KOH 浓度/(mmol/L)	时间/min	KOH 浓度/(mmol/L)
0	45	18	70
13	45	18.1	45
13.1	70	23	45

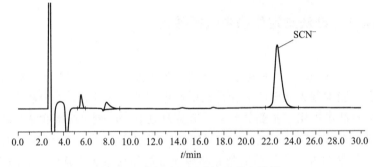

图 5-12 硫氰酸根标准溶液的色谱图

（3）结果计算

$$X = \frac{c \times 9 \times 10}{4}$$

式中 X——液态奶中硫氰酸的含量，μg/mL；

c——由标准曲线得到试样溶液中硫氰酸的浓度，μg/mL；

9——液态奶的体积与乙腈体积之和，mL；

4——液态奶的体积，mL；

10——稀释倍数。

（4）关键控制点和注意事项

在采用乙腈沉淀蛋白质时，在低温的情况下，溶液中明显有分层现象，即上层较透明的乙腈相和下层略微浑浊水相，两相中硫氰酸根含量，乙腈相比水相的含量高 10% 左右。为了测量结果准确，应在试验中防止两相分离。

5.6.2 食品中富马酸二甲酯残留量的测定

5.6.2.1 概述

富马酸二甲酯（Dimethyl fumarate，DMF）是 20 世纪 80 年代新开发的新型防腐剂，溶于醇、醚、氯仿等溶剂中，微溶于水。它具有广谱高效的特性，对30多种霉菌、酵母菌和细菌都有很好的抑制效果。因此，曾广泛用于食品、化妆品、皮革等产品的防霉。后经科学证实，在食品中DMF易水解生成甲醇，对人体肠道、内脏产生腐蚀性损害，对皮肤产生过敏性伤害，其危害极大。另外，长期食用还会对肝、肾很大的副作用，尤其对儿童的成长发育会造成很大危害。在2010年上半年，卫生部等部门将富马酸二甲酯列入第二批食品中可能违法添加的非食用物质名单中，明确提出富马酸二甲酯不得作为食品添加剂使用。

富马酸二甲酯结构

5.6.2.2　测定方法的选择

根据DMF易溶于有机溶剂的特性，一般样品的提取都选择二氯甲烷、三氯甲烷、丙酮、乙酸乙酯、甲醇和乙腈等，一次的提取效率都在80%以上，两次到四次反复提取可基本萃取完全，同时采用超声提取和振摇提取在不影响回收率的情况下可显著缩短样品处理时间。

对油脂含量较多的月饼等样品，大多采用有机溶剂提取，中性氧化铝脱脂净化，或者采用C₁₈ SPE小柱对油脂进行吸附，然后采用极性较强的二氯甲烷洗脱DMF，在保证回收率的同时减少油脂对色谱柱的污染损害。

食品整治办〔2009〕29号文"关于印发全国打击违法添加非食用物质和滥用食品添加剂专项整治抽检工作指导原则和方案的通知"附件中给出了指定检验方法，即"食品中富马酸二甲酯残留量的测定"。下述典型方法举例即源自于此文件。

5.6.2.3　典型方法实例

（1）前处理

① 粮食、糕点及含水分少、低脂类的固体食品　称取5.0g或10.0g粉碎样品，置于250mL具塞三角烧瓶中，加30mL氯仿，振摇30min，用定性滤纸过滤，取10mL滤液，吹入氮气使浓缩至1mL，备用。

② 含脂肪较多的样品　称取粉碎样品10.0g，加中性氧化铝5～10g（视脂肪多少而定），以下按①中"加30mL氯仿……"起，依法操作。

③ 水果类　将水果去皮，切成碎片，加等量蒸馏水于匀浆机中匀浆后，称取20.0g匀浆液（相当于10g样品），加氯仿30mL，振摇30min，用定性滤纸过滤于125mL分液漏斗中，待分层后，用无水硫酸钠过滤，取滤液10mL，吹入氮气浓缩至1mL，待测。

（2）测定

① 色谱条件　色谱柱：玻璃柱（内径3mm，长2m），内装涂以2%OV-101和6%OV-210混合固定液的60～80目Chromosorb W. AW DMCS（HP）。柱温：155℃。气流速度：氮气50mL/min。空气500mL/min；氢气35mL/min。温度：

气化室及检测器 200℃。进样量：$1\mu L$。

② 测定　注入 $1\mu L$ 标准系列中各浓度标准使用液于气相色谱仪中，测得不同浓度富马酸二甲酯的峰高，以浓度为横坐标，相应的峰高值为纵坐标，绘制标准曲线。同时注射一定体积样品溶液，测得峰高与标准曲线比较定量。空白实验：除不称取样品外，均按上述测定条件和步骤进行。富马酸二甲酯标准溶液的色谱图见图 5-13。

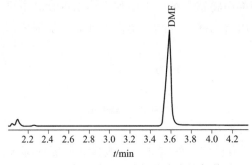

图 5-13　富马酸二甲酯标准溶液的色谱图

（3）阳性样品的确证

按照上述条件测定试样和标准工作溶液，如果试样中的质量色谱峰保留时间与标准工作溶液一致（变化范围在 $\pm 2.5\%$ 之内），条件许可可以通过 GC-MS 定性。

（4）方法最低检出限

富马酸二甲酯的最低检测限：$25 mg/kg$。

（5）关键控制点和注意事项

由于 DMF 的易升华和样品中油脂等杂质对结果有干扰，用固相萃取纯化分离方法对 DMF 回收率的效果较好。

5.6.3　乳及乳制品中舒巴坦敏感 β-内酰胺酶类药物检验方法——杯碟法

5.6.3.1　概述

β-内酰胺酶是一种由细菌产生的能水解 β-内酰胺类抗生素的酶。β-内酰胺酶是绝大多数致病菌产生青霉素类和头孢菌素类耐药性的主要原因。β-内酰胺酶可选择性分解牛奶中残留的 β-内酰胺类抗生素，造成"假无抗奶"现象，提高乳制品的销售价格和原料乳的可发酵性。β-内酰胺酶本身对人体并无危害。但 β-内酰胺酶添加到牛奶中的主要目的是分解牛奶中残留的 β-内酰胺类抗生素，允许其添加有变相鼓励抗生素滥用的可能。而抗生素滥用会造成人体产生药物耐药性等多种不良后果。因此，需要对其禁用。

此处介绍的乳及乳制品中舒巴坦敏感 β-内酰胺酶类药物检验方法引自食品整治 [2009] 29 号文"关于印发全国打击违法添加非食用物质和滥用食品添加剂专项整治抽检工作指导原则和方案的通知"附件中"指定检验方法 4　乳及乳制品中舒巴坦敏感 β-内酰胺酶类药物检验方法　杯碟法"。

5.6.3.2　测定方法的选择

采用对青霉素类药物绝对敏感的标准菌株，利用舒巴坦特异性抑制 β-内酰胺酶的活性，并加入青霉素作为对照，通过比对加入 β-内酰胺酶抑制剂与未加入抑制剂的样品所产生的抑制圈的大小来间接测定样品是否含有 β-内酰胺酶类药物。

5.6.3.3　主要设备和材料

除微生物实验室常规灭菌及培养设备外，其他设备和材料如下。

（1）设备

抑菌圈测量仪或测量尺。恒温培养箱：36℃±1℃。高压灭菌器。无菌培养皿：内径 90mm，底部平整光滑的玻璃皿，具陶瓦盖。无菌牛津杯：外径（8.0±0.1）mm，内径（6.0±0.1）mm，高度（10.0±0.1）mm。麦氏比浊仪或标准比浊管。pH 计。无菌吸管：1mL（0.01mL 刻度值），10mL（0.1mL 刻度值）。加样器：5～20μL，20～200μL 及配套吸头。

（2）培养基和试剂

所用试剂均为分析纯，水为 GB/T 6682 中规定的三级水。

试验菌种：藤黄微球菌（*Micrococcus luteus*）CMCC（B）28001，传代次数不得超过 14 次。

磷酸盐缓冲溶液：用水溶解 8.0g 无水磷酸二氢钾和 2.0g 无水磷酸氢二钾，定容至 1000mL。

生理盐水（8.5g/L）：用水溶解 8.5g 氯化钠，定容至 1000mL，121℃高压灭菌 15min。

青霉素标准溶液：准确称取适量青霉素标准物质，用磷酸盐缓冲溶液溶解并定容为 0.1mg/mL 的标准溶液。当天配制，当天使用。

β-内酰胺酶标准溶液：准确量取或称取适量 β-内酰胺酶标准物质，用磷酸盐缓冲溶液溶解并定容为 16000U/mL 的标准溶液。当天配制，当天使用。

舒巴坦标准溶液按：准确称取适量舒巴坦标准物质，用磷酸盐缓冲溶液溶解并定容为 1mg/mL 的标准溶液，分装后－20℃保存备用，不可反复冻融使用。

营养琼脂培养基：蛋白胨 10g，牛肉膏 3g，氯化钠 5g，琼脂 15～20g，蒸馏水 1000mL。

将上述成分加入蒸馏水中，搅混均匀，分装试管每管约 5～8mL，120℃高压灭菌 15min，灭菌后摆放斜面。

抗生素检测用培养基Ⅱ：蛋白胨 10g，牛肉浸膏 3g，氯化钠 5g，酵母膏 3g，葡萄糖 1g，琼脂 14g，蒸馏水 1000mL。

将上述成分加入蒸馏水中，搅混均匀，120℃高压灭菌 15min，其最终 pH 值约为 6.6。

5.6.3.4　操作步骤

（1）菌悬液的制备

将藤黄微球菌接种于营养琼脂斜面上，经 36℃±1℃ 培养 18～24h，用生理盐水洗下菌苔即为菌悬液，测定菌悬液浓度，终浓度应大于 $1×10^{10}CFU/mL$，4℃ 保存，贮存期限 2 周。

（2）样品的制备

将待检样品充分混匀，取 1mL 待检样品于 1.5mL 离心管中共 4 管，分别标为：A、B、C、D，每个样品做三个平行，共 12 管，同时每次检验应取纯水 1mL 加入到 1.5mL 离心管中作为对照。如样品为乳粉，则将乳粉按 1∶10 的比例稀释。如样品为酸性乳制品，应调节 pH 值至 6～7。

（3）检验用平板的制备

取 90mm 灭菌玻璃培养皿，底层加 10mL 灭菌的抗生素检测用培养基Ⅱ，凝固后上层加入 5mL 含有浓度为 $1×10^{8}CFU/mL$ 藤黄微球菌的抗生素检测用培养基Ⅱ，凝固后备用。

（4）样品的测定

按照下列顺序分别将青霉素标准溶液、β-内酰胺酶标准溶液、舒巴坦标准溶液加入到样品及纯水中。

A：青霉素 $5\mu L$。

B：舒巴坦 $25\mu L$、青霉素 $5\mu L$。

C：β-内酰胺酶 $25\mu L$、青霉素 $5\mu L$。

D：β-内酰胺酶 $25\mu L$、舒巴坦 $25\mu L$、青霉素 $5\mu L$。

混匀后，将上述 A～D 试样各 $200\mu L$ 加入放置于检验用平板上的 4 个无菌牛津杯中，36℃±1℃ 培养 18～22h，测量抑菌圈直径。每个样品，取三次平行试验平均值。

（5）如何判读测试结果

纯水样品结果应为：A、B、D 均应产生抑菌圈；A 的抑菌圈与 B 的抑菌圈相比，差异在 3mm 以内（含 3mm），且重复性良好；C 的抑菌圈小于 D 的抑菌圈，差异在 3mm 以上（含 3mm），且重复性良好。如为此结果，则系统成立，可对样品结果进行如下判定。

① 如果样品结果中 B 和 D 均产生抑菌圈，且 C 与 D 抑菌圈差异在 3mm 以上（含 3mm）时，可按下面的 a、b 判定结果。

a. A 的抑菌圈小于 B 的抑菌圈差异在 3mm 以上（含 3mm），且重复性良好，应判定该试样添加有 β-内酰胺酶，报告 β-内酰胺酶类药物检验结果阳性。

b. A 的抑菌圈同 B 的抑菌圈差异小于 3mm，且重复性良好，应判定该试样未添加有 β-内酰胺酶，报告 β-内酰胺酶类药物检验结果阴性。

② 如果 A 和 B 均不产生抑菌圈，应将样品稀释后再进行检测。

（6）关键控制点和注意事项

① 标准溶液的存放：-20℃ 保存备用，不可反复冻融使用。

② 检验用平板的制备：加入混菌的抗生素检测用培养基量对抑菌圈的大小有影响，在试验中应控制加入量。菌量加少了产生的抑菌圈大且菌圈颜色较浅不好测量。菌量加多了菌圈偏小。

③ 制备好的菌悬液贮存期为 1 周。使用时将菌悬液放入 36℃±1℃ 培养 2～4h 试验效果较好。

④ 将菌悬液加入到无菌的 48℃±2℃ 的抗生素检测用培养基中，充分摇匀，但不能剧烈震摇，避免制备平板时平板菌液中含有大量气泡。

⑤ A、B、C、D 管中加入 5μL 青霉素时由于加样量较少所以可将液滴轻靠管壁加入。其余均应有加样枪垂直加入。每加一次加液且勿污染加样吸头。

⑥ 抗生素检测用培养基按标准中附录 A 中配制的较成品直接稀释的检测效果好。

⑦ 样品管、阴性管、阳性管加完所有标准溶液后均应在振荡器中充分摇匀后加入牛津杯中。或者由于特殊原因不能在摇匀后加入牛津杯中可将摇匀的各管放入 4℃保存 1～2h，取出稍加震荡并使样液升至室温再加入牛津杯。

⑧ 霉素标准冷冻液。－20℃保存期为半年；舒巴坦、β-内酶标准标液－20℃冷冻保存期 1 年。

⑨ 牛津杯的摆放不宜太靠近，否则抑菌圈相连不好测量区分，也不能太靠培养皿的边缘使抑菌圈溢出培养皿边缘。因根据经验合理摆放牛津杯。

⑩ 试验在无菌牛津杯中，36℃±1℃培养 18～20h 测量抑菌圈直径效果最理想。

5.7　食品中放射性核素污染的检测

5.7.1　概述

核事故导致放射性核素释放到环境时，可使食品受到放射性物质的污染。从空气中或者通过降水落下来的放射性物质，沉积到水果、蔬菜等食物的表面或者动物饲料中，就可使其变得具有放射性。随着时间的推移，食品中的放射性还有可能得到增强，这是由于放射性核素通过土壤转移到农作物或者动物体内，或者流入江河湖海，在这些地方鱼类和贝类可能会吸收放射性核素。食品受放射性污染的严重程度取决于事故释放的放射性核素的种类和活度水平。包装好的食品不可能受到放射性污染。

2011 年 3 月 11 日，日本福岛核事故发生后，从福岛县内及其邻近地区的抽样点上获得的某些食品（包括蔬菜、牛奶、饮用水等）已经受到了放射性物质的污染。世界卫生组织（WHO）正在就日本食品中放射性物超标的情况收集更多详细资料，以便为公众提供适当的预防指导意见。鉴于目前福岛核电站事故的严重性和不确定性，各国家和地区纷纷启动和强化由受污染地区进口食品的放射性监测。

5.7.2　放射性核素检测技术

5.7.2.1　样品的采集

（1）取样要遵守的原则

① 采样到分析前的全过程，必须在严格的指控措施下。

② 采集的样品必须有代表性。

③ 采样方案，包括采样项目、容器、器具、方法、采样量（应当预留充足的复验样）。

④ 采样过程确保不引入新的放射性污染。

⑤ 特别是在低水平测量中，样品的采集过程应特别严防交叉污染，如容器、工具、试剂加入等形式形成的交叉污染。

（2）采样量要求

① 采样量的大小直接影响取样代表性的好坏。

② 对采样量的要求，是随采样目的、样品种类、分析测量内容、样品制备方法以及分析测量方法的灵敏度不同而不同的，不能一概而论。

③ 取样量越大，灵敏度越好，代表性也越好，但受到了实际可行性和采样代价的限制。

（3）采样注意事项

① 水样　放射性水样的布点，采样原则与水质污染监测基本相同。

采集水样的工具可用普通清洁的、没有放射性污染的玻璃瓶采集样品。

采集的水样应盛放于塑料瓶中，以减少放射性吸附；有时可加入烯酸或载体、络合剂等，以防止放射性核素的损失。

采集的水样根据需要可供作各种放射性监测分析。

② 食品、生物样品的采集

a. 于收获季节在田地里布设的采样点位采集样品、混合。

b. 对已收获的粮食在存放处的上、中、下各层均匀采集后混合。

c. 蔬菜应采集不同类型品种的样品。

d. 在核事故期间主要以采集叶菜为主。

e. 鱼、虾类应根据在水中分布情况，可分别采集各类样品。

f. 样品采集后，去掉非食用部分，洗净，将表面水晾干，称鲜重。然后切碎置于蒸发皿中，加热让其炭化，转入马弗炉中于 $400\sim500℃$ 灰化，冷却后称重。供测量使用。

③ 土壤样品的采集

放射性沉降物及各类来源的放射性废物都可直接污染土壤。

a. 土壤采样点应选地势平坦的地方，在一定范围内布设的采样点位采集样品。

b. 采样时取出 $10cm\times10cm$ 方块上垂直 $10cm$ 深的土壤。

c. 采集的样品应置于无放射性污染的容器内。

d. 将样品晾干（或在 110℃烘干），除去杂物，称重，将样品混合均匀，用四分法缩分，然后将土样在马弗炉中于 500℃灼烧 2h，冷却后、研碎、过筛，供各种测量使用。

5.7.2.2　放射性样品的前处理

前处理目的：浓集对象核素、去除干扰核素、将样品的物理形态转换成易于进行放射性检测的形态。

前处理方法：蜕变法、有机溶剂溶解法、灰化法、萃取法、离子交换法、共沉淀法等和电化学法。

生物样品进行 γ 能谱分析，按 GB/T 16145—1995《生物样品中放射性核素的 γ 能谱分析方法》预处理，灰化和碳化使上机样品量增加，探测下限降低。

（1）鲜样处理

① 谷类：稻和麦等谷类的籽实，风干、脱壳，去砂石等杂物，称鲜干重。

② 蔬菜类：采集的样品去除泥土，取可食用部分用水冲洗，晾干或擦干表面洗涤水，称鲜重。

③ 鱼类：采集的新鲜样品，用水洗净，擦干，去鳞，去内脏，称重（骨肉分离后分别称重）。

④ 贝类：采集的贝类在原水中浸泡，使其吐出泥沙，称可食用部分称重。

⑤ 藻类：采集的样品洗净根部，晾干表面水，取可食部分称重。

（2）样品灰化处理

① 一般不需添加试剂，不会增加试剂空白和引入干扰物，适用于数量较大、对设备腐蚀作用小的生物样品前处理。通过干灰化处理，样品体积或质量可减少 10 倍以上，但灰化过程中易挥发组分损失较多，对粮食等样品所需时间过长。

② 样品在低于着火临界温度下炭化至无烟，转入马弗炉中，灰化至灰分呈疏松的白色或灰白色为止。灰化温度，植物样品为 400～450℃，骨骼样品为 600～700℃。样品经一定时间灰化后如仍存在炭粒，可用适量 HNO_3、NH_4NO_3 或 H_2O_2 浸润后再进行灰化。

生物样品预处理的重要注意事项：

a. 只取可食部分（依照食用公众的日常习惯）；

b. 对碘-131 的分析应直接采用鲜样，防止核素挥发（115℃）；

c. 碳化时要不停地搅动，不得生明火防止气流带走灰；

d. 难灰化的生物样品可加入硝酸、过氧化氢、亚硝酸钠等助灰化剂。

5.7.2.3　实验室放射性物质分析仪器与方法

放射性是指自发地改变核结构转变成另一种核，并在核转变过程中放射出各种射线的特性。这些射线都属于电离辐射范围，是引起放射性危害的根源，同时我们也可利用这些电离辐射的不同对放射性物质进行测量。

放射性探测器的定义：利用放射性辐射在气体、液体或固体中引起的电离、激发效应及或其他物理、化学变化进行辐射探测的器件称为放射性探测器。

放射性辐射探测的基本过程：

a. 辐射粒子射入探测器的灵敏体积；

b. 入射粒子通过电离、激发等效应而在探测器中沉积能量；

c. 探测器通过各种机制将沉积能量转换成某种形式的输出信号。

探测器按其探测介质类型及作用机制主要分为气体探测器、闪烁探测器和半导体探测器 3 种。

γ 射线能谱法测量放射性活度的原理是：通过 γ 射线与半导体探测器相互作用产生幅度正比于沉积在锗晶体有效体积内的能量的电脉冲，这些脉冲经放大、成形，在多道脉冲幅度分析器内按照脉冲高度存储，形成 γ 射线能谱。在 γ 射线能谱中，全能峰的道址和入射 γ 射线的能量成正比，这是 γ 射线能谱定性应用的基础；全能峰下的净峰面积和与探测器相互作用的该能量的 γ 射线数成正比，这是 γ 射线能谱定量应用的基础。即被测核素放出的特征 γ 射线的能量与 γ 谱中全能峰的峰位相对应，核素活度与 γ 射线全能峰净面积计数率成正比。γ 射线能谱法测量放射性核素的活度，是利用 γ 射线能谱仪，通过测量一定时间内放射性核素衰变过程中发射出的某一特征 γ 射线的全能峰净面积，根据该 γ 射线的发射概率和全能峰探测效率来计算出该核素活度值的方法，具有能量分辨率高、探测效率高、干扰少的特点，能够有效地减少误差，目前已在放射性检测领域广泛应用。γ 射线能谱法由于存在着探测效率修正、干扰、自吸收修正、符合相加修正等问题，对不同样品、不同核素的测量方法需要进行方法研究，才能取得准确的结果。

影响活度测量的几个因素：几何因素（探测器 D、样品 Y 及探测器与样品的相对关系）；探测器的本征探测效率；吸收因素（样品自吸收、探测器死层吸收、Y-C 间介质吸收）；散射因素（空气、测量盘、支架、铅室的正向散射和反散射）；分辨时间；本底计数。

活度的测量可分为绝对测量和相对测量。

绝对测量：利用测量装置直接测量放射性核素的衰变率，不必依赖与其他测量标准的比较。又称直接测量。

相对测量：借助其他测量标准校准测量装置，再利用已校准的测量装置测量放射性核素的衰变率（又称间接测量）。通常的测量仪器多是相对测量。

5.7.2.4 α/β 总活度测量

总活度测量的主要目的：

① 在日常监测中对大量分析样品进行分类或筛选，初步判断有无放射性污染等，以筛选出需进一步仔细测量的样品；

② 在核应急等情况下，在已知样品中核素大致组成时，利用总 α/β 测定结果，推算样品的污染水平，以在短时间内获得较大范围内的数据；

③ 比较同类样品、同类方法获得的总放测量数据，判断样品放射性是否升高或沾污的可能，供决策参考；

④ 测量样品中的 α/β 活度比，作为事件识别的补充判据。

5.7.2.5　γ 放射性核素活度的测量

要确定核素的活度，必须知道探测器的探测效率。目前体源效率方法主要有实验法、相对比较法、点源模拟法和蒙特卡罗计算法。相比较而言，实验法显然需要制备许多标准源，工作量大，然而它的准确度普遍认为较高，常用的源有 152Eu、241Am 和 60Co 的混合体标准源。通过实验建立 γ 谱仪探测效率与放射源能量之间的函数关系。

测量活度的常用方法是通过测量一定时间内核素的某一特征 γ 射线全吸收峰的净面积，然后根据该 γ 射线的发射概率和全吸收峰的探测效率到该核素的活度值，再除以样品的质量，可求得核素的比活度。计算公式为：

$$C = \frac{a}{\varepsilon \times F_{自} \times P \times T \times m}$$

式中　a——全吸收峰净面积（减去康普顿连续谱和铅室中的本底）；

$\quad\quad\varepsilon$——全吸收峰效率；

$\quad F_{自}$——相对于标准源的自吸收修正系数；

$\quad\quad P$——待测核素某 γ 光子的发射概率；

$\quad\quad T$——测量时间，s；

$\quad\quad m$——样品质量，kg。

（1）γ 谱仪能量刻度

能量刻度是核素识别的基础，γ 能谱的核素定性识别主要靠确定谱中主要能峰对应的能量并与已知核素主要 γ 射线的能量相比较。可以人工识别核素，也可用计算机识别，但都要求对 γ 能谱系统进行准确的能量刻度。

可以用单能或多能 γ 射线刻度源进行能量刻度，刻度的能量范围通常在 50～2000keV。刻度结果表示成线性函数。

能量刻度结果表述一般简化为线性函数：

$$E = 1.020\text{keV} + 0.4567 \times Ch$$

式中　E——能量；

$\quad Ch$——通道数。

能量刻度曲线见图 5-14。

（2）γ 能谱效率刻度

准确的效率刻度是 γ 能谱定量分析的基础。目前有若干种计算探测效率的理论方法，但是建议采用实验室方法实际测定不同样品的探测效率。因此，效率刻度时必须十分小心。在效率刻度前，系统必须调整至良好工作状态，并且在以后一直保持这种状态。否则应重新进行效率刻度，因为系统配置和状态的任何小的变化都会

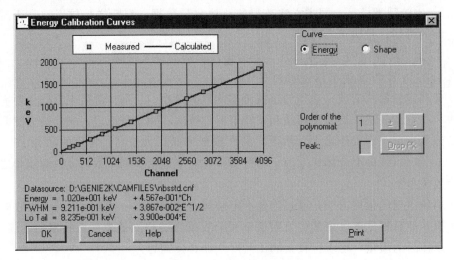

图 5-14　能量刻度曲线

直接影响系统的计数效率。效率刻度源原则上要选择与待测样品的几何形状和大小完全相同、基质一样或类似、质量密度相等、核素含量和 γ 射线能量都准确知道，以及源容器材料和样品盒材料相同的刻度源。

效率刻度结果表述：

$$\log\varepsilon(E) = \sum_{i=1}^{n-1} b_i (\log E)^i$$

式中　$\varepsilon(E)$ ——能量 E 的全能峰效率；

$\qquad b_i$ ——拟合常数；

$\qquad E$ ——相应的 γ 射线能量。

效率刻度曲线见图 5-15。

（3）有源效率刻度

有源效率刻度缺陷和不足：

a. 标准样品制备复杂、价格昂贵；

b. 刻度程序耗费时间；

c. 标准样品中放射源衰变，需要定期检测；

d. 测量样品与标准样品几何形状差异、密度差异会产生误差，修正复杂、费时；

e. 复杂样品难于制备；

f. 一些刻度源（如：60Co、152Eu 和 88Y）存在符合相加问题，会使效率刻度产生误差。

（4）无源效率刻度

所谓无源效率刻度，就是基于点源刻度技术和蒙特卡罗模拟计算方法而开发的新的放射性测量设备的刻度技术，它是通过数学计算得到探测器对周围空

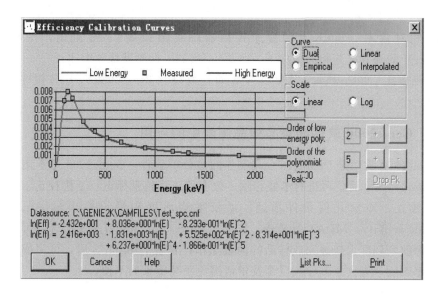

图 5-15　效率刻度曲线

间各点源的探测效率，由计算机自动获得能量-效率曲线。这是随着环境辐射测量仪器的发展及核/辐射应急监测的需求而发展起来的新技术。克服了传统有源效率刻度方法的种种缺点，极好地满足了快速、准确测量环境样品的需求。无源效率刻度相对有源效率刻度来说具有显著优势，主要包括以下几个方面：

a. 安全，不会污染实验室和工作人员；

b. 快速省时，可以在短时间内得到结果；

c. 无需放射源许可证；

d. 无需担心丢失放射源；

e. 节省经费，无需采购、保存、分发和处置放射源；

f. 与有源效率刻度精确度接近。

总体上来说，无源效率刻度技术克服了传统刻度方法不可避免的缺点，其显著的优越性必将发挥越来越大的作用，这项技术可以说给辐射测量领域带来一场革命性的变化。

（5）Gamma 放射性核素分析测量设备

几种常用的探测器类型

① NaI（Tl）　NaI（Tl）探测器能量分辨率一般为 6%～8%。NaI（Tl）谱仪的特点是探测效率高、价格便宜易于使用维护。局限性是能量分辨率（6%～8%）差，通常只适用于简单核素的分析。

② HPGe 和 Si（Li）　高纯锗探测器的主要性能如下。

a. 能量分辨率　60Co 核素 1332.5keV 峰的半高宽（FWHM）对应能量的绝

对值；

b. 相对效率　60Co 点源置于探测器轴线距顶端 25cm 处时，探测器对 1332.5keV 的峰效率与相同条件下 3″×3″NaI（Tl）探测器峰效率比；

c. 峰康比　60Co 核素 1332.5keV 的峰计数与 1050～1096keV 康普顿坪区的平均计数之比。

5.7.3　Genie2000 软件在食品样品测量中的应用

Genie2000 软件是 Canberra 公司制作的谱分析软件，Genie2000 基本谱软件安装 Gamma. V3.0 后，可进行本底扣除、效率校正、核素标识、干扰校正、级联符合相加校正、测量几何条件描述、加权平均活度和最小检出量（minimum detectable activity，MDA）计算等。安装 ISOCS 后，与现场谱仪配合，可在现场进行无源效率刻度，快速完成样品的测量工作；安装 LabSOCS 后，可完成实验室无源效率刻度，省去了制作刻度源及申请豁免手续带来的不便。

5.7.3.1　样品的采集和预处理

样品的采集和预处理可参照中华人民共和国国家标准 GB 14883.10—1994《食品中放射性物质检验铯-137 的测定》和 GB 14883.9—1994《食品中放射性物质检验碘-131 的测定》等推荐的方法执行。

5.7.3.2　预设定

在测量开始前，需对仪器进行预设定。

① 首先打开 Genie2000 软件，File 菜单下进入 Open Datasource，在这里可以选择 Detector 或 File，前者是打开探测器，后者是打开已存文件。在 MCA 菜单下进入 Acquire Setup 选项，这里可以设定测量时间、谱仪的道数、峰面积、计数和感兴趣区的选择等，当到达设定值时，电脑会自动停止测量。在 MCA-Adjust 菜单下的 HVPS 确定所加高压，比如 4000V。在 Edit—Sample information 中输入样本信息。另外，可以选择样品沉积或衰变时间，软件会自动进行放射性核素的衰变校正。在界面右下角，有 Load Calibration 选项，可将已经刻度好的能量刻度和效率刻度文件应用在本次测量中。

② 能量刻度和效率刻度。在分析前，需对谱仪系统进行能量刻度和效率刻度。能量刻度是确定谱峰峰址与能量之间的关系曲线，是放射性核素定性分析的基础；效率刻度是确定射线全能峰效率和能量之间的关系曲线，是谱定量分析的基础。刻度的优劣程度直接影响放射性核素测量结果的准确性。

a. 能量刻度　Genie2000 包括 5 种能量刻度类型，在这 5 种能量刻度方法中，推荐使用第二或第四种方法，即"通过已编辑的刻度文件"和"通过已刻度的文件"，因为这两种方法是直接调用刻度文件，省去选择核素或输入能量等重复工作，简单快捷。其他三种方法重复工作较大，不推荐使用。能量刻度完成后，可点击 Energy Show 按钮显示当前的能量刻度曲线，判断刻度的优劣。并且可以直接打印出能量刻度曲线图。

b. 效率刻度　刻度源应由国家法定计量部门认定或可溯源于国家法定计量部门。在实际工作中，不同类型的样品使用不同的样品盒，当今应用较多的为圆柱形的塑料容器，根据样品类型和采集的量选择带螺盖或普通盖、大号或小号的样品盒，如牛奶或水样品需选择马林杯等。对每种几何形状、不同类型的样品都要进行效率刻度，刻度源的体积、形状、基质的主要化学特性和容器必须尽量与待测样品相同。

5.7.3.3　样品分析

在样品测量结束后，需要对其进行放射性核素的定量和定性分析，判断其放射性活度大小及核素组成。首先判断其能量刻度是否准确，然后根据样品类型选择相应的效率刻度。在 Analyse 菜单下选择谱分析步骤，Genie2000 寻峰有五种方式，主要使用第三种，也就是用户指定方式。因为其他方式下，软件会给出指定区域的所有峰，而很多峰不是用户所感兴趣的。在用户指定方式下，可以直接选择事先存好的感兴趣区（后缀为 ROI 的文件），比如食品样品中主要关心 Cs-137、Cs-134 和 I-131 核素对应射线能量的峰，因此，可以先将这些感兴趣区存为 ROI 文件（在 Display 菜单下 ROIs 选项中可实现此功能），此情况下直接调用。在寻峰和峰面积计算之后，Genie2000 可自动扣除本底谱，但前提是本底谱的寻峰和峰面积计算方式必须与样品谱的算法一致。如果想知道拟合后对所要分析射线能量的探测效率，可执行效率校正（Eficiency Correction）过程。最后是核素识别和活度计算过程。

Genie2000 提供三种核素识别方式，分别为试验性核素识别（Tentative NID）、核素识别（NID）以及干扰修正核素识别（NID with Interference Corection）。试验性核素识别可以给出在选择的核素库中软件认为符合的一种或多种核素，但不会给出比活度结果；核素识别过程中，软件会选择最符合的核素，并给出各个能量射线的比活度及不确定度，并能根据各个能量的比活度算出该核素的平均比活度。当分析的感兴趣区中包括符合峰的时候，可以通过选择第三种核素识别方式——干扰修正核素识别。此项工作需要事先确定准确的峰-总刻度和效率刻度，然后选择相应几何形状文件，完成符合相加效应的校正。

Genie2000 的分析报告窗口中选择报告的类型、内容和对页码，完成后，可直接将报告通过打印机打印。如果想打印相应的谱图，Genie2000 可根据要求进行全谱打印或选择感兴趣区打印。

参　考　文　献

［1］　王连珠，王瑞龙，刘溢娜，等. 理化检验-化学分册，2008，44（6）：502-506.

［2］　李仁伟，程明川，李想，等. 食品工业科技，2011，12：484-488.

［3］　祝伟霞，杨冀州，袁萍，等. 现代食品科技，2012，28（1）：115-118.

［4］ 邵仕萍，奚星林，陈洁贞，等.食品科学，2011，32（4）：189-192.

［5］ 屠海云，肖海龙，朱顺达，等.中国食品，2011，10：82-84.

［6］ 陈毓芳，林海丹，李为鹏，等.理化检验化学分册，2011，47（5）：536-538.

［7］ 邵仕萍，奚星林，邹志飞，等.食品安全检测杂志，"食品安全质量检测技术"试刊论文集，2008：50-52.

［8］ 奚星林，邵仕萍.食品安全质量检测学报.2010，27（2）：94-98.

［9］ N. Yoshioka, K. Ichihashi. Talanta, 2008, 74（5）：1408-1413.

［10］ 肖海龙，屠海云，王红青，等.中国卫生检验杂志，2011，21（2）：264-266.

［11］ 赵珊，张晶，杨奕，等.色谱，2010，28（4）：356-362.

［12］ 李景红，杨再山，孟祥晨.中国乳品工业，2007，35（7）：50-52.

［13］ 金苏英，金苏英，林笑容，等.饮料工业（检测与分析），2009（7）：28-31.

［14］ 唐志毅，肖路延，罗玲.中华医学检验杂志，1999，22（4）：210-212.

［15］ 王一红，冯家力，潘振球，等.2006，16（2）：161-163.

［16］ 夏金根，陈波，姚守拙，色谱，2008，26（5）：595-598.

［17］ 田艳玲.中国食品添加剂，2008，3：145-147.

第**6**章 实验室质量控制技术

6.1 概述

为控制食品中药物残留对人类健康造成的危害，我国以及世界各国、相关的国际组织相继制定了食品中化学品残留物质及化学污染物的管理标准（包括最高残留限量 MRL、最大允许量、最低要求执行限量 MRPL 等），为使这些标准得到切实有效的执行，全面、准确、及时地了解和掌握食品生产、加工过程的有毒有害物质残留/污染情况是非常重要的，准确、可靠的检测方法和有效的质量控制是实现这一目标的重要手段，同时也是管理部门采取法律行动的重要的技术保障。

公平贸易依赖于分析结果的可靠性，全球化带来的激烈的贸易竞争使得部分国家有可能通过非关税贸易技术措施保护本国产业，且食品安全问题近年已成为全球性的敏感话题，各国对进口食品施予非常严格的管理和检验措施，当中不可避免就涉及分析结果的互认问题，一个设备优良、人员质素高的实验室，只有在其检测质量控制是在一个公认的、符合世界通行要求的体系文件上运行的，其检测结果才有可能获得公众或贸易双方的接受。

食品安全检测分析涉及的样品背景（基质）复杂，很多样品是动物的组织如肝、肾，植物的叶、块茎，加入了各种食品添加剂的加工食品等，干扰成分多；大部分检测的目标化合物含量极低，不少的检测是在痕量至超痕量的水平上进行（$10^{-8} \sim 10^{-10}$，甚至达到 10^{-11}）；因此相关的检测方法在检测灵敏度、准确度、稳定性等方面有很高的要求，也要求相关的检测实验室除了执行通行的质量体系标准如 ISO/IEC 17025 之外，还应就食品安全分析检测的特点制定和运行与其相适应的分析检测要求的质量管理文件。

6.1.1 国内对食品实验室质量管理要求

2008 年秋冬之际，发生了三聚氰胺事件，对整个食品生产、制造、管理体系提出了更高的要求，其中也包括了需要加强食品检测实验室的管理；2009 年通过的《食品安全法》，将食品检测实验室的资质要求交由卫生部统一管理，2010 年国家卫生部监督局公布了《食品检验工作规范》[1] 和《食品检验机构资质认定条件》[2]，这两个文件对从事食品检验的实验室提出了强制性的质量管理要求。

中国合格评定国家认可委员会（CNAS）发布的《CNAS-CL01 检测和校准实验室能力认可准则》（等同于 ISO/IEC 17025，简称 CL01），是申请 CNAS 认可的实验室的最基本的要求，2012 年 CNAS 根据化学检测领域的特性又发布了《CNAS-CL10 检测和实验室能力认可准则在化学检测领域的应用说明》（简称CL10），对 CNAS-CL01 在化学检测领域的应用提出了具体的应用要求。

CNAS 认可是实验室的自愿行为，但从提高实验室质量控制水平角度出发，建议实验室管理者、分析者都以 CL01、CL10 规范实验室的检测活动。

2008 年发布的推荐性国家标准 GB/T 27404—2008《实验室质量控制规范 食品理化检测》，针对食品检测实验室提出了一些细化的质量控制要求，如方法的验证、方法偏离的控制等。

除了上述这些跨行业的具普遍适用性的食品实验室管理要求外，国内一些主管部门也发布了一些在其系统内使用的与食品安全实验室相关的质量管理文件，如质检总局在 2011 年出台了《出口动物源性食品安全风险监控实验室质量控制指南》、《进出口食品安全风险监控实验室质量控制指南》，2012 年又出台了配套的《出口动物源性食品安全风险监控实验室标准操作程序编写规则》、《进出口食品安全风险监控实验室标准操作程序编写规则》，对从事出入境食品安全风险监控的实验室质量管理提出了针对性的要求；农业部也发布了 NY/T 1896—2010《兽药残留实验室质量控制规范》[3]。

6.1.2　国外对食品实验室质量管理要求

欧盟在 2002 年 8 月正式公布了 2002/657/EC 决议[4]（以下简称 657），其中文版本见文献［5］，657 在其附录Ⅰ"分析方法的执行标准、其他规则和程序"中对残留分析方法的性能指标及如何验证提出了详细的要求，附录的条文与欧盟过往公布的实验室管理文件差别很大，显示出在 20 世纪 90 年代后期分析化学这一学科的高速发展，同时也折射出这一时期食品安全暴露的诸多问题以及国际贸易发展带来的贸易争端急剧增多。657 的推出代表了欧盟在药物残留检测质量管理上达到了新的更高的水平。

657 的主要内容包括两大方面：一是方法的性能和其他要求，二是方法性能的验证。在方法性能方面，657 规定了筛选方法（较简单）、有机残留物和污染物的确证检测方法、化学元素的确证方法的性能指标，包括准确度（回收率）、精密度、确证方法的仪器种类及组合后的性能参数计算等，其中 657 提出的识别点（Identification point）概念，理顺了不同管理要求的残留物确证要求与不同类型仪器性能的关系。在方法性能验证方面，657 提出了方法稳定性、特异性、重复性（及再现性）等验证要求，将方法验证需要做的实验工作内容系统化了。欧盟随后对 657 进行了二次修改、一次勘误，目前得到的 657 版本与最初的 657 相比，主要增加了附录Ⅱ"Minimum required performance limits"（MRPL，最低要求执行限），列出了氯霉素、醋酸甲羟孕酮、硝基呋喃代谢物、孔雀石绿和隐色孔雀石绿的最低要求执行限。

2008 年欧盟残留监控基准实验室发布了《SANCO/2004/2726-Rev-4 Guidelines for the implementation of decision 2002/657/EC》[6]（第 4 版），作为 657 执行时的具体指南。2007 年欧盟发布了 SANCO/0895/2007 号指令《Guidelines for the implementation of decision 2002/657/EC regarding some contaminants（mycotoxins, dioxins an dioxin-like PCBs and heavy metals）》[7]（中文译本见文献［5］），对毒素、二噁英、重金属的取样和分析方法要求作出了补充说明。

2010 年 1 月欧盟的四个药物残留基准实验室联合起草了一份名为"兽药残留筛选方法验证指南初始验证和实验室间转移"（Guidelines for the validation of screening methods for residues of veterinary medicines-initial validation and transfer)[8]的文件（中文译本见参考文献［5］），对筛选方法有了新的定义，并系统地提出了筛选方法的验证要求。

在农药残留检测方面，欧盟 2013 年年底发布了 SANCO/12571/2013《Guidance document on analytical quality control and validation procedures for pesticide residues analysis in food and feed》[9]（以下简称欧盟农残分析质控程序），取代了 2011 年发布的 SANCO/12495/2011《Method validation and quality control procedures for pesticide residues analysis in food and feed》，该文件最早的版本是 2000 年发布的 SANCO/3131/2000，其后在 2004 年、2007 年又陆续发布了修改版，在 2009 年起每两年发布一次新版，且每版的文件号不同（2009 年版 SANCO/10684/2009 的中文译本见文献［5］）。与 657 相比，该文件涵盖了实验室质量管理中最重要的两大内容：方法的验证（性能要求）与过程的质量控制，对于实验室在样品测量过程中有可能碰到的一些实际问题，如标准品超期使用、单点校准、多残留检测、空白样品等，文件中都有涉及。

日本厚生省也发布了有关农药残留检测的质量控制指南（食安发 1224 第 1 号 平成 22 年 12 月 24 日），文献［10］对此有详尽的介绍。

对于农药残留检测的质量控制，国际上类似的指导性文件还有 CODEX2003 年公布的指南文件"Guidelines on good laboratory practice in residue analysis"（CAC/GL 40—1993，Rev.1—2003）[11]（中文版见文献［12］）、经合组织 OECD2007 年公布的"Guidance document on pesticide residue analytical methods［ENV/JM/MONO（2007）17］"等。

国际上还有部分针对具体某项检测技术或技术要求而制定的质量控制指导文件，如针对质谱检测技术的 CODEX 的"Guidelines on the use of massspectrometry（MS）for identification, confirmation and quantitative determination of residues cac/gl 56—2005"，美国 FDA 的"Guidance for industry mass spectrometry for confirmation of the identity of animal drug residues final guidance，2003"等；针对农药残留检测样品取样的食品法典委员会（CODEX）

指南《CAC/GL41—1993 应用国际食品法典最大残留限量并开展分析的商品部位》[13]，这份国际性技术指南对于取样部位与国内目前通常采用的取"可食性部位"存在不少的差异，建议从事农药残留分析的工作者予以特别的关注。

6.2 分析方法

6.2.1 定义

分析方法依用途主要分为筛选方法、确证方法。

6.2.1.1 筛选方法

用于检测一种分析物或一组分析物在指定水平（如执行限、最高残留限量）上是否存在的方法。这些方法具有处理高通量样品的能力，用于大量样品筛选可能的阳性结果。该方法必须避免假阴性结果。如有可疑阳性结果，则要用确认方法进行确证。

筛选方法可以依据测定原理或定量程度进行分类。

（1）依据测定原理的分类

包括生物学方法（如细菌生长抑制法）、生物化学法（如酶联免疫法）、理化方法（如液相色谱法、液质联用法、气相色谱法、气质联用法）。

（2）依据方法定量程度的分类

定性方法：给出"有"或"无"响应，但是无法给出推定的分析物的浓度，如细菌抵制试验法、胶体金法。当色谱方法（如液相色谱法、液质联用法）仅给出色谱峰有/无的结果时，也属于定性方法。

半定量方法：给出推定的分析物估计的浓度水平，但该结果不能作为数值结果报告；在确证试验时分析物的校准范围可参考该估计结果。此类方法包括含有校准曲线的生物化学方法（如酶联免疫法）、检测方法精密度不满足定量方法要求的理化方法（如液相色谱法、液质联用法）等。

对于使用色谱-质谱（包括多级质谱、高分辨质谱）技术的多组分检测方法（多残留检测方法），如果其提供的分析物的验证数据（如精密度、回收率等）不能完全满足有关确证方法性能要求的，应视为筛选方法，使用这类方法等到的阳性结果（怀疑不合格结果）需采用合适的确证方法重新检测。

定量方法：方法的准确度、动态范围、精密度满足确证方法的要求。当用于定量时，要视同确证方法一样的技术要求；当定量方法仅用于筛选检测时，可不满足确证方法要求的识别点。

6.2.1.2 确证方法

用于确证目的的方法。提供全部或补充的明确确证信息，灵敏度能满足食品安全检测的要求，确证方法的目的在于避免假阳性结果。

对于有机残留物或污染物，确证方法必须能提供分析物的化学结构信息。因此，仅基于色谱分析一种技术而不使用光（波、质）谱检测的方法本身不适于做确证方法。此外，如果一种单一技术缺乏足够的特异性，通过适当组合净化、色谱分离、光（波、质）谱检测等的分析过程仍可以使其具有所需的特异性。不同的分析目的对确证检测方法使用的技术有不同的要求，详见本章6.2.3.3节。

6.2.2　分析方法的选择

6.2.2.1　分析方法的来源

分析方法可选择：

① 中国国家标准或中国行业标准；

② 国外公定的标准方法（官方方法），如国际标准化组织（ISO）、AOAC、EU、美国FDA等发布的方法；

③ 国外实验室方法、学术刊物文献、管理部门发布的未明确已完成室间确认程序的方法；

④ 经权威机构认可或管理部门批准的标准操作程序（SOP）。

6.2.2.2　分析方法的选择

实验室在选择分析方法时要关注检测方法中提供的限制说明，如方法包含的适用目标分析物、浓度范围和样品基体（种类），选择的检测方法应确保在管理限量（或最高残留限量）的限量点附近给出可靠的结果。目前尚在有效期内的食品检测方法标准较多，同一类型的目标分析物可能会出现多个标准方法，有可能会出现一个方法不能涵盖整类分析物，不同方法间会互有重叠的情况，分析者应加以注意。

实验室应对首次采用的检测方法进行技术能力的验证，如检出限、回收率、正确度和精密度等。如果在验证过程中发现标准方法中未能详述但影响检测结果的环节，应将详细操作步骤编制成作业指导书，作为标准方法的补充。当检测标准发生变更涉及检测方法原理、仪器设施、操作方法时，需要通过技术验证重新证明正确运用新标准的能力。

6.2.3　确证方法的技术要求

6.2.3.1　方法的正确度

在重复分析有证标准物质（CRM）的情况下，对实验测定的经回收率校正的平均质量分数的允许偏差范围见表6-1，无有证标准物质时，正确度可以通过测定空白基质中加入已知量分析物的回收率获得，此时表6-1里的允许偏差范围也就是回收率的允许范围。

目前食品安全检测中大量应用质谱检测技术，为确保检测结果的准确，有条件的实验室会采用同位素稀释质谱技术，即是在样品称量后，前处理开始前加入稳定同位素标记的内标作为整个分析过程的校准，在计算结果时是采用内标法来计算。

对于这类方法计算得到的添加回收率是一个相对回收率，而用外标法计算的实际添加回收率较低，为避免过低的实际回收率对分析结果造成明显影响，确保分析结果的可靠性，建议在使用稳定同位素内标时，内标的回收率应达到40%以上[10]。

表6-1 定量方法的允许偏差范围

含量水平 p /(mg/kg)	GB/T 27404—2008[14]	CAC/GL 40—1993, Rev. 1—2003[11]	欧盟兽残检测质控要求[4]	日本农残检测质控要求[10]	出口动物源食品检测实验室要求
$p < 0.001$	—	50%~120%	50%~120%	70%~120%	50%~120%
$0.01 > p \geqslant 0.001$	—	60%~120%	70%~110%	70%~120%	60%~110%
$0.1 > p \geqslant 0.01$	60%~120% ($p < 0.1$)	70%~120%	80%~110% ($p \geqslant 0.01$)	70%~120%	70%~110%
$1 > p \geqslant 0.1$	80%~110%	70%~120%		70%~120%	80%~110%
$10 > p \geqslant 1$	90%~100% ($1 > p > 100$)	70%~110% ($p \geqslant 1$)			85%~110%
$100 > p \geqslant 10$					90%~110%
$1000 > p \geqslant 100$	95%~105% ($p > 100$)				90%~105%

6.2.3.2 方法的精密度

评价检测方法精密度，主要观察：

① 方法的重复性，同一个实验室内通过相同条件下多次重复实验获得；

② 方法的再现性，同一个实验室内通过不同条件下（如实验日期、分析者的变化）多次重复实验获得，又称为室内再现性；或不同实验室之间多次重复实验获得。

（1）欧盟 2002/657/EC 对兽药残留检测方法精密度要求

欧盟在 657 中对定量方法的精密度要求是：在再现性（Reproducibility）条件下，对参考标准（有证标准物质）或加标样品重复分析的实验室间变异系数（CV），不得超出 Horwita 方程计算的水平[4]，实际例子见表6-2；当质量分数低于 $100\mu g/kg$ 时，用 Horwitz 方程给出无法接受的高值。因此，当浓度低于 $100\mu g/kg$ 时，再现性 CV 值应尽可能低。在实验室内再现性条件下进行的分析，其实验室内变异系数不应大于实验室间变异系数。

Horwitz 方程：$CV = 2^{(1-0.5\lg C)}$，公式中 C 为质量分数，以 10 的幂次（指数）表示（例如 $1mg/g = 10^{-3}$）。

表6-2 欧盟兽药残留检测定量方法的精密度要求[4]

含量水平/(mg/kg)	再现性 CV/%	含量水平/(mg/kg)	再现性 CV/%
0.001	(①)	0.1	23
0.01	(①)	1	16

① 含量水平低于 0.1mg/kg 时，用 Horwitz 方程给出无法接受的高值，因此在含量水平低于 0.1mg/kg 时，CV 值应尽可能低。

在重复性（repeatability）条件下，实验室内的变异系数通常在表 6-2 所列数值的一半到三分之二之间。

（2）食品法典委员会 CAC/GL 40—1993，Rev.1—2003 对农药残留检测方法精密度要求

食品法典委员会在 CAC/GL 40—1993，Rev.1—2003 指南里提出了农药残留分析确证方法的精密度要求[11]，见表 6-3。

表 6-3　CAC 对农药残留确证分析方法的精密度要求

含量范围/(mg/kg)	重复性		再现性	
	$CV_A/\%$	$CV_L/\%$	$CV_A/\%$	$CV_L/\%$
≤0.001	35	36	53	54
0.001～0.01	30	32	45	46
0.01～0.1	20	22	32	34
0.1～1	15	18	23	25
>1	10	14	16	19

表 6-3 中 CV_A 表示除样品处理过程之外的变异系数，CV_L 表示实验室结果的整体变异系数，包括分析部位（Analytical portions）间残留量的变异 CV_{SP}（可达到 10%），$CV_L^2 = CV_A^2 + CV_{SP}^2$。

食品法典委员会认为对于多残留检测方法，有部分的目标分析残留物不能严格符合表 6-3 的要求，此时所得的数据可接受性要视分析目的而定，当数据是用于 MRL 符合性检测时（即处于临界值），方法的精密度应按表 6-3 的技术要求进行，而当数据是低于 MRL 时，可以接受那些不确定性较高的数据。

（3）日本官方对农药残留检测方法精密度要求

日本厚生省在有关农药残留检测的质量控制指南[10]中对实验室在进行农药残留检测方法评价时，重复性（重复次数在 4 次或以上）及室内再现性（多个分析者或多个分析日期的重复实验）要符合表 6-4 的要求。

表 6-4　日本官方对农药残留检测方法精密度要求

含量/(mg/kg)	重复性 CV/%	室内再现性 CV/%
≤0.001	<30	<35
0.001～0.01	<25	<30
0.01～0.1	<15	<20
>0.1	<10	<15

（4）我国 GB/T 27404—2008 对方法精密度要求[14]

国标 GB/T 27404—2008《实验室质量控制规范　食品理化实验室》附录 F 列出了检测方法确认的技术要求（见表 6-5）。

表 6-5　GB/T 27404—2008 对方法精密度要求

被测组分含量	室内变异系数,CV/%	被测组分含量	室内变异系数,CV/%
0.1μg/kg	43	100mg/kg	5.3
1μg/kg	30	1000mg/kg	3.8
10μg/kg	21	1%	2.7
100μg/kg	15	10%	2.0
1mg/kg	11	100%	1.3
10mg/kg	7.5		

6.2.3.3　确证方法适用仪器

对于有机残留物、污染物或添加物,确证方法必须能提供分析物的化学结构信息,仅基于色谱分析一种仪器技术而不使用光(波、质)谱仪器检测的方法本身不适于作确证方法。此外,如果一种单一技术缺乏足够的特异性,通过适当组合净化、色谱分离、光(波、质)谱检测等的分析过程仍可以使其具有所需的特异性。

确证方法适用的仪器类型依分析物的管理属性而定,对于可以使用但有使用条件(管理限量或最大残留限量)的分析物,适用的仪器范围大一些,仪器的选择性(化学结构判断能力)要求也相对低一些;对于禁止使用的药物/农药或非法添加物质,仪器的选择性要求会更严格。表 6-6 是欧盟 657 里对动物源食品中药物残留量的确证检测方法使用的仪器适用要求,食品安全检测中其他种类分析物的确证检测可参考表 6-6 选择适用的仪器。

表 6-6　有机残留物或污染物的确证方法[4]

分析技术	96/23/EC 附录 I 的物质	局限性
LC 或 GC/MS	A 组和 B 组	仅在在线或脱机色谱分离时适用;仅适用于使用全扫描技术,或使用不记录全质谱图但至少使用 3(B 组)或 4(A 组)识别点时
LC 或 GC/IR	A 组和 B 组	被测物需有红外光谱吸收
液相-全扫描 DAD	B 组	需要有 UV 光谱吸收
液相-荧光	B 组	仅适用于有天然荧光,及转变或衍生后有荧光的分子
2-DTLC-全扫描 UV/VIS	B 组	必须使用二维 HPTLC 和共色谱法
GC-电子捕获检测	B 组	仅在两根柱子极性不同时适用
LC-酶免	B 组	仅适用于使用至少两个不同的色谱系统或使用第二种独立的检测方法时
LC-UV/VIS(单波长)	B 组	仅适用于使用至少两个不同的色谱系统或使用第二种独立的检测方法时

6.2.3.4　色谱确证方法技术要求

(1)保留时间要求

如果有适合于方法的内标物,应使用内标。最好是保留时间与分析物接近的相关标准品。在实验条件下,分析物的保留时间应与校正标准一致。分析物的最小可接受保留时间应大于色谱柱死体积相应保留时间的两倍。分析物与内标保留时间之比，即分析物的相对保留时间，应与相关基质中校正标准的相对保留时间一致，偏差在±2.5％以内。应注意样品基质是否会影响分析物的保留时间。要考察色谱柱性能与进样量大小是否合适，特别是那些快速分析柱（如小颗粒柱或短柱）。

（2）共色谱法

对于可疑组分，可以采用共色谱法对分析物进行定性，即在样品溶液中加入适量的标准溶液再行进样分析，加入标准物的量应与提取液中待测物的估计含量大致相当。在这种情况下，只应有一个色谱峰，且峰高（或峰面积）的增加相当于加入分析物的量。用气相色谱（GC）或液相色谱（LC）时，半峰宽应在原来峰宽的90％～110％以内，保留时间的变化应在5％以内。对于共色谱法，注意加入的标准溶液的体积尽可能小，以免加入体积过大改变了样液基质对色谱分离的影响而产生新的影响。

（3）UV/VIS检测器的要求

分析物光谱的最大吸收波长应与校正标准相同，偏差应在由检测系统的分辨率所决定的范围内。对二极管阵列检测器一般在±2nm内。220nm以上的分析物光谱，在相对吸光率≥10％的部分应与校正标准的光谱无明显差别。如首先最大吸收相同，其次两张光谱任何一点的差别都不大于10％吸光率则符合这一标准。使用计算机辅助检索和匹配时，测试样品与校正溶液的光谱数据对比应超过临界匹配因子。每种分析物的匹配因子在验证过程中根据符合上述要求的光谱测定。应检查样品基质和检测器性能引起的光谱图改变。

只带UV/VIS检测（单波长）的LC本身不适合做为确证方法。

6.2.3.5 质谱确证方法的技术要求

近年随着仪器技术的发展，色谱-质谱联用仪器在食品安全检测领域中的应用有了飞跃式的普及，但在仪器技术特点上色谱-质谱联用技术与单纯的气相色谱或液相色谱技术有很大的差异，因而色谱-质谱联用技术的质量控制也有自身的特殊要求。

质谱技术只有与色谱分离仪器联用（在线或脱机）时才能作为确证方法。

（1）常用的质谱检测模式

从质谱角度看，质谱本身有非常丰富的检测模式，食品安全检测里常用到的质谱检测模式包括，记录全质谱图（全扫描）或选择离子监测（SIM），以及MS-MS^n技术，例如多反应选择监测（MRM），或其他合适的结合相应的离子化模式的质谱（MS）或质谱-质谱（MS-MS^n）技术。近年色谱-高分辨质谱（HRMS）技术也开始应用在食品安全检测领域，对于高分辨质谱应满足在整个质量范围内的分辨率大于10000（10％峰谷）要求。

全扫描：用记录全扫描质谱图进行质谱测定时，在标准品参考图谱中所有相对丰度大于10％的定性（诊断）离子（分子离子、分子离子的特征加成物、特征碎片离子、同位素离子等）都必须在质谱中出现。

选择离子监测：用碎片离子色谱图进行质谱测定时，分子离子最好是其中一个被选择检测的离子（分子离子、分子离子特征加成物、特征碎片离子、所有同位素离子）。选择的诊断离子并不一定要源于分子的同一部分。每个诊断离子的信噪比应≥3∶1。

（2）离子比

在同样诊断条件下，检测到的离子的相对丰度，用与最强离子的强度（峰高）百分比表示为离子比。

全扫描和选择离子监测模式下，检测到的目标分析物的离子比应当与浓度相当的校正标准的离子比一致，校正标准可以是校正标准品溶液，也可以是添加了标准物质的样品，容许偏差必须在质量控制规定的范围内，见表6-7。

表6-7　使用质谱技术时相对离子丰度最大容许偏差[4]

相对丰度/%	EI-GC-MS（相对）	CI-GC-MS、GC-MS"LC-MS、LC-MS"（相对）
＞50%	±10%	±20%
＞20%～50%	±15%	±25%
＞10%～20%	±20%	±30%
≤10%	±50%	±50%

从SANCO/12571/2013版起，欧盟放宽了农药残留检测中使用质谱技术时离子比最大容许偏差的要求，主要反映在化学电离源及多级质谱的色-质联用技术方面（见表6-8）。

表6-8　使用质谱技术时相对离子丰度最大容许偏差[9]

离子比（最小/最大强度离子）	EI-GC-MS	GC-CI-MS、GC-MS"LC-MS、LC-MS"
0.50～1.00	±10%	±30%
0.20～0.50	±15%	±30%
0.10～0.20	±20%	±30%
＜0.10	±50%	±30%

（3）质谱数据的解析

诊断离子和/或母离子/产物离子对的相对强度应对照图谱，或对质量图谱信号积分进行鉴别。对于那些需要进行背景校正的目标分析物，实验室在制订的相关检测标准操作程序里要予以说明，并且只要进行背景校正，整批样品就都要做。

全扫描：当用单级质谱记录全扫描图谱时，至少要有四种离子的相对丰度大于等于基峰的10%。如果分子离子峰在参考图谱中的相对丰度≥10%，则必须包括在内。4种离子的相对离子丰度至少应在最大容许偏差范围内（表6-8）。可以使用计算机辅助谱库检索。在这种情况下，测试样品与校正溶液质谱图的对比应超过临界的匹配因子。这个因子应在每种分析物的验证过程中根据满足下述标准的图谱测定。应查核样品基质和检测器性能引起的图谱改变。

选择离子监测或多反应监测：不是用全扫描技术测定质量碎片时，应使用识别点系统进行数据解析。要确证禁用药物、非法添加物或其他不得检出的分析物，最少需要 4 个识别点。确证限用药物或其他有使用规定的分析物，最少需 3 个识别点。表 6-9 列出了每种基本质谱技术的识别点数。但是为了有资格得到确证需要的识别点数和求算识别点之和，必须：

① 至少应测定一个离子比；

② 所有测定的相关离子比应符合本章 6.2.3.5（2）所列标准；

③ 可最多结合三种不同的技术取得最低需要的识别点数。

表 6-9　质量碎片类型和识别点的关系

MS 技术	每种离子的识别点	MS 技术	每种离子的识别点
低分辨质谱（LRMS）	1.0	高分辨质谱（HRMS）	2.0
LR-MS^n 母离子	1.0	HR-MS^n 母离子	2.0
LR-MS^n 子离子	1.5	HR-MS^n 子离子	2.5

在应用识别点时要注意：

① 每个离子仅可计算一次；

② GC-MS 电子轰击电离和 GC-MS 化学电离（CI 源）可作为不同的技术处理；

③ 仅在用不同化学反应得到不同的衍生物的情况下，才可用这些不同的分析物来增加识别点数；

④ 对于禁用药物（或不得检出的分析物），如果在分析过程中使用了下列任一种技术：HPLC 与全扫描二极管阵列（DAD）分光光度测定联用；HPLC 与荧光检测器联用；HPLC 与酶联免疫联用；二维 TLC 与光谱检测联用；只要满足这些技术的相关标准就可最多挣得一个识别点，见表 6-10；

⑤ 过渡产物包括子离子和第三级离子。

表 6-10　各种联用技术和组合联用技术的识别点数示例（n＝整数）

技术	离子数	识别点数
GC-MS（EI 或 CI）	N	n
GC-MS（EI 和 CI）	2（EI）＋2（CI）	4
GC-MS（EI 或 CI）2 衍生物	2（衍生物 A）＋2（衍生物 B）	4
LC-MS	N	n
GC-MS-MS	1 个母离子，2 个子离子	4
LC-MS-MS	1 个母离子，2 个子离子	4
GC-MS-MS	2 个母离子，各 1 个子离子	5
LC-MS-MS	2 个母离子，各 1 个子离子	5
LC-MS-MS-MS	1 个母离子，1 个子离子，2 个第三级离子	5.5
HRMS	N	$2n$
GC-MS 和 LC-MS	2＋2	4
GC-MS 和 HRMS	2＋1	4

6.2.4 筛选方法的技术要求

过往所指的筛选方法通常是指那些以生物方法为基础的定性或半定量检测方法，但随着多目标分析物方法（多残留方法）的发展和应用，筛选方法的涵盖范围也变大了，理化仪器方法（包括色谱-高分辨质谱联用）只要达不到确证检测方法技术要求的，也都归入筛选方法中。近年国外对筛选方法的质量控制及验证技术要求出台了一些指导性文件[8,9]。

筛选方法要经过验证并在所关注的浓度水平上的假阴性率＜5％（β 误差）。如有可疑阳性结果，则要用确认方法进行确证。

6.2.4.1 筛选目标浓度

筛选方法中筛选目标浓度是指通过筛选检测将样品分为"合格"、"筛选不合格（潜在的不合格）"并触发确证检测的浓度，筛选目标浓度的设置要满足：

① 对于批准使用的物质，筛选目标浓度设置为等于或低于管理限量（MRL），在可能的情况下，推荐将筛选目标浓度设为管理限量（MRL）的一半；

② 对于非法添加物或禁用药物/农药，筛选目标浓度必须设置为等于或低于主管部门规定的最低检测要求（MRPL）。

建议在筛选目标浓度与管理限量之间留有足够的余地。

6.2.4.2 方法的选择性

对于生物化学法，应严格按试剂盒规定的适用样品基质使用，对于经过加工的样品，应特别注意样品中的添加剂对抗原抗体反应的影响。

对于采用色谱-质谱联用技术的筛选方法，应注意不同样品的基质效应对质谱响应值的影响（离子抑制或增强）。

6.2.5 分析方法的确认和验证

所有检测方法在实验室首次使用前均要进行确认，而验证是分析方法确认的最重要内容，是证明分析方法的相关性能指标是否符合检测标准的要求。

方法确认时首先进行条件检查：检查实验室是否具备该方法的必要的设备、操作条件、人员技能，若实验室满足确认条件时，则可进行验证试验。

6.2.5.1 验证的基本要求

CL10[15]规定了实验室应对首次采用的检测方法进行技术能力的验证，如检出限、回收率、正确度和精密度等。如果在验证过程中发现标准方法中未能详述但影响检测结果的环节，应将详细操作步骤编制成作业指导书，作为标准方法的补充。当检测标准发生变更涉及检测方法原理、仪器设施、操作方法时，需要通过技术验证重新证明正确运用新标准的能力。

当方法存在偏离时，任何对标准方法的偏离，都必须进行实验室确认，即使所采用的替代技术可能具有更好的分析性能，如超出适用的浓度范围或基体使用标准方法，或使用替代的技术（如以毛细管柱代替填充柱）；实验室应通过试验方法的检出限、精密度、回收率、适用的浓度范围和样品基体等特性来对检测方法进行确认。实验室应能解释和说明检出限和报告限的获得。

当设备、环境变化可能影响检测结果或不满足制造商的要求时，实验室应对检测方法特性重新进行确认。

卫生部在《食品检验工作规范》[1]里也规定了食品实验室采用非标准检测方法时的方法验证要求。

① 定性检验方法的技术参数包括方法的适用范围、原理、选择性、检测限等。定量检验方法的参数包括方法的适用范围、原理、线性、选择性、准确度、重复性、再现性、检测限、定量限、稳定性、不确定度等。

② 突发食品安全事件调查检验时，可仅提交方法的线性范围、准确度、重复性、选择性、检测限或定量限等确认数据。

检测目的不同，方法验证所包含的内容也有所不同，表 6-11 列出了定性方法、定量方法、筛查方法、确证方法的验证指标类别要求。

表 6-11　分析方法验证的性能指标类别

方法类型		检测限	定量限	正确度/回收率	重复性	再现性	选择性/特异性	稳健性	线性范围
定性方法	S	●	—	—	—		●	●	
	C	●		—			●	●	
定量方法	S	●	●	—	●	●	●	●	●
	C	●	●	●	●	●	●	●	●

注：S=筛选方法，C=确证方法；●=必须测定。

当采用空白样品添加标准来进行方法验证试验时，要注意[10]：

① 制备加标样品时，原则上使用新鲜的食品，均质后称量并进行待测分析物等的添加。应注意避免样品重复的冷冻、解冻；

② 添加分析物标准溶液的量（添加体积）应该尽量少，以样品的 1/10～1/20 左右为最佳。溶剂要使用可以与样品混合的溶剂。在添加分析物后，充分进行混合，放置 30min 左右再进行提取操作。

6.2.5.2　样品基质

方法确认或验证时需要选择合适的样品基质进行试验，而食品种类繁多，涉及的样品基质数量庞大，实际上为每一种样品基质都进行重复的确认或验证试验是非常困难的，为确保方法确证或验证试验结果能准确、有效地反映方法性能，而又不给实验室资源造成不必要的浪费，国际组织或国内的主管部门根据检测工作的特性分别制定了方法确认或验证的代表性样品基质表[4,9～11]，分析者在进行方法的确认或验证试验时只需根据待测样品属性（基质类别），在表中选择代表性产品进行试验即可。表 6-12 是一个分类方法示例。

表 6-12　方法验证的代表性样品基质

产品类别	基质类别	代表性产品
肉	肌肉组织	猪肉、羊肉、野味、马肉、鸡肉、鸭肉、火鸡肉
	水产品	黑线鳕鱼、鲑鱼、鳟鱼、虾、蟹、贝类
	内脏	肝、肾
	脂肪	脂肪
肉类制品	肠衣	猪肠衣、羊肠衣
蛋	蛋	鸡蛋、鸭蛋
蜂产品	蜂蜜	
	蜂王浆	
	蜂胶	
高含水量植物源性食品	葱蒜类蔬菜	洋葱
	结实蔬菜/瓜类	番茄、黄瓜、青椒
	绿叶蔬菜	生菜、菠菜
	茎和茎菜	韭菜、芹菜、芦笋
	新鲜豆类蔬菜	带豆荚的新鲜豌豆、小绿豆、荷兰豆、蚕豆、四季豆
高含油量植物源食品	油料种子及其产品	油菜籽、葵花籽、棉籽、大豆、花生、芝麻等油籽和油,花生酱、芝麻酱等
	油性水果及其制品	橄榄、牛油果和油及其糊状物
高糖和低含水量植物源性食品	干果	葡萄干、杏干、李子干
乳制品	固体乳制品	全脂奶粉、脱脂奶粉、婴幼儿配方奶粉、乳清粉
	液体乳制品	高温灭菌奶、巴氏灭菌乳
	半固体制品	酸奶、奶酪、奶油
糖果果脯	糖果	硬糖、软糖、奶糖
	巧克力	黑巧克力、白巧克力
	蜜饯果脯	果脯、蜜饯
焙烤食品	糕点	蛋糕、月饼
	面包	主食面包、花色面包、调理面包
	饼干	饼干
调味品	酱油	酱油、蚝油、鱼露
	醋	陈醋、米醋、果醋
	固体调味料	味精、鸡精
	食盐	碘盐
软饮料	果汁	苹果汁、橙汁
	蔬菜汁	番茄汁、胡萝卜汁、混合蔬菜汁
	含气软饮料	汽水、可乐、苏打水
	瓶装水	纯净水、矿泉水
	茶饮料	冰红茶、冰绿茶

6.2.5.3 特异性

对于分析方法来说，方法的特异性就是区分分析物与相近物质（异构体、代谢物、降解产物、内源性物质、基质成分等）的能力。

可以通过检查样品基质以及其他可能存在的干扰物对目标方法的干扰情况，从而验证目标方法的特异性。

（1）样品基质

方法验证时，按表 6-12 规定对方法涉及的每种样品类别最少需选择一种代表性样品基质进行空白样品测试，有条件的话建议分析一定数量的代表性空白样品（$n \geq 20$）。

若采用色谱方法（包括色谱-质谱联用方法），应在目标分析物预计出峰时间窗口（一般可选定 5%）观察是否有基质干扰测定（是否有出现色谱峰）。

当样品空白基质试验结果发现有干扰情况时，要对干扰情况进行分析判断：

① 可另找符合表 6-12 要求的代表性样品空白基质进行特异性试验，从而判断干扰原因是否空白样品含有目标分析物。

② 观察干扰物的测定特征，如质谱里的离子比或全谱、二极管阵列获得的紫外光谱等信息，判断干扰物与目标分析物是否相同；若空白样品没有含有目标分析物，即干扰物是空白样品的其他成分时，可通过改变仪器测定条件来消除这些干扰，如改变色谱的洗脱条件，选择另外的监测离子等方式。

对于确实因技术原因不能去除的干扰，是否在可接受的范围参见本章 6.3.2.2 节。

当实验室在方法验证试验中发现来自不同产品的同一种样品基质（如肌肉）有不同的基质效应时，应分别对相关的样品基质进行验证试验。

（2）分析物

选择与目标分析物化学结构相关的化合物（代谢物、衍生物等）或样品中可能存在的其他有关物质添加至代表性空白样品基质中进行测试，观察是否有干扰，且这些干扰会否导致定性错误或干扰定性、明显影响定量（参见本章 6.3.2.2 节）。

对于发现的干扰可尝试采用改变仪器测定条件，如改变色谱的洗脱条件，选择另外的监测离子等方式来去除。

6.2.5.4 检出限

对于可显示基线噪声的仪器检测方法（如色谱法或色谱-质谱联用法），代表性空白样品基质的色谱图（或离子流图）中目标分析物出峰位置的基线噪声的三倍所对应的浓度为检出限（3 倍信噪比），注意不能用试剂空白的噪声来计算检出限，试剂空白计算出来的仅是仪器的检出限，并非检测方法的检出限。

对于那些非仪器分析的目视方法，检出限是用已知浓度的目标分析物试验能被测可靠地检测出来的最低浓度或量。

6.2.5.5 定量限

定量限（LOQ）是指采用添加法经检测方法规定的全过程能可靠地定量测出样品中目标分析物的最低浓度或量。对于采用可观察到基线的仪器检测法，一般取信噪比大于或等于 10 倍对应的浓度或量作为定量限。与检出限的规定一样的是，信噪比要采用样品基质来测，不能采用试剂空白的信噪比。

对于已有官方管理限量或最大残留限量的物质，原则上检测方法的定量限加上样品在官方管理限量或最大残留限量处的标准偏差的三倍，不能超过官方管理限量或最大残留限量。

对于不准使用或非法添加物质、禁用药物或农药，检测方法的定量限不能超过官方规定的检测限量或最低要求执行限（MRPL）。

分析者应注意不是仅凭计算信噪比大于等于 10 得出对应的分析物浓度或量就当是检测方法的定量限，检测方法的定量限对应的浓度水平应包含在方法的验证过程，如方法的正确度、精密度等指标的验证实验。

6.2.5.6 线性范围

通过制作目标分析物的校正曲线来检查方法的线性范围。

（1）校准曲线的浓度水平

校准曲线应充分涵盖检测所需的浓度区域，对于有官方管理限量或最大残留限量的物质，一般包括该限量的 0.5 倍、1.0 倍、2.0 倍所对应的浓度水平。

建立校正曲线选定高低两端的浓度点时应充分考虑方法回收率的影响。对于分析关注的浓度范围，如禁用物质或非法添加物的检测低限（LOQ），限用物质的管理限量（如 MRL）对应的浓度水平处应适当增加浓度点。

如校正曲线用于定量，那校正曲线至少包含 5 个浓度水平（不包括零点）。校正曲线的浓度范围应充分涵盖检测所需的浓度区域，建立校正曲线选定高低两端的浓度点时应充分考虑方法回收率的影响，即在低端处要考虑回收率小于 100%，在高端处要考虑回收率大于 100%。

（2）校准曲线的相关系数

校准曲线的拟合度，也就是通常说的相关系数，目前采用的仪器分析技术，校准曲线绝大部分（或经过数学转换）是采用最小二乘法进行线性回归拟合的，过去分析人员习惯说校准曲线的相关系数是 3 个 9、4 个 9，实际上笼统地说多少个 9，既不严谨，也可能带来不必要的实验室资源浪费。校准曲线的拟合度与拟合的置信水平、参与拟合的样本大小（浓度点数）有关，文献［16］给出了不同置信水平、样本大小对应的相关系数临界值（表6-13）。根据置信度 α 和自由度 $n-2$ 的值查出表中对应的值就是相关系数的临界值，相关系数大于这个值表示相关，小于这个值表示不相关。

（3）校准曲线的偏离

判断一个方法或实验的校准曲线是否可接受，除了相关系数外，还应观察参与线性拟合的样本（浓度）点是否存在过大的偏离情况，应通过绘图或视觉检查校正曲线的拟合程度，避免过于依赖相关系数，确信在残留检测的相应区域内校正曲线有满意的拟合。当检测的相应区域内有个别点偏离校正曲线超过 20%，或在接近或超过最高残留限量对应的尝试区域偏离校正曲线超过 10%时，可以认为校准曲线是不可接受的，需重新建立一个校正曲线或重复检测[5]。

表 6-13　相关系数临界值[16]

临界值 α 〴 $n-2$	0.10	0.05	0.02	0.01
1	0.98769	0.099692	0.999507	0.999877
2	0.90000	0.95000	0.98000	0.99000
3	0.8054	0.8783	0.93433	0.95873
4	0.7293	0.8114	0.8822	0.91720
5	0.6694	0.7545	0.8329	0.8745
6	0.6215	0.7067	0.7887	0.8343
7	0.5822	0.6664	0.7498	0.7977
8	0.5494	0.6319	0.7155	0.7646

注：$n-2$ 是自由度。

（4）校正曲线的基质匹配

建立校正曲线时应充分考虑样品基质对分析物仪器响应值的影响。对于采用质谱仪作为检测器的方法，在方法验证时应进行仪器的基质效应试验，不同类型或型号的质谱检测器可能会有不同基质效应。当样品基质对分析物的仪器响应值有明显影响时，校正曲线应与样品基质匹配。

（5）单点校正

实际分析中有可能存在某些分析的目标物其在检测器上的响应会随时间发生变化，此时可允许采用单点校准法，不一定非要采用校准曲线法，对于某些分析物，其在检测器上的响应随时间而发生明显变化，那么频繁的、次数更多的单水平（单点）校正比次数较少的多水平校正曲线更能获得准确的结果。在采用单水平校正时，如果样品中分析物的含量超过最高残留限量，则样品的响应应在单点校准的标准响应的 ±10%范围内，如果样品中分析物的含量没有超过最高残留限量，则样品的响应应在单点校准的标准响应的 ±50%范围内[5]。

6.2.5.7　正确度

正确度的验证可以通过有证标准物质（CRM）或空白基质添加分析物的试验方式确定。

（1）采用有证标准物质

对于可以获得有证标准物质的目标分析物，其相关检测方法的正确度可以通过分析有证标准物质确定，一般的做法是重复分析有证标准物质 6 次或更多的次数，测定结果应在该有证标准物质证书允许值的范围，或对经回收率校正的测定结果与有证标准物质标示值之间的偏差范围符合表 6-1 的要求。

（2）采用空白基质标准加入

当无法获得有证标准物质时，可以通过测定代表性空白基质中加入已知量分析物的回收率来确定检测方法的正确度。回收率通过空白样品标准添加试验确定，选定三个添加标准浓度水平，对每一浓度水平进行多次（$n \geqslant 6$）的并行独立试验并计算回收率。回收率应满足表 6-1 的要求。

对于不准使用的添加剂、禁用药物或农药以及非法添加物，三个添加标准浓度水平建议选择：LOQ、2LOQ、10LOQ；对于允许有最大使用限量的添加剂或有最大残留限量（MRL）的药物、农药，三个添加标准浓度水平建议选择：1/2MRL、MRL、2MRL，对于多组分检测方法，有可能方法涉及的分析物有不同的 MRL，此时可选择 1/2MRL（多组分中最低的 MRL）、MRL（多组分中最低的 MRL）、2MRL（多组分中最大的 MRL）。

6.2.5.8　精密度（重复性/再现性）

精密度评价试验一般是按"三水平六重复"原则进行，具体的三水平可按上面所说的三个添加浓度水平执行，六重复是指每一个添加水平平行重复六份样品（或更多重复数量）。

有条件的实验室可：准备三组（每组 18 份）空白样品（相同或不同基质），按上面 6.2.5.7（2）所述进行三个添加水平的分析，每天进行一组测试（三水平六重复试验）。计算各添加水平的平均回收率、变异系数，可同时得到方法的重复性和室内再现性评价结果。室内再现性也可通过不同的分析者采用相同的检测方法平行检测相同的样品来评价。

室间再现性可通过组织多个实验室的方法协同试验、数量较少（如 3～5 个实验室）的实验室间比对试验来获得评价。

6.2.5.9　稳定性

当通过公开的文献资料或实验室研究数据获得分析物的稳定性数据，方法验证试验中可不必再进行稳定性试验。对于那些没有明确描述目标分析物稳定性的检测方法，实验室在进行相关方法验证时应考察其稳定性。

稳定性包括了溶液（标准溶液）中分析物的稳定性，以及基质（样品溶液）中分析物的稳定性。

（1）溶液中分析物的稳定性

配制含有目标分析物的储备液及方法涉及的各级浓度递减的溶液（如中间储备液、混合工作液等），储存在方法描述的或实验室拟定的储存条件下，定期观察分析物浓度变化以考察其在标准溶液中的稳定性。

分析物在标准溶液中的稳定性考察的时间长度要确保覆盖标准溶液实际使用时的储存时间，一般而言，考察时间长度随分析物浓度降低而递减。

（2）基质中分析物的稳定性

将分析物添加至空白基质溶液中（一般是考察最终的上机分析液），立即分析其中的 1～3 份，其余剩下的保存按方法描述的或实验室拟定的储存条件保存，定期观察分析物浓度变化以考察其在基质溶液中的稳定性。

有必要时也可考察分析物在实验进行至某一步骤时获得的空白基质溶液中的稳定性，如那些样品处理时间较长，有可能实验过程会暂停较长时间的检测方法，考察方法同上。

一般而言，分析物在基质溶液中的稳定性考察时间长度在 1～3d 即可。

6.2.5.10 稳健性

方法的稳健性是指在方法规定的测定条件发生小的变动时，分析相同的样品所测得结果的重现程度。当发现这些测定条件变动会引致测定结果有显著性变化时，应进行进一步的实验以确定这些测定条件允许变动的极限范围，并且在实验室标准操作程序中予以明确的规定。

稳健性试验一般是通过产生和控制实验条件的微小变化，考察获得的检测结果，从而评价方法的稳健性。这些变化包括：

① 溶液或实验过程的 pH，实验温度，样品提取时间，离心机及匀浆机转速，净化用 SPE 柱的规格、品牌、批次；

② 测定仪器的技术条件，如色谱柱温，色谱柱规格、品牌、批次，流动相的流速，分流比，检测波长，离子源温度等。

通常在建立新方法（如实验室内部使用的非标准方法）时考察其稳健性，对于拟采用的标准方法可不重复评价。

6.3 分析过程的质量控制

一个好的分析方法经过实验室确认（或验证），实际执行过程仍需要有良好的质量控制方可保证检测结果的准确。

6.3.1 方法偏离的控制

在制定检测方法标准时，制定者不可能百分百地考虑到方法应用过程有可能出现的各种问题，如方法适应基质，前处理使用的特殊试剂（如 SPE 小柱），色谱分离用的色谱柱（品牌，规格），仪器测定的参数（不同型号的液相色谱的死体积，质谱仪的电、气参数）等，但并非一成不变。一个有水平的分析者对标准方法"既不能死板地执行，也不能不受控制地偏离"，前半句说的是分析者要根据检测需求，实验室资源条件，因地制宜设计检测方案并形成实验室的标准操作程序（SOP），后半句说的是对标准方法的任何偏离都必须要控制在实验室质量体系规定的范围内，并要进行相应的验证工作。

6.3.1.1 方法偏离的形式

实验室里经常出现的方法偏离形式有：

① 超出标准规定的适用浓度范围；

② 超出标准规定的适用样品基质范围；

③ 改变样液的最终定容体积，仪器灵敏度提高（或不足）需要通过改变体积来匹配仪器的条件；

④ 改变样品前处理条件，如前处理用的 SPE 柱品牌、型号规格；

⑤ 改变仪器测定条件，如进样量、分析用色谱柱的种类及规格、载气的种类、升温条件、流动相的组成、流速、梯度条件、柱温、质谱测定模式及测定离子；

⑥ 改变称样量；

⑦ 改变取样方法，如农药残留检测时改变取样部位；

⑧ 改变提取溶剂的种类或体积；

⑨ 超出标准规定的适用分析物范围，增加标准里没有的分析物，此种情况多在使用多残留检测方法时出现；

⑩ 改变检测用仪器技术原理，如标准使用液相色谱-紫外光谱检测法，改变为液相色谱-质谱联用法，或相反。

6.3.1.2 方法偏离后的控制

CL10 规定"任何对标准方法的偏离，都必须进行实验室确认，即使所采用的替代技术可能具有更好的分析性能"[15]。如超出适用的浓度范围或基体使用标准方法，或使用替代的技术（如以毛细管柱代替填充柱）的情况都需要进行方法的验证。

对于上述的方法偏离情形，要分别对待，一部分的偏离在经过重新验证后是可接受的，另一部分的偏离则是要尽量避免的。

部分变更检测方法时，实验室部分变更经过验证的检测方法时，选择性和准确度必须进行重新验证。对于最终定容体积或测定条件（进样量、分析用色谱柱的种类及规格、载气的种类、升温条件、流动相的组成、流速、梯度条件、柱温、质谱测定模式及测定离子）改变时，应验证选择性和准确度，必要时应验证重复性。当限量值同定量限相同时，或者限量值为（不得检出）时，还应对定量限进行验证[10]。

对于那些可能引起方法的选择性、准确度在内的检测方法性能有发生重大变化的方法偏离情况，如上述的⑥～⑩几种情形，此时不能看作是经过验证检测方法的部分变更，应将其看作新的方法，分析者在完成实验室质量管理程序规定的验证工作后，可将其作为实验室内部方法（即所谓"非标准方法"）使用。

6.3.2 质量控制样

建议每批次的样品检测中加入质量控制样与待检测样品同时分析（包括提取、净化、上机测定），以监控整个分析流程，质量控制样的结果同时也可用于绘制质量控制图。

若使用回收率数据进行结果校正，必须采用同批次检测的回收率数据对计算结果进行校正。对于从样品前处理过程（包括提取、净化等步骤）开始就加入同位素内标作为质量控制（校正）的分析，可不使用回收率数据对计算结果进行校正。

6.3.2.1　质量控制样的形式

每批次的样品检测中均要加入质量控制样与待检测样品同时分析（包括提取、净化、上机测定），以监控整个分析流程。质量控制样包括但不限于以下形式：

①　试剂空白，不用待测成分，或用等量的溶剂代替待测部分，执行全部分析过程；

②　不含有待测物质的空白样品；

③　有证标准物质（CRM）或国际上公认的标准物质校准的实验室参考物质（实物标样，Incurred Sample）；

④通过实际种植、养殖或食品加工工艺产生的含有所需检测分析物的样品（实物标样，Incurred Sample），此样品可以是实验室自行制备或是利用验余样品，样品中分析物的含量需经实验室内部验证，推荐采用实验室间的验证分析评估此类样品的分析物含量；

⑤　空白样品中添加所需检测的分析物（添加样品，Spike Sample）；

⑥　盲样，由管理人员配发的样品，可以是实物标样或添加样品。

每一次测试应同时检测质量控制样品，其中必须包括上述①、②两种以及③～⑥中的一种或更多。

6.3.2.2　空白样品的要求

空白样品是每次质量控制活动中都涉及的一种质量控制样品，同时也作为标准添加的基础，理想的空白样品既要与待检测样品是相同种类，不能含待检测的目标分析物，空白样品的成分不能影响检测，如在目标分析物预计出峰位置不能有峰出现，但现实中很难找到完全满足这些要求的空白样品，在目标分析物预计出峰位置往往会有干扰峰。对于某些不能获取到空白样品的检测，或某些空白样品中含有目前技术不能完全排除的干扰物的情况，以下规则[10]可作为选择空白样品时的参考：

①　定量限如果是限量值的1/3以下时，则干扰峰的面积（或峰高）应小于限量值对应峰面积（或峰高）的1/10；

②　定量限如果超过限量值的1/3时，则干扰峰的峰面积（或峰高）应小于相当于定量限浓度的峰面积（或者峰高）的1/3；

③　对于非法添加物或禁用药物/农药时，干扰峰的峰面积（或峰高）应小于相当于MRPL（或主管部门规定的检测定量限）浓度的峰面积（或者峰高）的1/3。

当空白样品有干扰物时，计算回收率时应扣除空白样品的本底值。

6.3.2.3　质量控制样的应用

实验室可使用一个或多个含量水平的质量控制样，当只使用一个含量水平的质量控制样时，对于添加样品，若分析物是非法添加物或禁用药物/农药，质量控制样中分析物添加浓度应与检测低限（LOQ）一致，若分析物是有使用要求的添加物或限制使用药物/农药，质量控制样中分析物添加浓度可以是 LOQ 水平，或 50%～100%MRL 范围水平；当采用实物标样时，实物标样中的分析物含量水平应尽量与所关注的残留物含量水平接近。

盲样中的分析物含量由实验室管理人员规定。

建议在半年或一年的时间周期内，进行另一添加水平的质量控制样测试活动，以更全面掌握分析过程的质量控制。

对于多目标化合物检测方法（有时称为多残留检测方法），添加样品或实物标样中可以包含方法涉及的全部分析物或具代表性的部分分析物，当只包含部分分析物时，建议选择化学性质（如色谱保留时间、极性等）差异较大的分析物。在 6 个月或更短的周期内，检测方法所包含的全部检测项目（分析物）应有至少一次参与到质量控制样中，若由于检测批次很少，可将此周期延伸至一年。

添加样品或实物标样中添加的分析物应与实际样品中的所要检测的标志残留物的化学形态（形式）一致，如需要化学衍生的药物残留物等。

对于不需要应用回收率数据校正计算结果的检测，质量控制样的基质可选择同批检测样品中基质最为复杂的样品基质（如动物内脏）。

对于回收率数据（包括实物标样、添加样品）将用于计算结果校正的检测，质量控制样的基质选择原则可参考本章 6.2.5.2 节。

6.3.3　进样序列

无论是采用手动进样，还是采用自动进样器，进样序列的编排应确保：避免或减少交叉污染、样品是在仪器正常运行期间完成测定。

建议的进样顺序是：试剂空白、空白样品、添加样品（或实物标样）、空白样品（或试剂空白）再进样、要检测的样品，最后是添加样品（或实物标样）。建议实验室在编制内部质量控制程序文件时明确具体的进样序列要求，进样序列的任何调整都应有充分理由证明其合理性。

当同批检测样品数量较多时，应在一定的样品间隔（如每 10 个样品）中加入控制样（标准曲线的最低浓度点、添加样品或实物标样）。

对于某些采用其他形式进行样品测定溶液转移测定的生物检测方法（如 ELISA 法等），同样应避免交叉污染，并确保样品、标准在同等条件下测定。

6.4　质量控制图

6.4.1　概述

质量控制图是一种对分析过程实施质量控制的一种重要、有效、简单的工具，规范地制作质量控制图可以及时判断分析过程的异常情况。

在检测过程中，分析物的检测值的波动是不可避免的，它是人、仪器、材料、方法和环境等基本因素的波动综合影响所致。波动分为两种，正常波动和异常波动，或分别称为偶然误差和系统误差。正常波动是偶然性原因（不可避免因素）造成的，它对检测质量影响较小，在技术上难以消除，在经济上也不值得消除。异常波动是由系统原因（异常因素）造成的，它对检测质量影响很大，但能够采取措施避免和消除，过程控制的目的就是消除，避免异常波动，使过程处于正常波动状态。由于过程波动具有统计规律性，随机误差具有一定的分布规律，当过程受控时没有系统误差，根据中心极限定理，这些随机误差的总和，即总体质量特性服从正态分布，正态分布的特征值直观看就是大多数值集中在以 μ 为中心位置，越往边缘个体数越少。在正态分布正负 3σ 范围内，即样品特征值出现在 $(\mu+3\sigma$，$\mu-3\sigma)$ 中的概率为 99.73%，即超出正负 3σ 范围发生概率仅为 0.27%，当失控时，过程分布将发生改变，数据的中心位置或离散程度发生很大变化。当数据出现正负 3σ 范围以外，根据小概率事件实际不可能发生原理，即认为已出现失控，如果分析测试过程是处于受控状态，则认为样品特征值一定落于正负 3σ 范围内，即存在 3σ 原理。应用质量控制图进行质量控制正是利用过程波动的统计规律性对过程进行分析控制的，实际使用中多以正负 3σ 范围为控制界限，强调了检测过程在受控和有能力的状态下运行，从而使分析检测过程稳定地满足检测的要求。

文献［17，18］详细讨论了此种控制图中各参数所表示的统计学意义，Westgard 多规则质控方法对异常情况的判别有八条规则，是以各个规则事件发生的概率为 0.3% 来确定质控规则。

质量控制图有很多种形式，如均数-标准差控制图、均数-极差控制图等，目前对于化学检测方法，特别是仪器检测，较为常用的是均数-标准差控制图，也称 Westgard 多规则质控方法。

实验室应建立有关分析质量控制图的程序文件，实验室可根据检测方法原理和检测特点采用不同形式的质量控制图。

6.4.2　均数-标准差质量控制图的建立和使用方法

6.4.2.1　总体均数和总体标准差

根据方法验证试验数据（不能来自同一天的试验数据，应来自三天或更长时间跨度）或更多独立检测批次获得的至少 20 次质控测定的结果，这些结果需满足：分析方法对准确度和精密度的要求，已采用数学统计方法剔除异常值。

对于满足条件的质控测定结果（至少 20 次）计算出数学平均值即为总体均数 μ，其标准差即为总体标准差 σ。

6.4.2.2　控制线

控制图共有 7 条水平线，总体标准差为 σ，中心线位于总体均数 μ 处，警戒

限位于总体均数 $\mu \pm 2\sigma$ （2 倍总体标准差）处，控制限位于总体均数 $\mu \pm 3\sigma$ （3 倍总体标准差）处，此外还有 2 条位于总体均数 $\mu \pm 1\sigma$ （1 倍总体标准差）处（见图 6-1）。

6.4.2.3 异常情况的判断和解释

（1）异常情况的判断

依时间顺序记录观察质控数据，在控制图上依次描点（质控点）。如果发生以下 8 种情况之一，则有理由认为该批次残留分析检测过程失控，需重新进行检测。判断异常的 8 种情况是：

① 有一个质控点距中心线的距离超过 3 个标准差（位于控制限以外），如图 6-1（a）所示。

② 在中心线的同一侧连续有 9 个质控点，如图 6-1（b）所示。

③ 连续 6 个质控点递增或递减，如图 6-1（c）所示。

④ 连续 14 个质控点交替上下，如图 6-1（d）所示。

⑤ 连续 3 个质控点中有两个点距中心线距离超过 2 个标准差（同一侧），连续 7 个质控点中有 3 个点，或连续 10 个质控点中有 4 个点距中心线距离超过 2 个标准差（同一侧），如图 6-1（e）所示。

⑥ 连续 5 个质控点中有 4 个点落在距中心线距离超过 1 个标准差（同一侧），如图 6-1（f）所示。

⑦ 中心线一侧或两侧连续 15 个质控点距中心线距离都在 1 个标准差以内，如图 6-1（g）所示。

⑧ 中心线一侧或两侧连续 8 个质控点距中心线距离都超出 1 个标准差范围，如图 6-1（h）所示。

（2）质量控制数据的解释

有三种可能：方法受控；方法受控，但长期评估表明方法统计失控；方法失控。

① 方法受控　质控点落在警戒限之内或质控点在警戒限和控制限之间，但前两个控制值在警戒限之内，在这种情况下，可以报告分析结果。

② 方法受控但可认为统计失控　如果所有质控点落在警戒限之内（最后 3 个质控点中最多有 1 个落在警戒限和控制限之间），且：连续 6 个质控点递增或递减或连续 11 个质控点中有 9 个落在中线的同一侧，在这种情况下，可以报告结果，但问题可能在发展。应尽早发现重要的变化趋势，以避免将来发生严重的问题。重要的变化趋势的例子是，大多数质控点虽然在警戒限之内但离中线很远。实验室应在质量控制图程序文件中规定如何处理这种变化趋势。

③ 方法失控　如果质控点落在控制限之外或质控点落在警戒限和控制限之间，且前两个质控点中至少有一个也落在警戒限和控制限之间（三分之二规则），在这种情况下，不得报告分析结果。所有在上一个受控的质控点之后分析的样品均应重新分析。

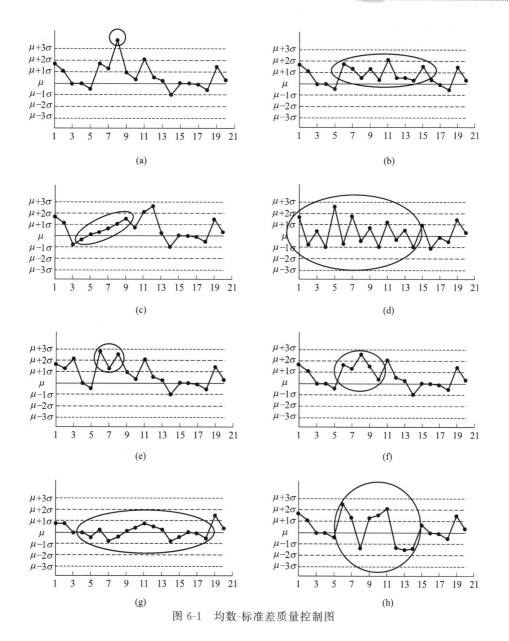

图 6-1　均数-标准差质量控制图

6.4.3　质量控制图通用要求

质量控制图中的数据点来源于质量控制样，如基体标准物质、添加样品等。质量控制图中所有的数据点均应是使用同一检测方法、同一分析物含量水平（或添加水平），当测定方法出现可能影响检测结果的变化因素时，需重新采集数据计算质量控制图中各参数。采用标准添加回收率作为数据源时，应使用同一添加水平、同一种样品基质。对于某些检测频次很低的分析物或检测方法不宜采用质量控制图进行质量控制的，实验室可以选用其他有效的数学统计方法进行质量控制。

在制作和运用质量控制图时，要考虑到人、仪器、材料、方法和环境等基本因素是否有重大变化，如不同分析者的实验操作水平有可能不一致，若某个时间段更换了分析操作人员，而没有重新计算总体均数和总体控制差，有可能导致质控图的误判，如图 6-2 里圆框所示质控数据出现了异常波动（在中心线的同一侧连续有 11 个点），查证是更换了检测人员所至，实际的质控情况是正常的，正确的做法应是在变更操作人员后重新制作质量控制图。

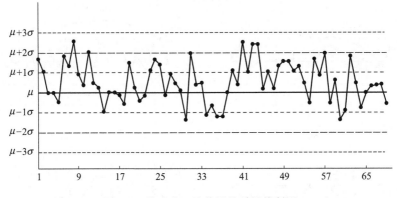

图 6-2　莱克多巴胺检测的质量控制图

在记录质控数据时，应同时记录对解释控制数据有重要意义的所有信息。例如，配制新的储备液、关键试剂材料（如衍生化试剂、SPE 柱、色谱柱）、和控制溶液时所用试剂的变化、仪器关键参数的变化、关键的仪器设备故障维修及保养（如质谱仪的清洁保养）情况。对这些信息有一个完整的记录，可为质量控制图出现失控情况时的核查分析提供更多支持。

6.4.4　质量控制数据失控的处置

给出失控后实验室应如何行动的一般原则是困难的，不同的情况不可能用完全相同的方式处理，分析者的操作经验和技术常识对纠正行动的选择是非常重要的，然而可以肯定的是，如果发生失控情况，非常可能待测样品的分析结果也存在误差。

如果发生失控情况，通常的行动是再多做几个（至少两个）控制分析。如果新的质控点落在警戒限之内，则可以重新分析常规样品。如果新的质控点仍然落在警戒限之外，应停止常规样品的分析，采取纠正行动，查找并消除误差的原因。

控制试剂和方法校正，或更换容器和器具是出现失控情况时通常采用的纠正行动。发现的问题及其解决方案应予以记录。如果可能，在最后一个可接受的质控点之后进行的所有分析必须重新全部进行。如果重复分析的质控点仍然落在控制限之外，则不得报告待测样品的分析结果。

6.4.5　质量控制图的定期评估

实验室要建立质量控制图的定期评估机制，定期评估主要是了解实验室检测工作的质量是否发生了显著的变化（包括随机错误或系统性的错误），控制图中七条控制线的值是否合适，是否需要重新统计设定。对于检测频率高的检测项目，建议每年评估一次控制线。对频率偏低的检测项目，建议获得 20 个新的质控点后进行评估。中线和控制限不应频繁变化，否则将很难监测分析质量的渐变。

当实验室在人员、关键仪器、关键材料、方法（包括前处理方法、标准添加的浓度、质控样品基质）、环境（温度、湿度、光照等可能影响检测结果的环境因素）出现重大变化时，应重新制定质控图的 7 条控制线。

最近一次评估后，如果新的质控点少于 20 个，则不应改变控制限，否则会使控制限的不确定度过大，带来控制限不合理涨落的风险。

6.5　检测过程的其他问题

本节将讨论检测过程的影响检测质量的一些共性问题及解决方法，如质谱的基质效应、色谱法（包括色谱-质谱法）的结果判断、色谱法的鬼峰。

6.5.1　质谱的基质效应

6.5.1.1　基质效应产生的原因及其影响

近几年，液相色谱-电喷雾电离（ESI）-质谱法越来越多地应用在食品安全检测领域，ESI 源离子化有明显的基质效应，即样品溶液中的基质成分对分析物的离子化有抑制或增强作用，从而影响分析物的准确定量，ESI 的基质效应问题已引起分析工作者的关注。有关基质效应产生的原因一般认为可能源于待测组分与样品中的基质成分在雾滴表面离子化过程的竞争。其竞争结果会显著地降低（离子抑制）或增加（离子增强）目标离子的生成效率及离子强度，进而影响测定结果的精密度和准确度。由于基质中某些干扰组分的存在会使待测组分离子生成的速度同标准样品相比有显著不同，使得信号响应值产生较大变异。也有人认为基质效应是由于待测组分与基质中内源性物质共洗脱而引起的色谱柱超载所致[19,20]。

引起基质效应的成分一般为生物样品（如：动物组织、植物组织等）中内源性物质，也可能是药物的多个代谢产物或者一同服用的不同药物。这些成分常因在色谱分析中与目标化合物分离不完全或未被检测到而进入质谱后产生基质效应。在方法确证过程中，一般采用同一来源的空白生物样品配制系列标准样品和质控样品，其结果往往是方法的精密度和准确度良好。但在方法的实际应用中，因所测定的样品具有不同的来源，使得样品基质成分同标准样品和质控样品相比有一些不同。因基质成分的不同，使得含同样浓度目标化合物的不同来源样品的测定结果大不相同，从而对测定结果的精密度和准确度带来直接的、严重的影响。

样品处理过程带入样液中的某些化学成分也会产生与上述基质效应相似的情况，如燕窝中的唾液酸含量测定，由于燕窝的样品处理过程是使用醋酸水解，在最终的样品溶液中含有浓度不低的醋酸，而唾液酸的测定是采用负离子模式，样液中的醋酸会明显抑制唾液酸的离子化，从而严重影响测定结果的准确性。

因而应用液相色谱-电喷雾质谱法进行样品测定等工作时，在方法建立阶段应对基质效应进行相关的研究，否则因基质效应的存在有时会导致错误的判断和结论。

6.5.1.2 基质效应的确认方法

目前报道的确认基质效应的方法有两种，一种方法是利用柱后灌注技术进行测定；另一种方法是标准曲线测定法。

（1）柱后灌注法

将空白样品的提取液和空白溶剂分别进样进行液质分析，同时利用注射泵将含相同浓度目标分析物的标准溶液通过色谱柱与质谱接口之间的三通注入到色谱柱流出液中，将空白样品提取液、空白溶剂、目标分析物的萃取离子流色谱图三张叠加在一起比较，如果与空白溶剂的萃取离子图谱相比，空白样品提取液的萃取离子流色谱图谱的响应信号明显减弱或增强，则表明存在基质效应的影响（抑制或增强）。文献［21］是利用柱后灌注法考察基质效应的一个实际例子，在图 6-3(a) 中，对应腈嘧菌酯出峰时间处（1.95min），样品空白（图中 2 号线）信号明显低于试剂（乙腈）（图中 1 号线）的信号，表明样品溶液组分对分析物腈嘧菌酯有明显的基质效应（抑制作用）；此时注射泵中的腈嘧菌酯标准溶液是用乙腈配制的。

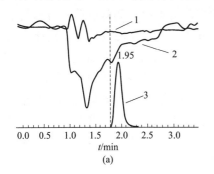
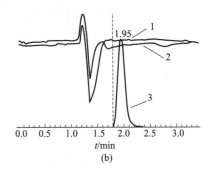

图 6-3　腈嘧菌酯的萃取离子流色谱图

1—乙腈；2—空白样品；3—腈嘧菌酯标准溶液

（2）标准曲线测定法

文献［19］介绍了评估基质效应的标准曲线测定法。配制 3 组不同的标准曲线。每组包括 5 条标准曲线，每条标准曲线包括从低到高的 7 个浓度点，共需测定 $3 \times 5 \times 7 = 105$ 个样品。这 3 组标准曲线除用于评价方法的基质效应外，还可同时用于评价方法的精密度、准确度和回收率。

3 组标准曲线的制备方法各不相同。第 1 组用流动相配制，制成含系列浓度的分析物标准曲线。第 2 组标准曲线是将 5 种不同来源的空白样品经提取后加入与第 1 组相同系列浓度的待测组分后制得。第 3 组标准曲线采用与第 2 组相同的 5 种不同来源的空白样品在提取前加入与第 1 组相同系列浓度的待测组分后经提取后制得。

通过比较 3 组标准曲线待测组分的绝对响应值、待测组分响应值和标准曲线的斜率，可以确定基质效应对定量的影响。第 1 组测定结果可评价色谱系统和检测器的性能以及整个系统的重现性。第 2 组测定结果同第 1 组测定结果相比，若待测组分响应值的相对标准偏差明显增加，表明存在基质效应的影响。对第 3 组测定结果，若待测组分响应值的相对标准偏差明显增加，表明存在基质效应和提取回收率因样品来源不同而不同的共同影响。

如果将第 1 组、第 2 组和第 3 组测得的相应的响应值分别用 A、B、C 表示，可按下列公式分别计算基质效应（ME），提取回收率（RE）和方法效率（PE）：

$$ME(\%)=B/A\times100 \qquad\qquad ①$$

$$RE(\%)=C/B\times100 \qquad\qquad ②$$

$$PE(\%)=C/A\times100=(ME\times RE)/100 \qquad\qquad ③$$

公式①计算得到的 ME 为绝对基质效应。相对基质效应通过对不同来源样品间的 B 值进行比较获得。当 ME 值等于或接近 100 时，表明不存在基质效应的影响；当 ME 值大于 100 时，表明存在离子增强作用；当 ME 值小于 100 时，表明存在离子抑制作用。不同组分其相对基质效应会有很大不同，其结果会直接影响测定结果的精密度和准确度。有关回收率的计算，目前常采用公式③计算。但由于公式③没有考虑基质效应对比值 C/A 的影响，并不是真实的回收率。公式②考虑到了基质效应的影响，其计算结果为真实的回收率。

针对不同的实验目的和要求，本法的实验内容可简化，样品数相应减少。以液相色谱-串联质谱测定蔬菜和水果中的农药残留为简单例子。

如残留检测中最常检测到的样品基质为水果和蔬菜，但大批量检测时具体涉及的品种繁多，因而只能选择近似的基质配制标准曲线进行定量分析。为了保证结果的准确性，选择了简略的标准曲线法对基质效应进行考察。分别采用流动相、空白水果提取液和空白蔬菜提取液配制三条浓度一致的标准曲线，每组标准曲线中含有相同的 15 种以上的化合物，以不同基质中同种化合物的响应值对相应浓度绘制标准曲线，通过对标准曲线斜率的比较发现，不同基质对于不同化合物的确存在基质效应，大多数表现为抑制，但不同基质间的测定结果并无显著性差异。因此通过标准曲线实验证明在无法找到完全一致的空白样品基质配制标准曲线时，采用相近空白基质配制标准曲线所测定的结果准确可靠。对于个别受基质效应影响严重的目标化合物以及可疑样品［即当检测结果达到最大残留允许限量（MRLS）的 50％］，最终的定性和定量应当选择最为接近的空白基质配制标准曲线，以最大限度克服基质效应的干扰。

文献［22］介绍了另一种计算评估基质效应的简单方法，分别用溶剂、空白基质样品溶液配制目标分析物的校准曲线，计算两条校准曲线的斜率，S_s 表示溶剂配制的校准曲线的斜率，S_m 表示空白基质样品溶液配制的校准曲线的斜率，用下式计算基质效应（％）：

$$C = 100 \times \left(1 - \frac{S_m}{S_s}\right)$$

当 C％为 ± 20％时，表示基质效应低；C 为 -50％～$+20$％时，表示基质效应中等；C 为 ± 50％时，表示有很强的基质效应。

6.5.1.3　基质效应的消除

当确定存在基质效应的影响时，可采取以下方法予以消除。

（1）选择合适的样品制备方法

选择合适的样品制备方法是最有效的消除基质效应影响的方法。样品制备可以在线进行，也可离线进行。常采用的离线样品制备方法有液-液萃取（LLE）、固相萃取（SPE）、蛋白沉淀（PP）等。实验时可同时采用几种不同的样品制备方法，从中选择基质效应最小的样品制备方法。值得指出的是，对于不同的样品制备方法，不能简单地说某种方法优于另一种方法。由于每种组分对基质效应的敏感程度不同，其适宜采用的样品制备方法也不同。对于一定的待测组分，要通过实验来确定受基质效应影响最小的样品制备方法。在线样品制备近年来应用增多，如阀切换、在线 SPE、二维液相色谱-质谱等方法。阀切换方法是在待测组分流出前后将基质组分作为废液排出可大大减少基质组分的量。在线 SPE 是一种快速的、有效的样品制备方法。二维液相色谱-质谱利用柱反冲技术可有效去除复杂样品中的基质组分。柱反冲技术利用第 1 根色谱柱将待测组分保留在色谱柱上而使基质组分流出而去除，然后再将第 1 根色谱柱上的待测组分反冲到第 2 根色谱柱上进行色谱分离。生物样品制备的目的是为去除基质中干扰物质以减少基质效应的影响。但样品制备过程中会或多或少地带来待测组分的损失，直接影响待测组分的提取回收率。因而在样品制备方法选择中要兼顾基质效应和提取回收率两方面因素，选择合适的样品制备方法。

（2）改善色谱分析条件

采用反相色谱法分离时，最初流出的主要是基质中的极性成分。而这些极性成分往往是引起基质效应的主要原因。当待测组分的色谱保留时间较短时（<3min），其受基质效应的影响较大。改善色谱分析条件，适当地增加待测组分的保留时间（>3min），有利于减少基质效应的影响。改善多组分间（如：药物，内标，代谢物等）的色谱分离也是减少干扰的有效方法。另外，减少进样体积也可减少基质效应的影响。在保证灵敏度的情况下，尽量采用小的进样体积。Choi 等研究发现，进样体积对响应信号抑制作用有显著影响。进样体积增加响应信号强度显著降低。标准加入法也是一种补偿基质的信号抑制作用的有效方法。

（3）优化质谱分析条件

在允许的条件下，改变离子化方式也是一种有效的方法。从目前研究结果看，基质效应主要对 ESI 方式有显著影响，对大气压化学电离（APCI）的影响尚未见相关报道。因而，若采用 ESI 方式时存在显著基质效应，可考虑改用 APCI 方式。但做此改变时，需对基质效应重新进行评价。

（4）加入内标

理想的内标应该与待测组分在包括样品制备、色谱分离和质谱检测的全过程中具有相似的行为并且对待测组分的提取、测定无任何干扰。在提取过程中，内标应能追踪待测组分，以补偿待测组分提取回收率所发生的变化。在色谱分离过程中，内标应与待测组分的色谱和质谱行为相似，以补偿待测组分由于基质效应的影响所引起的响应信号的改变。应该说稳定同位素标记物是符合上述标准的理想的内标选择。但研究发现，当基质效应影响很大时，采用稳定同位素标记物作内标也不能保证待测组分与内标相应比值的恒定。由于合成技术或购买问题等因素，稳定同位素标记物有时不易得到。此时常规的化合物（如同系物）只要符合上述标准也可作为生物样品液质测定的内标。

（5）基质溶液匹配法

上述几种方法很多时会因技术原因（前处理无法去除影响组分）、检测成本（同位素内标价格高昂）等因素而无法实现，实际检测中对付基质效应的方法更多的是基质溶液匹配法，即采用空白样品溶液来稀释分析物的标准溶液，使标准溶液和样品溶液具有同样的离子化条件从而消除基质效应给质谱定量带来的影响。在图 6-3(b) 中，注射泵中的腈嘧菌酯标准溶液是用空白样品溶液（基质溶液）配制的，对应腈嘧菌酯出峰时间处（1.95min），样品空白溶液（图中 2 号线）信号强度与试剂（乙腈）（图中 1 号线）的信号基本相同，表明用空白样品溶液（基质溶液）稀释配制分析物的标准溶液可以消除（抵消）基质效应。

若质谱灵敏度足够高，也可将上机分析的样液大倍数稀释（如 10 倍或更高），样液带来的基质效应也会非常明显地减少。

6.5.2 结果判断

在采用液相色谱-紫外检测技术时，由于紫外光谱在特征性上的局限，对于疑似检出分析物的紫外光谱图可进行一阶导数处理（大部分随仪器附带的数据处理软件均有此功能），可提高对光谱图特征点的判别。纵坐标（信号强度）的归一化有助于观察和比较二者紫外光谱图的差异。

对于一些基质复杂的样品，当某一分析物预定的（可能的）保留时间范围出现信号（峰），保留时间能匹配的上，但观察色谱离子流图发现干扰物较多，离子比刚好超出规定的最大允许偏差，此时还要轻易判断，建议改变色谱条件，改善色谱分离，仪器条件具备的话还可采集二级全谱，提高定性判别能力。

对于色谱-单级质谱联用检测技术（如 GC-MS），当某一分析物预定的（可能的）保留时间范围同时出现预定分析物的特征离子碎片和不明来源的离子碎片时，不要轻易认为是假阳性结果，应该通过其他方法进一步研究探明这些不明来源的离子碎片是否是色谱共流出物产生的，防止出现假阴性结果。

对于色谱-多级质谱联用检测技术（如 LC-MS/MS），采用 MRM 方式时，虽然其识别点的数量已可满足表 6-10 的要求，但理论上仍有可能发生假阳性判断（如色谱共流出物造成的干扰），因此在可能的情况下，鼓励通过监测特定分析物的二级质谱图（对碰撞产生的碎片离子进行全扫描）或监测特定分析物的三级质谱碎片离子，有助于进一步提高结果的准确性。

对于采集全谱的检测技术，如液相色谱里的二极管检测器，液相色谱-串联质谱里的二级质谱全谱，可以在色谱峰前后相当于峰高三分一处分别提取一张全谱图，与计算机采集的全谱（一般是峰尖位置）叠加一起（三张谱图），观察并判断色谱峰是否有共流出物干扰。

6.5.3 不正常的色谱峰

6.5.3.1 拖尾峰

在气相色谱检测中有时会发现色谱峰不是一个对称的峰形，而是明显拖尾，原因主要是：

① 进样口或色谱柱不干净，或色谱柱切割不正确。

② 在不分流方式下进行分析时，不分流时间过长可能导致拖尾。通常时间应在 0.5～1min 范围内。

③ 未吹扫（死）体积也可能导致拖尾。

6.5.3.2 前伸峰

前伸峰是由于色谱柱过载。当一种或多种化合物的进样量超过色谱柱固定相容量时，可能发生这种情况。液相膜越薄，色谱柱中保留的每种化合物就越少。这涉及进样体积和进样中每个峰的化合物浓度。可通过减少进体积、或增大分流比，或稀释上机测试样液。

6.5.3.3 鬼峰

检测过程有可能出现一些莫名其妙不可解释的色谱峰（鬼峰），可能是下列原因导致的：

① 进样装置的交叉污染，此时要注意加强进样装置的清洗，建议在高浓度的校准溶液或样液，较脏的样品进样后，增加洗针次数以消除交叉污染；

② 前一次进样尚未完全洗脱而拖延至后一次分析时才洗脱出来的分析物，此时需要重新设计色谱的洗脱程序。

参 考 文 献

[1]　卫监督发〔2010〕29号附件1. 食品检验工作规范.

[2]　卫监督发〔2010〕29号附件1. 食品检验机构资质认定条件.

[3]　NY/T 1896—2010. 兽药残留实验室质量控制规范.

[4]　2002/657/EC. Council Directive 96/23/EC concerning the performance of analytical methods and the interpretation of results.
　　http://eur-lex.europa.eu/LexUriServ/LexUriServ.do? uri＝OJ:L:2002:221:0008:0036:EN:PDF.

[5]　门爱军，管恩平. 欧盟食品中残留物监控技术. 北京：中国农业科学技术出版社，2010.

[6]　SANCO/2004/2726-Rev-4. Guidelines for the implementation of decision 2002/657/EC.
　　http://ec.europa.eu/food/food/chemicalsafety/residues/cons_2004-2726rev4_en.pdf.

[7]　SANCO/0895/2007. Guidelines for the implementation of decision 2002/657/EC regarding some contaminants (mycotoxins, dioxins an dioxin-like PCBs and heavy metals).
　　http://ec.europa.eu/food/food/chemicalsafety/residues/sanco00895_2007_en.pdf.

[8]　Community Reference Laboratories Residues 20/1/2010. Guidelines for the validation of screening methods for residues of veterinary medicines-initial validation and transfer.
　　http://ec.europa.eu/food/food/chemicalsafety/residues/Guideline_Validation_Screening_en.pdf.

[9]　SANCO/12571/2013. Guidance document on analytical quality control and validation procedures for pesticide residues analysis in food and feed.
　　http://ec.europa.eu/food/plant/plant_protection_products/guidance_documents/docs/qual-control_en.pdf.

[10]　岳振峰，张志旭. 食品安全质量检测学报，2014，5 (2)：323.

[11]　CAC/GL 40—1993，Rev.1-2003. Guidelines on good laboratory practice in residue analysis.
　　http://www.codexalimentarius.org/standards/list-of-standards/en/? no_cache＝1.

[12]　国家食品药品监督管理局. 国际食品法典标准汇编. 第二卷. 北京：科学出版社，2009.

[13]　CAC/GL 41—1993. Analysis of Pesticide Residues：Portion of Commodities to which Codex MRLS Apply and which is Analyzed.

[14]　GB/T 27404—2008. 实验室质量控制规范 食品理化实验室.

[15]　CNAS-CL10. 检测和校准实验室能力认可准则在化学检测领域的应用说明.

[16]　蒋子刚，顾雪梅. 分析检验的质量保证和计量认证. 上海：华东理工大学出版社，1998.

[17]　刘瑛. 临床免疫实验室室内质量控制技术. 天津：天津大学，2006.

[18]　唐伟广. 质量控制图及其软件实现. 西安：西北工业大学，2007.

[19]　齐美玲. 药物分析杂志，2005 (04)：476-479.

[20]　黄宝勇，潘灿平，王一茹，等. 高等学校化学学报，2006，27 (2)：227-232.

[21]　吴映璇，林峰，林海丹，等. 分析测试学报，2009，28 (5)：617-620.

[22]　Economou A，Botitsi H，Antoniou S，et al. Journal of Chromatography A，2009，1216 (31)：5856-5867.

附录

附录中收录了部分食品安全理化检测方法标准题录，编著者主要从下列几个方面来选择列入题录的检测方法标准：

（1）标准的技术参数（目标化合物、方法灵敏度等）能满足目前食品安全监管要求；

（2）标准采用的检测技术可适应国内实验室技术水平，可操作性强；

（3）标准涉及的检测目标化合物是目前监管部门及公众关注的食品安全重点项目；

（4）收录的标准以国家标准（GB）为主，包括新近发布的食品安全国家标准，作为补充也收录了部分的出入境检验检疫行业标准（SN）、农业行业标准（NY）；

（5）为促进检测技术水平的提高，收录了部分多残留检测方法标准。

收录的全部标准均是现行有效的，查新时间截至 2014 年 11 月。

附录 1　农药残留检测标准题录

目标化合物种类	标准号	标 准 名 称
氨基甲酸酯类	GB/T 5009.104—2003	植物性食品中氨基甲酸酯类农药残留量的测定
	GB/T 5009.163—2003	动物性食品中氨基甲酸酯类农药多组分残留高效液相色谱测定
	GB/T 5009.21—2003	粮、油、菜中甲萘威残留量的测定
	SN/T 0134—2010	进出口食品中杀线威等 12 种氨基甲酸酯类农药残留量的检测方法　液相色谱-质谱/质谱法
	SN/T 0139—1992	出口粮谷中二硫代氨基甲酸酯残留量检验方法
	SN/T 0157—1992	出口水果中二硫代氨基甲酸酯残留量检验方法
	SN/T 0711—2011	进出口茶叶中二硫代氨基甲酸酯（盐）类农药残留量的检测方法　液相色谱-质谱/质谱法
	SN/T 1541—2005	出口茶叶中二硫代氨基甲酸酯总残留量检验方法
	SN/T 1737.5—2010	除草剂残留量检测方法　第 5 部分：液相色谱-质谱/质谱法测定进出口食品中硫代氨基甲酸酯类除草剂残留量
	SN/T 1747—2006	出口茶叶中多种氨基甲酸酯类农药残留量的检验方法　气相色谱法
	SN/T 2085—2008	进出口粮谷中多种氨基甲酸酯类农药残留量检测方法　液相色谱串联质谱法
	SN/T 2560—2010	进出口食品中氨基甲酸酯类农药残留量的测定　液相色谱-质谱/质谱法

续表

目标化合物种类	标准号	标 准 名 称
氨基甲酸酯类	SN/T 2572—2010	进出口蜂王浆中多种氨基甲酸酯类农药残留量检测方法　液相色谱-质谱/质谱法
	SN/T 3156—2012	乳及乳制品中多种氨基甲酸酯类农药残留量测定方法　液相色谱-串联质谱法
苯并咪唑	SN/T 2559—2010	进出口食品中苯并咪唑类农药残留量的测定　液相色谱-质谱/质谱法
苯甲酰脲	SN/T 2540—2010	进出口食品中苯甲酰脲类农药残留量的测定　液相色谱-质谱/质谱法
苯酰胺类	SN/T 3143—2012	出口食品中苯酰胺类农药残留量的测定　气相色谱-质谱法
吡啶类	SN/T 2561—2010	进出口食品中吡啶类农药残留量的测定　液相色谱-质谱/质谱法
二缩甲酰亚胺	SN/T 2914—2011	出口食品中二缩甲酰亚胺类农药残留量的测定
二硝基苯胺	SN/T 2795—2011	进出口食品中二硝基苯胺类农药残留量的检测方法　液相色谱-质谱/质谱法
拟除虫菊酯类	GB 29705—2013	水产品中氯氰菊酯、氰戊菊酯、溴氰菊酯多残留的测定气相色谱法
	GB/T 5009.110—2003	植物性食品中氯氰菊酯、氰戊菊酯和溴氰菊酯残留量的测定
	SN/T 0217—2014	出口植物源性食品中多种菊酯残留量的检测方法　气相色谱-质谱法
	SN/T 0343—1995	出口禽肉中溴氰菊酯残留量检验方法
	SN/T 0691—1997	出口蜂产品中氟胺氰菊酯残留量检验方法
	SN/T 1117—2008	进出口食品中多种菊酯类农药残留量测定方法　气相色谱法
	SN/T 1969—2007	进出口食品中联苯菊酯残留量的检测方法　气相色谱-质谱法
	SN/T 2233—2008	进出口食品中甲氰菊酯残留量检测方法
	SN/T 2575—2010	进出口蜂王浆中多种菊酯类农药残留量检测方法
	SN/T 2912—2011	出口乳及乳制品中多种拟除虫菊酯农药残留量的检测方法气相色谱-质谱法
取代脲类	SN/T 2213—2008	进出口植物源性食品中取代脲类农药残留量的测定　液相色谱-质谱/质谱法
有机磷类	GB/T 5009.102—2003	植物性食品中辛硫磷农药残留量的测定
	GB/T 5009.103—2003	植物性食品中甲胺磷和乙酰甲胺磷农药残留量的测定
	GB/T 5009.161—2003	动物性食品中有机磷农药多组分残留量的测定
	GB/T 5009.20—2003	食品中有机磷农药残留量的测定
	GB/T 5009.207—2008	糙米中50种有机磷农药残留量的测定
	SN/T 0123—2010	进出口动物源食品中有机磷农药残留量检测方法　气相色谱-质谱法
	SN/T 0148—2011	进出口水果蔬菜中有机磷农药残留量检测方法　气相色谱和气相色谱-质谱法
	SN/T 1593—2005	进出口蜂蜜中5种有机磷农药残留量检验方法　气相色谱法

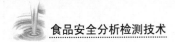

目标化合物种类	标准号	标准名称
有机磷类	SN/T 1739—2006	进出口粮谷和油籽中多种有机磷农药残留量的检测方法　气相色谱串联质谱法
	SN/T 1776—2006	进出口动物源食品中九种有机磷农药残留量检测方法　气相色谱法
	SN/T 1950—2007	进出口茶叶中多种有机磷农药残留量的检测方法　气相色谱法
	SN/T 2324—2009	进出口食品中抑草磷、毒死蜱、甲基毒死蜱等 33 种有机磷农药残留量的检测方法
	SN/T 2577—2010	进出口蜂王浆中 11 种有机磷农药残留量的测定　气相色谱法
有机氯类	GB/T 5009.19—2008	食品中有机氯农药多组分残留量的测定
	SN/T 0497—1995	出口茶叶中多种有机氯农药残留量检验方法
	SN/T 0598—1996	出口水产品中多种有机氯农药残留量检验方法
	SN/T 3036—2011	出口乳及乳制品中多种有机氯农药残留量的测定　气相色谱-质谱/质谱法
杂环类	SN/T 1591—2005	进出口茶叶中 9 种有机杂环类农药残留量的检验方法
多残留	GB/T 19426—2006	蜂蜜、果汁和果酒中 497 种农药及相关化学品残留量的测定　气相色谱-质谱法
	GB/T 19648—2006	水果和蔬菜中 500 种农药及相关化学品残留量的测定　气相色谱-质谱法
	GB/T 19649—2006	粮谷中 475 种农药及相关化学品残留量的测定　气相色谱-质谱法
	GB/T 19650—2006	动物肌肉中 478 种农药及相关化学品残留量的测定　气相色谱-质谱法
	GB/T 20769—2008	水果和蔬菜中 450 种农药及相关化学品残留量的测定　液相色谱-串联质谱法
	GB/T 20770—2008	粮谷中 486 种农药及相关化学品残留量的测定　液相色谱-串联质谱法
	GB/T 20771—2008	蜂蜜中 486 种农药及相关化学品残留量的测定　液相色谱-串联质谱法
	GB/T 20772—2008	动物肌肉中 461 种农药及相关化学品残留量的测定　液相色谱-串联质谱法
	GB/T 23200—2008	桑枝、金银花、枸杞子和荷叶中 488 种农药及相关化学品残留量的测定　气相色谱-质谱法
	GB/T 23201—2008	桑枝、金银花、枸杞子和荷叶中 413 种农药及相关化学品残留量的测定　液相色谱-串联质谱法
	GB/T 23202—2008	食用菌中 440 种农药及相关化学品残留量的测定　液相色谱-串联质谱法
	GB/T 23205—2008	茶叶中 448 种农药及相关化学品残留量的测定　液相色谱-串联质谱法
	GB/T 23206—2008	果蔬汁、果酒中 512 种农药及相关化学品残留量的测定　液相色谱-串联质谱法
	GB/T 23207—2008	河豚鱼、鳗鱼和对虾中 485 种农药及相关化学品残留量的测定　气相色谱-质谱法

目标化合物种类	标准号	标 准 名 称
多残留	GB/T 23208—2008	河豚鱼、鳗鱼和对虾中 450 种农药及相关化学品残留量的测定　液相色谱-串联质谱法
	GB/T 23210—2008	牛奶和奶粉中 511 种农药及相关化学品残留量的测定　气相色谱-质谱法
	GB/T 23211—2008	牛奶和奶粉中 493 种农药及相关化学品残留量的测定　液相色谱-串联质谱法
	GB/T 23214—2008	饮用水中 450 种农药及相关化学品残留量的测定　液相色谱-串联质谱法
	GB/T 23216—2008	食用菌中 503 种农药及相关化学品残留量的测定　气相色谱-质谱法
	GB/T 23376—2009	茶叶中农药多残留测定　气相色谱/质谱法
	GB/T 2795—2008	冻兔肉中有机氯及拟除虫菊酯类农药残留的测定方法　气相色谱/质谱法
	GB/T 5009.145—2003	植物性食品中有机磷和氨基甲酸酯类农药多种残留的测定
	GB/T 5009.146—2008	植物性食品中有机氯和拟除虫菊酯类农药多种残留量的测定
	GB/T 5009.162—2008	动物性食品中有机氯农药和拟除虫菊酯农药多组分残留量的测定
	GB/T 5009.199—2003	蔬菜中有机磷和氨基甲酸酯类农药残留量快速检测
	GB/T 5009.218—2008	水果和蔬菜中多种农药残留量的测定
	SN/T 1984—2007	进出口可乐饮料中有机磷、有机氯农药残留量检测方法　气相色谱法
	SN/T 2149—2008	进出口食品中解草嗪、莎稗磷、二丙烯草胺等 110 种农药残留量的检测方法　气相色谱-质谱法
	SN/T 2150—2008	进出口食品中涕灭砜威、唑菌胺酯、腈嘧菌酯等 65 种农药残留量检测方法　液相色谱-质谱/质谱法
	SN/T 2151—2008	进出口食品中生物苄呋菊酯、氟丙菊酯、联苯菊酯等 28 种农药残留量的检测方法　气相色谱-质谱法
	SN/T 2320—2009	进出口食品中百菌清、苯氟磺胺、甲抑菌灵、克菌灵、灭菌丹、敌菌丹和四溴菊酯残留量的检测方法　气相色谱质谱法
	SN/T 2323—2009	进出口食品中蚍虫胺、呋虫胺等 20 种农药残留量检测方法　液相色谱-质谱/质谱法
	SN/T 2325—2009	进出口食品中四唑嘧磺隆、甲基苯苏呋安、醚磺隆等 45 种农药残留量的检测方法　高效液相色谱-质谱/质谱法
	SN/T 2915—2011	出口食品中甲草胺、乙草胺、甲基吡噁磷等 160 种农药残留量的检测方法　气相色谱-质谱法

附录 2　兽药残留检测标准题录

目标化合物种类	标准号	标 准 名 称
β-受体激动剂类	GB/T 22286—2008	动物源性食品中多种 β-受体激动剂残留的测定　液相色谱串联质谱法
	GB/T 22944—2008	蜂蜜中克伦特罗残留量的测定　液相色谱-串联质谱法

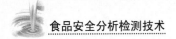

续表

目标化合物种类	标准号	标准名称
β-受体激动剂类	GB/T 22950—2008	河豚鱼、鳗鱼和烤鳗中12种β-兴奋剂残留量的测定　液相色谱-串联质谱法
	GB/T 22965—2008	牛奶和奶粉中12种β-兴奋剂残留量的测定　液相色谱-串联质谱法
	NYB 1025HGG-18—2008	动物源性食品中β-受体激动剂残留检测　液相色谱-串联质谱法
	SN/T 1924—2011	进出口动物源食品中克伦特罗、莱克多巴胺、沙丁胺醇和特布他林残留量的测定　液相色谱-质谱/质谱法
合成抗菌药磺胺类	GB 29694—2013	食品安全国家标准动物性食品中13种磺胺类药物多残留的测定　高效液相色谱法
	GB/T 18932.17—2003	蜂蜜中16种磺胺残留量的测定方法　液相色谱-串联质谱法
	GB/T 18932.5—2002	蜂蜜中磺胺醋酰、磺胺吡啶、磺胺甲基嘧啶、磺胺甲氧哒嗪、磺胺对甲氧嘧啶、磺胺氯哒嗪、磺胺甲基异唑、磺胺二甲氧嘧啶残留量的测定方法　液相色谱法
	GB/T 20759—2006	畜禽肉中十六种磺胺类药物残留量的测定　液相色谱-串联质谱法
	GB/T 21173—2007	动物源性食品中磺胺类药物残留测定方法放射受体分析法
	GB/T 21316—2007	动物源性食品中磺胺类药物残留测定　液相色谱-质谱/质谱法
	GB/T 22947—2008	蜂王浆中十八种磺胺类药物残留量的测定　液相色谱-串联质谱法
	GB/T 22951—2008	河豚鱼、鳗鱼中十八种磺胺类药物残留量的测定　液相色谱-串联质谱法
	GB/T 22966—2008	牛奶和奶粉中16种磺胺类药物残留量的测定　液相色谱-串联质谱法
	SN/T 1965—2007	鳗鱼及其制品中磺胺类药物残留量测定方法　高效液相色谱法
	SN/T 2580—2010	进出口蜂王浆中16种磺胺类药物残留量的测定　液相色谱-质谱质谱法
合成抗菌药喹诺酮类	GB 29692—2013	食品安全国家标准牛奶中喹诺酮类药物多残留的测定　高效液相色谱法
	GB/T 20366—2006	动物源产品中喹诺酮类残留量的测定　液相色谱-串联质谱法
	GB/T 20751—2006	鳗鱼及其制品中十五种喹诺酮类药物残留量测定　液相色谱-串联质谱法
	GB/T 20757—2006	蜂蜜中十四种喹诺酮类药物残留量的测定　液相色谱-串联质谱法
	GB/T 21312—2007	动物源性食品中14种喹诺酮药物残留检测方法　液相色谱-质谱/质谱法
	GB/T 22985—2008	牛奶和奶粉中恩诺沙星、达氟沙星、环丙沙星、沙拉沙星、奥比沙星、二氟沙星和麻保沙星残留量的测定　液相色谱-串联质谱法
	GB/T 23411—2009	蜂王浆中17种喹诺酮类药物残留量的测定　液相色谱-质谱质谱法
	GB/T 23412—2009	蜂蜜中19种喹诺酮类药物残留量的测定方法　液相色谱-质谱/质谱法

续表

目标化合物种类	标准号	标准名称
合成抗菌药喹诺酮类	SN/T 1751.3—2011	进出口动物源性食品中喹诺酮类药物残留量的测定 第3部分：高效液相色谱法
合成抗菌药硝基呋喃类	GB 29703—2013	食品安全国家标准动物性食品中呋喃苯烯酸钠残留量的测定 液相色谱-串联质谱法
	GB/T 18932.24—2005	蜂蜜中呋喃它酮、呋喃西林、呋喃妥因和呋喃唑酮代谢物残留量的测定方法 液湘色谱—串联质谱法
	GB/T 20752—2006	猪肉、牛肉、鸡肉、猪肝和水产品中硝基呋喃类代谢物残留量的测定 液相色谱-串联质谱法
	GB/T 21166—2007	肠衣中硝基呋喃类代谢物残留量的测定 液相色谱-串联质谱法
	GB/T 21167—2007	蜂王浆中硝基呋喃类代谢物残留量的测定 液相色谱-串联质谱法
	SN/T 1627—2005	进出口蜂王浆中硝基呋喃类代谢物残留量的测定 液相色谱-质谱/质谱法
合成抗菌药硝基咪唑类	GB/T 21318—2007	动物源食品中硝基咪唑残留量检测方法
	GB/T 22949—2008	蜂王浆及冻干粉中硝基咪唑类药物残留量的测定 液相色谱-串联质谱法
	GB/T 23406—2009	肠衣中硝基咪唑类药物及其代谢物残留量的测定 液相色谱-质谱/质谱法
	GB/T 23410—2009	蜂蜜中硝基咪唑类药物及其代谢物残留量的测定 液相色谱-质谱/质谱法
	SN/T 2579—2010	进出口蜂王浆中10种硝基咪唑类药物残留量的测定 液相色谱-质谱/质谱法
激素类	GB 29698—2013	食品安全国家标准奶及奶制品中17β-雌二醇、雌三醇、炔雌醇多残留的测定 气相色谱-质谱法
	GB/T 20741—2006	畜禽肉中地塞米松残留量的测定 液相色谱-串联质谱法
	GB/T 20753—2006	牛和猪脂肪中醋酸美仑孕酮、醋酸氯地孕酮和醋酸甲地孕酮残留量的测定 液相色谱-紫外检测法
	GB/T 20758—2006	牛肝和牛肉中睾酮、表睾酮、孕酮残留量的测定 液相色谱-串联质谱法
	GB/T 20760—2006	牛肌肉、肝、肾中的α-群勃龙、β-群勃龙残留量的测定 液相色谱-紫外检测法和液相色谱-串联质谱法
	GB/T 20766—2006	牛猪肝肾和肌肉组织中玉米赤霉醇、玉米赤霉酮、己烯雌酚、己烷雌酚、双烯雌酚残留量的测定 液相色谱-串联质谱法
	GB/T 21981—2008	动物源食品中激素多残留检测方法 液相色谱-质谱/质谱法
	GB/T 21982—2008	动物源食品中玉米赤霉醇、β-玉米赤霉醇、α-玉米赤霉烯醇、β-玉米赤霉烯醇、玉米赤霉酮和玉米赤霉烯酮残留量检测方法 液相色谱-质谱/质谱法
	GB/T 22957—2008	河豚鱼、鳗鱼及烤鳗中九种糖皮质激素残留量的测定 液相色谱-串联质谱法
	GB/T 22962—2008	河豚鱼、鳗鱼和烤鳗中烯丙孕素、氯地孕酮残留量的测定 液相色谱-串联质谱法
	GB/T 22963—2008	河豚鱼、鳗鱼和烤鳗中玉米赤霉醇、玉米赤霉酮、己烯雌酚、己烷雌酚、双烯雌酚残留量的测定 液相色谱-串联质谱法

目标化合物种类	标准号	标 准 名 称
激素类	GB/T 22967—2008	牛奶和奶粉中 β-雌二醇残留量的测定　气相色谱-负化学电离质谱法
	GB/T 22973—2008	牛奶和奶粉中醋酸美仑孕酮、醋酸氯地孕酮和醋酸甲地孕酮残留量的测定
	GB/T 22976—2008	牛奶和奶粉中 α-群勃龙、β-群勃龙、19-乙烯去甲睾酮和 epi-19-乙烯去甲睾酮残留量的测定　液相色谱-串联质谱法
	GB/T 22978—2008	牛奶中和奶粉中地塞米松残留量的测定　液相色谱-串联质谱法
	GB/T 22986—2008	牛奶和奶粉中氢化泼尼松残留量的测定　液相色谱-串联质谱法
	GB/T 22992—2008	牛奶和奶粉中玉米赤霉醇、玉米赤霉酮、己烯雌酚、己烷雌酚、双烯雌酚残留量的测定　液相色谱-串联质谱法
	GB/T 23218—2008	动物源性食品中玉米赤霉醇残留量的测定　液相色谱-串联质谱法
	NY/T 2069—2011	牛乳中孕酮含量的测定　高效液相色谱-质谱法
	SN/T 1544—2005	进出口动物源性食品中玉米赤霉醇残留量的检验方法　高效液相色谱-质谱/质谱法
	SN/T 1625—2005	进出口动物源性食品中甲羟孕酮和醋酸甲羟孕酮残留量检测方法
	SN/T 1752—2006	进出口动物源性食品中二苯乙烯类激素残留量检验方法　液相色谱-串联质谱法
	SN/T 1980—2007	进出口动物源性食品中孕激素类药物残留量的检测方法　高效液相色谱-质谱/质谱法
	SN/T 2160—2008	动物源食品中氢化泼尼松残留量检测方法　气相色谱-质谱/质谱法
	SN/T 2222—2008	进出口动物源性食品中糖皮质激素类兽药残留量检测方法　液相色谱-质谱/质谱法
	SN/T 2677—2010	进出口动物源性食品中雄性激素类药物残留量检测方法　液相色谱-质谱/质谱法
解热镇痛药	GB 29683—2013	食品安全国家标准动物性食品中对乙酰氨基酚残留量的测定　高效液相色谱法
抗菌增效剂	GB 29702—2013	食品安全国家标准水产品中甲氧苄啶残留量的测定　高效液相色谱法
抗蠕虫药	GB/T 22956—2008	河豚鱼、鳗鱼和烤鳗中吡喹酮残留量的测定　液相色谱-串联质谱法
	SN/T 1979—2007	进出口动物源性食品中吡喹酮残留量的检测方法　液相色谱-质谱/质谱法
抗蠕虫药阿维菌素类	GB 29696—2013	食品安全国家标准牛奶中阿维菌素类药物多残留的测定　高效液相色谱法
	GB/T 20748—2006	牛肝和牛肉中阿维菌素类药物多残留量的测定　液相色谱-串联质谱法
	GB/T 22953—2008	河豚鱼、鳗鱼和烤鳗中伊维菌素、阿维菌素、多拉菌素和乙酰氨基阿维菌素残留量的测定　液相色谱-串联质谱法
	GB/T 22968—2008	牛奶和奶粉中伊维菌素、阿维菌素、多拉菌素和乙酰氨基阿维菌素残留量的测定　液相色谱-串联质谱法

目标化合物种类	标准号	标 准 名 称
抗蠕虫药苯并咪唑类	GB 29687—2013	食品安全国家标准水产品中阿苯达唑及其代谢物多残留的测定 高效液相色谱法
	GB/T 21324—2007	食用动物肌肉和肝脏中苯并咪唑类药物残留量检测方法
	GB/T 22955—2008	河豚鱼、鳗鱼和烤鳗中苯并咪唑类药物残留量的测定 液相色谱-串联质谱法
抗蠕虫药咪唑并噻唑类	GB 29681—2013	食品安全国家标准牛奶中左旋咪唑残留量的测定 高效液相色谱法
	GB/T 22994—2008	牛奶和奶粉中左旋咪唑残留量的测定 液相色谱-串联质谱法
抗生素 β-内酰胺类	GB 29682—2013	食品安全国家标准水产品中青霉素类药物多残留的测定 高效液相色谱法
	GB/T 18932.25—2005	蜂蜜中青霉素 G、青霉素 V、乙氧萘青霉素、苯唑青霉素、邻氯青霉素、双氯青霉素残留量的测定方法 液相色谱-串联质谱法
	GB/T 21174—2007	动物源性食品中 β-内酰胺类药物残留测定方法放射受体分析法
	GB/T 21314—2007	动物源性食品中头孢匹林、头孢噻呋残留量检测方法 液相色谱-质谱/质谱法
	GB/T 22952—2008	河豚鱼和鳗鱼中阿莫西林、氨苄西林、哌拉西林、青霉素 G、青霉素 V、苯唑西林、氯唑西林、萘夫西林、双氯西林残留量的测定 液相色谱-串联质谱法
	GB/T 22960—2008	河豚鱼和鳗鱼中头孢唑啉、头孢匹林、头孢氨苄、头孢洛宁、头孢喹肟残留量的测定 液相色谱-串联质谱法
	GB/T 22975—2008	牛奶和奶粉中阿莫西林、氨苄西林、哌拉西林、青霉素 G、青霉素 V、苯唑西林、氯唑西林、萘夫西林、双氯西林残留量的测定 液相色谱-串联质谱法
	GB/T 22989—2008	牛奶和奶粉中头孢匹林、头孢氨苄、头孢洛宁、头孢喹肟残留量的测定 液相色谱-串联质谱法
	NYB 1025HGG-13—2008	动物性食品中头孢噻呋残留检测 高效液相色谱法
	SN/T 1988—2007	进出口动物源食品中头孢氨苄、头孢匹林和头孢唑啉残留量检测方法 液相色谱-质谱/质谱法
	SN/T 2050—2008	进出口动物源食品中 14 种 β-内酰胺类抗生素残留量检测方法 液相色谱-质谱/质谱法
抗生素氨基糖苷类	GB/T 18932.3—2002	蜂蜜中链霉素残留量的测定方法
	GB/T 21164—2007	蜂王浆中链霉素、双氢链霉素残留量测定 液相色谱法
	GB/T 21323—2007	动物组织中氨基糖苷类药物残留量的测定 高效液相色谱-质谱/质谱法
	GB/T 21330—2007	动物源性食品中链霉素残留量测定方法 酶联免疫法
	GB/T 22945—2008	蜂王浆中链霉素、双氢链霉素和卡那霉素残留量的测定 液相色谱-串联质谱法
	GB/T 22954—2008	河豚鱼和鳗鱼中链霉素、双氢链霉素和卡那霉素残留量的测定 液相色谱-串联质谱法
	GB/T 22969—2008	奶粉和牛奶中链霉素、双氢链霉素和卡那霉素残留量的测定 液相色谱-串联质谱法

目标化合物种类	标准号	标 准 名 称
抗生素氨基糖苷类	GB/T 22995—2008	蜂蜜中链霉素、双氢链霉素和卡那霉素残留量的测定 液相色谱-串联质谱法
抗生素大环内酯类	GB 29684—2013	食品安全国家标准水产品中红霉素残留量的测定 液相色谱-串联质谱法
	GB/T 20762—2006	畜禽肉中林可霉素、竹桃霉素、红霉素、替米考星、泰乐菌素、克林霉素、螺旋霉素、吉它霉素、交沙霉素残留量的测定 液相色谱-串联质谱法
	GB/T 22941—2008	蜂蜜中林可霉素、红霉素、螺旋霉素、替米考星、泰乐菌素、交沙霉素、吉他霉素、竹桃霉素残留量的测定 液相色谱-串联质谱法
	GB/T 22946—2008	蜂王浆和蜂王浆冻干粉中林可霉素、红霉素、替米考星、泰乐菌素、螺旋霉素、克林霉素、吉他霉素、交沙霉素残留量的测定 液相色谱-串联质谱法
	GB/T 22964—2008	河豚鱼、鳗鱼和烤鳗中林可霉素、竹桃霉素、红霉素、替米考星、泰乐菌素、螺旋霉素、吉他霉素、交沙霉素残留量的测定 液相色谱-串联质谱法
	GB/T 22988—2008	牛奶和奶粉中螺旋霉素、吡利霉素、竹桃霉素、替米卡星、红霉素、泰乐菌素残留量的测定 液相色谱-串联质谱法
	GB/T 23408—2009	蜂蜜中大环内酯类药物残留量测定 液相色谱-质谱/质谱法
	SN/T 1777.2—2011	动物源性食品中大环内酯类抗生素残留测定方法 第2部分:高效液相色谱-串联质谱法
抗生素低聚糖类	GB 29686—2013	食品安全国家标准猪可食性组织中阿维拉霉素残留量的测定 液相色谱-串联质谱法
抗生素林可胺类	GB 29685—2013	食品安全国家标准动物性食品中林可霉素、克林霉素和大观霉素多残留的测定 气相色谱-质谱法
	SN/T 2218—2008	进出口动物源性食品中林可酰胺类药物残留量检测方法 液相色谱-质谱/质谱法
	SN/T 2576—2010	进出口蜂王浆中林可酰胺类药物残留量的测定 液相色谱-质谱/质谱法
抗生素四环素类	GB/T 18932.23—2003	蜂蜜中土霉素、四环素、金霉素、强力霉素残留量的测定方法 液相色谱-串联质谱法
	GB/T 18932.4—2002	蜂蜜中土霉素、四环素、金霉素、强力霉素残留量的测定方法 液相色谱法
	GB/T 18932.8—2005	蜂蜜中四环素族抗生素残留量测定方法 酶联免疫法
	GB/T 20764—2006	可食动物肌肉中土霉素、四环素、金霉素、强力霉素残留量的测定 液相色谱-紫外检测法
	GB/T 21317—2007	动物源性食品中四环素类兽药残留量检测方法 液相色谱-质谱/质谱法与高效液相色谱法
	GB/T 22990—2008	牛奶和奶粉中土霉素、四环素、金霉素、强力霉素残留量的测定 液相色谱-紫外检测法
	SN/T 2800—2011	进出口蜂王浆中四环素类兽药残留量检测方法 液相色谱-质谱/质谱法

续表

目标化合物种类	标准号	标 准 名 称
抗生素酰胺醇类	GB 29688—2013	食品安全国家标准牛奶中氯霉素残留量的测定　液相色谱-串联质谱法
	GB 29689—2013	食品安全国家标准牛奶中甲砜霉素残留量的测定　高效液相色谱法
	GB/T 18932.19—2003	蜂蜜中氯霉素残留量的测定方法　液相色谱-串联质谱法
	GB/T 18932.20—2003	蜂蜜中氯霉素残留量的测定方法　气相色谱-质谱法
	GB/T 18932.21—2003	蜂蜜中氯霉素残留量的测定方法酶联免疫法
	GB/T 20756—2006	可食动物肌肉、肝脏和水产品中氯霉素、甲砜霉素和氟苯尼考残留量的测定　液相色谱-串联质谱法
	GB/T 21165—2007	肠衣中氯霉素残留量的测定　液相色谱-串联质谱法
	GB/T 22338—2008	动物源食品中氯霉素类药物残留量测定
	GB/T 22959—2008	河豚鱼、鳗鱼和烤鳗中氯霉素、甲砜霉素和氟苯尼考残留量的测定　液相色谱-串联质谱法
	GB/T 9695.32—2009	肉与肉制品氯霉素含量的测定
	SN/T 2063—2008	进出口蜂王浆中氯霉素残留量检测方法　液相色谱-串联质谱法
抗原虫药	GB 29693—2013	食品安全国家标准动物性食品中常山酮残留量的测定　高效液相色谱法
	GB 29704—2013	食品安全国家标准动物性食品中环丙氨嗪及代谢物三聚氰胺多残留的测定超高效液相色谱-串联质谱法
抗原虫药吡啶类	GB 29699—2013	食品安全国家标准鸡肌肉组织中氯羟吡啶残留量的测定　气相色谱-质谱法
	GB 29700—2013	食品安全国家标准牛奶中氯羟吡啶残留量的测定　气相色谱-质谱法
	GB/T 20362—2006	鸡蛋中氯羟吡啶残留量的检测方法　高效液相色谱法
	SN/T 0212.1—1993	出口禽肉中二氯二甲吡啶酚残留量检验方法　液相色谱法
抗原虫药二硝基类	GB 29690—2013	食品安全国家标准动物性食品中尼卡巴嗪残留标志物残留量的测定　液相色谱-串联质谱法
	GB 29691—2013	食品安全国家标准鸡可食性组织中尼卡巴嗪残留量的测定　高效液相色谱法
	SN/T 2314—2009	进出口动物源性食品中二苯脲类残留量检测方法
抗原虫药聚醚类	GB/T 20364—2006	动物源产品中聚醚类残留量的测定
	GB/T 22983—2008	牛奶中和奶粉中六种聚醚类抗生素残留量的测定　液相色谱-串联质谱法
抗原虫药三嗪类	GB 29701—2013	食品安全国家标准鸡可食性组织中地克珠利残留量的测定　高效液相色谱法
	SN/T 2318—2009	动物源食品中地克珠利、妥曲珠利、妥曲珠利亚砜和妥曲珠利砜残留量的检测　高效液相色谱-质谱/质谱法
其他合成抗菌药	GB/T 20746—2006	牛、猪肝肾脏和肌肉中卡巴氧、喹乙醇及代谢物残留量的测定　液相色谱-串联质谱法

续表

目标化合物种类	标准号	标 准 名 称
其他合成抗菌药	GB/T 20797—2006	肉与肉制品中喹乙醇残留量的测定
	GB/T 22984—2008	牛奶和奶粉中卡巴氧和喹乙醇代谢物残留量的测定 液相色谱-串联质谱法
杀虫药	GB 29707—2013	食品安全国家标准牛奶中双甲脒残留标志物残留量的测定 气相色谱法
	GB 29708—2013	食品安全国家标准动物性食品中五氯酚钠残留量的测定 气相色谱-质谱法
杀虫药拟除虫菊酯类	GB 29705—2013	食品安全国家标准水产品中氯氰菊酯、氰戊菊酯、溴氰菊酯多残留的测定 气相色谱法
杀菌药染料类	GB/T 19857—2005	水产品中孔雀石绿和结晶紫残留量的测定
	GB/T 20361—2006	水产品中孔雀石绿和结晶紫残留量的测定 高效液相色谱荧光检测法
抑菌剂、磺胺增效剂	GB 29706—2013	食品安全国家标准动物性食品中氨苯砜残留量的测定 液相色谱-串联质谱法
镇静药与抗惊厥药	GB 29697—2013	食品安全国家标准动物性食品中地西泮和安眠酮多残留的测定 气相色谱-质谱法
	GB 29709—2013	食品安全国家标准动物性食品中氮哌酮及其代谢物残留量的测定 高效液相色谱法
	GB/T 20763—2006	猪肾和肌肉组织中乙酰丙嗪、氯丙嗪、氟哌啶醇、丙酰二甲氨基丙吩噻嗪、甲苯噻嗪、阿扎哌隆、阿扎哌醇、咔唑心安残留的测定 液相色谱-串联质谱法
	SN/T 2220—2008	进出口动物源性食品中苯二氮卓类药物残留量检测方法 液相色谱-质谱/质谱法
多残留	SN/T 2113—2008	进出口动物源性食品中镇静剂类药物残留量的检测方法 液相色谱-质谱/质谱法
	SN/T 2443—2010	进出口动物源性食品中多种酸性和中性药物残留量的测定 液相色谱-质谱/质谱法
	SN/T 2624—2010	动物源性食品中多种碱性药物残留量的检测方法 液相色谱-质谱/质谱法
	SN/T 3155—2012	出口猪肉、虾、蜂蜜中多类药物残留量的测定 液相色谱-质谱/质谱法
	SN/T 3235—2012	出口动物源食品中多类禁用药物残留量检测方法 液相色谱-质谱/质谱法

附录3 食品添加剂检测标准题录

目标化合物种类	标准号	标 准 名 称
着色剂	GB/T 5009.35—2003	食品中合成着色剂的测定方法
	GB/T 5009.141—2003	食品中诱惑红的测定
	GB/T 5009.149—2003	食品中栀子黄的测定
	GB/T 5009.150—2003	食品中红曲色素的测定

续表

目标化合物种类	标准号	标 准 名 称
着色剂	GB/T 21912—2008	食品中二氧化钛的测定
	GB/T 21916—2008	水果罐头中合成着色剂的测定 高效液相色谱法
	GB/T 22249—2008	保健食品中番茄红素的测定
	GB/T 9695.6—2008	肉制品胭脂红着色剂测定
	SN/T 1743—2006	食品中诱惑红、酸性红、亮蓝、日落黄的含量测定 高效液相色谱法
	SN/T 3863—2014	出口食品中水溶性碱性着色剂的测定 液相色谱-质谱/质谱法
防腐剂	GB/T 5009.29—2003	食品中山梨酸、苯甲酸的测定方法
	GB/T 23495—2009	食品中苯甲酸、山梨酸和糖精钠的测定 高效液相色谱法
	GB 21703—2010	食品安全国家标准乳和乳制品中苯甲酸和山梨酸的测定
	SN/T 1303—2003	蜂王浆中苯甲酸、山梨酸、对羟基苯甲酸脂类检验方法 液相色谱法
	SN/T 2012—2007	进出口食醋中苯甲酸、山梨酸的检测方法 液相色谱法
	SN/T 1548—2005	进出口腐乳中苯甲酸、山梨酸含量检验方法
	GB/T 5009.31—2003	食品中对羟基苯甲酸酯类的测定
	GB/T 5009.120—2003	食品中丙酸钠、丙酸钙的测定方法
	GB/T 23382—2009	食品中丙酸钠、丙酸钙的测定 高效液相色谱法
	GB/T 5009.121—2003	食品中脱氢乙酸的测定
	GB/T 23377—2009	食品中脱氢乙酸的测定 高效液相色谱法
	SN/T 0859—2000	进出口酱油中脱氢乙酸的测定方法
	GB/T 18932.7—2002	蜂蜜中苯酚残留量的测定方法 高效液相色谱法
	GB/T 21915—2008	食品中纳他霉素的测定液相色谱法
	GB/T 23383—2009	食品中双乙酸钠的测定 高效液相色谱法
	GB/T 5009.129—2003	水果中乙氧基喹残留量的测定
	SN 0287—1993	出口水果中乙氧喹残留量检验方法
	SN/T 0282—1993	出口禽肉中乙氧喹残留量检验方法荧光光度法
	SN/T 0392—1995	出口水产品中硼酸的测定方法
	SN/T 0597—1996	出口水果中邻苯基苯酚及其钠盐残留检验方法
	SN/T 0659—1996	出口蔬菜中邻苯基苯酚残留量检验方法 液相色谱法
	NY/T 946—2006	蒜薹、青椒、柑橘、葡萄中仲丁胺残留量的测定
	SN/T 1954—2007	进出口冰鲜肉中二氧化氯残留量的检测方法分光光度法
	SN/T 3545—2013	出口食品中多种防腐剂的测定方法
	SN/T 1623—2005	进出口卫生筷中噻苯咪唑、邻苯基苯酚、联苯和抑霉唑残留量的检验方法 液相色谱法

续表

目标化合物种类	标准号	标准名称
漂白剂	GB/T 5009.34—2003	食品中亚硫酸盐的测定方法
	GB/T 22427.13—2008	淀粉及其衍生物二氧化硫含量的测定
	SN/T 2918—2011	出口食品中亚硫酸盐的检测方法　离子色谱法
	SN/T 0857—2000	进出口啤酒中二氧化硫检验方法:分光光度法
	GB/T 23499—2009	食品中残留过氧化氢的测定方法
抗氧化剂	GB/T 5009.32—2003	油脂中没食子酸丙酯(PG)的测定
	GB/T 5009.30—2003	食品中叔丁基羟基茴香醚(BHA)与2,6-二叔丁基对甲酚(BHT)的测定
	GB/T 23373—2009	食品中抗氧化剂丁基羟基茴香醚(BHA)、二丁基羟基甲苯(BHT)与特丁基对苯二酚(TBHQ)的测定
	GB/T 5009.153—2003	食品中植酸的测定
	SN/T 1050—2002	进出口油脂中抗氧化剂的测定　液相色谱法
	SN/T 3849—2014	出口食品中多种抗氧化剂的测定
甜味剂	GB/T 5009.28—2003	食品中糖精钠的测定方法
	GB/T 5009.97—2003	食品中环己基氨基磺酸钠的测定
	GB/T 5009.140—2003	饮料中乙酰磺胺酸钾的测定
	GB/T 23378—2009	食品中纽甜的测定方法　高效液相色谱法
	GB/T 23405—2009	蜂产品中环己烷氨基磺酸钠的测定　液相色谱-质谱/质谱法
	GB/T 22254—2008	食品中阿斯巴甜的测定
	GB/T 22255—2008	食品中三氯蔗糖(蔗糖素)的测定
	GB/T 22253—2008	食品中阿力甜的测定
	GB 5413.5—2010	食品安全国家标准　婴幼儿配方食品和乳品　乳糖、蔗糖的测定
	GB/T 22222—2008	食品中木糖醇、山梨醇、麦芽糖醇的测定
	GB/T 18932.22—2003	蜂蜜中果糖、葡萄糖、蔗糖、麦芽糖含量的测定方法　液相色谱示差折光检测法
	GB/T 22221—2008	食品中果糖、葡萄糖、蔗糖、麦芽糖和乳糖的测定　高效液相色谱法
	SN/T 0868—2000	进出口甜叶菊中总糖甙含量的测定方法:比色法
	SN/T 0871—2000	进出口乳及乳制品中乳糖的测定方法
	SN/T 0867—2000	进出口水果罐头中环己基氨基磺酸盐的检验方法
	SN/T 1948—2007	进出口食品中环己基氨基磺酸钠的检测方法　液相色谱-质谱/质谱法
	SN/T 3538—2013	出口食品中六种合成甜味剂的检测方法　液相色谱-质谱/质谱法
	SN/T 3850.1—2014	出口食品中多种糖醇类甜味剂的测定　第1部分:液相色谱串联质谱法和离子色谱法
	SN/T 3850.2—2014	出口食品中多种糖醇类甜味剂的测定　第2部分:气相色谱法

续表

目标化合物种类	标准号	标准名称
营养强化剂	GB/T 5009.82—2003	食品中维生素 A 和维生素 E 的测定
	GB/T 5009.84—2003	食品中硫胺素(维生素 B_1)的测定
	GB/T 5009.85—2003	食品中核黄素的测定
	GB/T 5009.86—2003	蔬菜水果及其制品中总抗坏血酸的测定方法
	GB/T 5009.158—2003	蔬菜中维生素 K_1 的测定
	GB/T 5009.159—2003	食品中还原型抗坏血酸的测定
	GB/T 5009.168—2003	食品中二十碳五烯酸和二十二碳六烯酸的测定
	GB 5413.9—2010	食品安全国家标准 婴幼儿食品和乳品中 维生素 A、D、E 的测定
	GB 5413.10—2010	食品安全国家标准 婴幼儿食品和乳品中维生素 K_1 的测定
	GB 5413.11—2010	食品安全国家标准 婴幼儿食品和乳品中维生素 B_1 的测定
	GB 5413.12—2010	食品安全国家标准 婴幼儿食品和乳品中维生素 B_2 的测定
	GB 5413.13—2010	食品安全国家标准 婴幼儿食品和乳品中维生素 B_6 的测定
	GB 5413.14—2010	食品安全国家标准 婴幼儿食品和乳品中维生素 B_{12} 的测定
	GB 5413.15—2010	食品安全国家标准 婴幼儿食品和乳品中烟酸和烟酰胺的测定
	GB 5413.16—2010	食品安全国家标准 婴幼儿食品和乳品中叶酸(叶酸盐活性)的测定
	GB 5413.17—2010	食品安全国家标准 婴幼儿食品和乳品中泛酸的测定
	GB 5413.18—2010	食品安全国家标准 婴幼儿食品和乳品中维生素 C 的测定
	GB 5413.19—2010	食品安全国家标准 婴幼儿食品和乳品中游离生物素的测定
	GB/T 5413.20—2010	婴幼儿配方食品和乳粉 胆碱的测定
	GB 5413.25—2010	食品安全国家标准 婴幼儿食品和乳品中肌醇的测定
	GB 5413.26—2010	食品安全国家标准 婴幼儿食品和乳品中牛磺酸的测定
	GB 5413.35—2010	食品安全国家标准 婴幼儿食品和乳品中 β-胡萝卜素的测定
	GB/T 9695.23—2008	肉与肉制品 羟脯氨酸含量测定
	GB/T 9695.25—2008	肉与肉制品 维生素 PP 含量测定
	GB/T 9695.26—2008	肉与肉制品 维生素 A 含量测定
	GB/T 9695.27—2008	肉与肉制品 维生素 B_1 含量测定
	GB/T 9695.28—2008	肉与肉制品 维生素 B_2 含量测定
	GB/T 9695.29—2008	肉制品 维生素 C 含量测定
	GB/T 9695.30—2008	肉与肉制品 维生素 E 含量测定
	SN/T 0549—1996	出口蜂王浆及干粉中维生素 B_6 检验方法
	SN/T 0866—2000	进出口肉与肉制品中维生素 B_2 的测定方法
	SN/T 0869—2000	进出口饮料中维生素 C 的测定方法
	SN/T 3727—2013	进出口食品中碘含量的测定 离子色谱法

目标化合物种类	标准号	标 准 名 称
营养强化剂	GB 28404—2012	食品安全国家标准保健食品中α-亚麻酸、二十碳五烯酸、二十二碳五烯酸和二十二碳六烯酸的测定
	GB 29989—2013	食品安全国家标准 婴幼儿食品和乳品中左旋肉碱的测定
	GB 5413.20—2013	食品安全国家标准 婴幼儿食品和乳品中胆碱的测定
水分保持剂	GB/T 9695.9—2009	肉与肉制品 聚磷酸盐测定
护色剂	GB 5009.33—2010	食品安全国家标准 食品中亚硝酸盐和硝酸盐的测定方法
	SN/T 3151—2012	出口食品中亚硝酸盐和硝酸盐的测定 离子色谱法
抗结剂	GB/T 13025.10—2003	制盐工业通用试验方法亚铁氰化钾的测定
酸度调节剂	GB/T 5009.157—2003	食品中有机酸的测定(柠檬酸、酒石酸、苹果酸、丁二酸)
	GB 22031—2010	食品安全国家标准 干酪及加工干酪制品中添加的柠檬酸盐的测定
	SN/T 1511.1—2005	进出口果汁中乳酸含量检验方法
	SN/T 2007—2007	进出口饮料中乳酸、柠檬酸、富马酸含量检测方法 高效液相色谱法
	SN/T 1511.1—2005	进出口果汁中乳酸含量检验方法
稳定剂	SN/T 1018—2001	出口食品罐头中乙二胺四乙酸含量检验方法
	GB/T 9695.17—2008	肉与肉制品 葡萄糖酸-δ-内酯含量的测定
其他	GB/T 18932.6—2002	蜂蜜中甘油含量的测定方法 紫外分光光度法
	GB/T 5009.170—2003	保健食品中褪黑素含量的测定
	SN/T 0915—2000	进出口茶叶咖啡碱测定方法
	SN/T 1354—2004	进出口蜂蜜中咖啡因含量检验方法 液相色谱法
	SN/T 3855—2014	出口食品中乙二胺四乙酸二钠的测定
	SN/T 3930—2014	出口食品中单辛酸甘油酯、单癸酸甘油酯和单月桂酸甘油酯的测定
	SN/T 3929—2014	出口食品中L-羟脯氨酸的测定 液相色谱-质谱/质谱法
	SN/T 3931—2014	出口食品中甲酸及其盐类的测定 离子色谱法
	SN/T 3937—2014	出口饮料中磷酸胆碱的测定 液相色谱-质谱/质谱法

附录4 食品中非法添加物检测标准题录

标准号	标 准 名 称
GB/T 19681—2005	食品中苏丹红染料的检测方法 高效液相色谱法
SN/T 1590—2005	进出口食品中苏丹Ⅰ、Ⅱ、Ⅲ、Ⅳ检测方法
GB/T 23496—2009	食品中禁用物质的检测 碱性橙染料 高效液相色谱法
GB/T 21126—2007	小麦粉与大米粉及其制品中甲醛次硫酸氢钠含量的测定
SN/T 1547—2011	进出口食品中甲醛含量的测定 液相色谱法

续表

标 准 号	标 准 名 称
SC/T 3025—2006	水产品中甲醛的测定
GB/T 18415—2001	小麦粉中过氧化苯甲酰的测定方法
SN/T 3148—2012	出口食品中过氧化苯甲酰含量的测定 高效液相色谱法
GB/T 22325—2008	小麦粉中过氧化苯甲酰的测定 高效液相色谱法
GB/T 20188—2006	小麦粉中溴酸盐的测定 离子色谱法
SN/T 1004—2001	出口蘑菇罐头中尿素残留量检验方法
GB/T 21704—2008	乳与乳制品中非蛋白氮含量的测定
SN/T 3032—2011	出口食品中三聚氰胺和三聚氰酸检测方法 液相色谱-质谱/质谱法
SN/T 2805—2011	出口液态乳中三聚氰胺快速测定拉曼光谱法
SN/T 3147—2012	出口食品中邻苯二甲酸酯的测定
SN/T 3623—2013	出口食品中富马酸二甲酯的测定方法
SN/T 3536—2013	出口食品中酸性橙Ⅱ号的检测方法
SN/T 3540—2013	出口食品中多种禁用着色剂的测定 液相色谱-质谱/质谱法
SN/T 3979—2014	乳及乳制品中 β-内酰胺酶的测定方法 杯碟法
SN/T 3936—2014	出口味精中硫化钠含量的测定
SN/T 3927—2014	出口乳制品中硫氰酸钠含量的测定
QB/T 4710—2014	发酵酒中尿素的测定方法 高效液相色谱法

附录5 放射性核素检测标准题录

标 准 号	标 准 名 称
GB/T 16140—1995	水中放射性核素的γ能谱分析方法
GB/T 11221—1989	生物样品灰中铯-137 的放射化学分析方法
GB/T 11222.1—1989	生物样品灰中锶-90 的放射化学分析方法二(2-乙基己基)磷酸酯萃取色层法
GB/T 13273—1991	植物、动物甲状腺中碘-131 的分析方法
GB/T 11222.2—1989	生物样品灰中锶-90 的放射化学分析方法 离子交换法
GB 14882—1994	食品中放射性物质限制浓度标准
GB 14883.1—1994	食品中放射性物质检验 总则
GB 14883.10—1994	食品中放射性物质检验 铯-137 的测定
GB 14883.2—1994	食品中放射性物质检验 氢-3 的测定
GB 14883.3—1994	食品中放射性物质检验 锶-89 和锶-90 的测定
GB 14883.5—1994	食品中放射性物质检验 钋-210 的测定
GB 14883.6—1994	食品中放射性物质检验 镭-226 和镭-228 的测定
GB 14883.7—1994	食品中放射性物质检验 天然钍和铀的测定

续表

标 准 号	标 准 名 称
GB 14883.8—1994	食品中放射性物质检验　钚-239、钚-240 的测定
GB 14883.9—1994	食品中放射性物质检验　碘-131 的测定
GB/T 16141—1995	放射性核素的 α 能谱分析方法
GB/T 16145—1995	生物样品中放射性核素的 γ 能谱分析方法
SN 0662—1997	出口水产品中铯放射性活度检验方法 γ 射线能谱法
WS/T 234—2002	食品中放射性物质检验镅-241 的测定
GB/T 13272—1991	水中碘-131 的分析方法
GB/T 14674—1993	牛奶中碘-131 的分析方法
GB/T 15221—1994	水中钴-60 的分析方法
GB/T 6764—1986	水中锶-90 放射化学分析方法　发烟硝酸沉淀法
GB/T 6765—1986	水中锶-90 放射化学分析方法　离子交换法
GB/T 6766—1986	水中锶-90 放射化学分析方法　二(2-乙基己基)磷酸萃取色层法